Managementsysteme für Informationssicherheit (ISMS) mit DIN EN ISO/IEC 27001 betreiben und verbessern

DIN

Wolfgang Böhmer | Knut Haufe | Sebastian Klipper |
Thomas Lohre | Rainer Rumpel | Bernhard C. Witt

Managementsysteme für Informationssicherheit (ISMS) mit DIN EN ISO/IEC 27001 betreiben und verbessern

2., aktualisierte und erweiterte Auflage 2024

Herausgeber:
DIN Deutsches Institut für Normung e. V.

DIN Media GmbH

Herausgeber: DIN Deutsches Institut für Normung e. V.

Am DIN-Platz
Burggrafenstraße 6
10787 Berlin
Telefon: +49 30 588 857 00-70
Internet: www.dinmedia.de
E-Mail: kundenservice@dinmedia.de

Titelbild: © Gorodenkoff, Nutzung unter Lizenz von adobestock.com
Satz: DIN Media GmbH, Berlin
Druck: Drukarnia Skleniarz, Kraków

Gedruckt auf säurefreiem, alterungsbeständigem Papier nach DIN EN ISO 9706

ISBN 978-3-410-31662-6
ISBN (E-Book) 978-3-410-31663-3

Inhaltsverzeichnis

1 Einleitung

Dieses Buch wird Sie mit wertvollen Informationen, Hinweisen und Beispielen dabei unterstützen, ein **Managementsystem für Informationssicherheit (ISMS) auf der Grundlage der DIN EN ISO/IEC 27001 erfolgreich zu betreiben und fortlaufend zu verbessern**. Es ist für Sie geeignet, wenn Sie

- sich in die Welt der Normen und Standards zur Informationssicherheit einarbeiten wollen und hierfür nach einem Überblickswerk suchen;
- wissen wollen,

  wie ein ISMS eingerichtet sein sollte, damit es optimal auf Ihre Anforderungen (z. B. hinsichtlich neuer Vorgaben aus europäischer Regulierung zur Cybersicherheit) abgestimmt ist;

  was beim laufenden Betrieb eines ISMS berücksichtigt werden sollte und

  worauf bei der fortlaufenden Verbesserung eines ISMS geachtet werden sollte.

Auch wenn Sie sich bereits mit diesen Themen auseinandergesetzt haben, werden Ihnen diese Fachinformationen dabei helfen, Ihr ISMS zielgenauer und wirkungsvoller zu gestalten. Selbst für „alte Hasen“ gibt es aufgrund der aktuellen Neufassung der DIN EN ISO/IEC 27001 mit Ausgabe 2024-01 noch viel Neues zu entdecken. Für immer mehr Sektoren ist inzwischen eine Zertifizierung auf Basis der DIN EN ISO/IEC 27001 vorgeschrieben. Außerdem verlangen die EU-Vorgaben zu NIS2 sowie DORA eine Ausrichtung an den Maßnahmen für das Risikomanagement nach der DIN EN ISO/IEC 27001. Sie dabei zu unterstützen, diese Herausforderung erfolgreich meistern zu können, ist ein weiteres Anliegen der Autoren.

Hinweis

Die Autoren der Kapitel dieses Werkes sind Auditoren oder Mitarbeiter des Arbeitskreises „Anforderungen, Dienste und Richtlinien für IT-Sicherheitssysteme“ (AK 1) des DIN-Arbeitsausschusses zu „IT-Sicherheitsverfahren“ (DIN NA 043-01-27). Sowohl aus ihrer jeweiligen beruflichen Praxis als auch aus ihrer Tätigkeit im Rahmen der Normung wissen sie sehr genau, worauf es bei einem ISMS ankommt. Profitieren Sie von den reichhaltigen Erfahrungen der Autoren.

1.1 Abgrenzung

Der Fokus dieses Buches liegt auf der fortlaufenden Verbesserung des ISMS und der zugehörigen Prozesse aus den klassischen **Check- und Act-Phasen**. Die Einführung eines ISMS und die zugehörigen Prozesse aus den klassischen Plan- und Do-Phasen spielen dagegen in diesem Werk nur eine untergeordnete Rolle. Es setzt insoweit voraus, dass bereits ein ISMS eingerichtet wurde und dieses nun zertifizierungsfähig ausgerichtet oder auf Basis der neuen Fassung der DIN EN ISO/IEC 27001 praxistauglich betrieben und fortlaufend verbessert werden soll.

Hinweis

Ein ISMS ist eingerichtet, wenn aus der DIN EN ISO/IEC 27001 die Abschnitte 4 bis 6 erfolgreich abgeschlossen wurden. **Dieses Werk konzentriert sich daher auf die Abschnitte 7 bis 10 der DIN EN ISO/IEC 27001.** Es behandelt damit die Phasen Do, Check und Act aus dem PDCA-Zyklus.

Im Rahmen eines ISMS wird Informationssicherheit adressiert und nicht etwa IT-Sicherheit. Informationen sind die „Primary Assets“[1] eines ISMS und damit das primäre Schutzgut.

> „Informationen können auf vielfältige Weise gespeichert werden: sowohl in digitaler Form (z. B. Dateien, die auf elektronischen oder optischen Medien gespeichert sind), in materieller Form (z. B. auf Papier) als auch in nichtmaterieller Form als Fachwissen der Mitarbeiter. Informationen können auf unterschiedliche Weise übermittelt werden, wie z. B. per Post, elektronisch oder durch mündliche Kommunikation.“
>
> (DIN EN ISO/IEC 27000, Abschnitt 4.2.2, S. 21)

Daher reicht die **Ausrichtung auf Informationssicherheit** weiter als eine Ausrichtung auf IT-Sicherheit, denn diese fokussiert sich auf Informationen in digitaler Form und ist insoweit eine (im mathematischen Sinne: echte!) Teilmenge der Informationssicherheit.

Unter dem Begriff „Informationssicherheit“ wird die Aufrechterhaltung der Vertraulichkeit, Integrität und Verfügbarkeit von Informationen verstanden (vgl. DIN EN ISO/IEC 27000, Abschnitt 4.2.3).

1 „Asset“ meint im Kontext des Informationssicherheitsmanagements eine wertvolle Information; siehe Kapitel 9.2.3.1.

Im Zuge der europäischen Regulierung zur Cybersicherheit ist daneben ausdrücklich auch die Authentizität von Informationen zu adressieren.

In diesem Buch wird nicht beschrieben, welche Maßnahmen zur Gewährleistung von Informationssicherheit sinnvoll oder geboten sind, sondern was beim **Management eines Informationssicherheitssystems** wichtig ist, um den Betrieb und die fortlaufende Verbesserung des ISMS optimal gestalten zu können.

1.2 Über den Nutzen eines ISMS

„Die Planung und Umsetzung des ISMS einer Organisation wird beeinflusst durch die Anforderungen und Ziele der Organisation, den Sicherheitsbedarf, die angewandten Geschäftsprozesse und die Größe und Struktur der Organisation. Die Planung und der Betrieb eines ISMS erfordern es, den Interessen und Anforderungen an die Informationssicherheit aller Stakeholder der Organisation, einschließlich Kunden, Lieferanten, Geschäftspartnern, Anteilseignern und anderen betroffenen Dritten, Rechnung zu tragen."

(DIN EN ISO/IEC 27000, Abschnitt 4.4, S. 23)

Ein ISMS ist daher ein systematischer, zielgesteuerter und risikobasierter Ansatz zum Management von Informationssicherheit. Dabei werden alle relevanten Themen, Erfordernisse und Erwartungen aus dem Kontext einer Organisation berücksichtigt, die auf die beabsichtigten Ergebnisse des ISMS einwirken. Sie werden in der DIN EN ISO/IEC 27001, in den Abschnitten 4.1 und 4.2 beschrieben.

„Ein ISMS ist ein systematisches Modell für die Einführung, die Umsetzung, den Betrieb, die Überwachung, die Überprüfung, die Pflege und die Verbesserung der Informationssicherheit einer Organisation, um Geschäftsziele zu erreichen. Es basiert auf einer Risikobeurteilung und dem Risikoakzeptanzniveau der Organisation und dient dazu, die Risiken wirksam zu behandeln und zu handhaben. Eine Anforderungsanalyse für den Schutz von Informationswerten und die Anwendung angemessener Maßnahmen, um den Schutz dieser Informationswerte bedarfsgerecht sicherzustellen, trägt zu der erfolgreichen Umsetzung eines ISMS bei."

(DIN EN ISO/IEC 27000, Abschnitt 4.2.1, S. 21)

Ein ISMS trägt daher entscheidend dazu bei, festzustellen, welche Informationssicherheitsrisiken tatsächlich zu adressieren sind und welche begründet beibehalten werden können. Das ist effektiv und effizient zugleich. Aufwendungen für überflüssige oder minderwertige Maßnahmen können auf diese Weise eingespart werden. Relevante Informationssicherheitsrisiken werden dagegen erkannt und können so adäquat behandelt werden. Dies entlastet wiederum die Geschäftsführung bei ihrer Organhaftung.

Gerade der systematische Ansatz zur Identifizierung und Bewertung relevanter Informationssicherheitsrisiken ist wesentlicher Bestandteil der neuen europäischen Regulierung zur Cybersicherheit, beginnend mit dem EU-Rechtsakt zur Cybersicherheit (Verordnung (EU) 2019/881), der seit Juni 2019 in Kraft ist und fortgesetzt mit der EU-Verordnung über die digitale operationale Resilienz im Finanzsektor (Verordnung (EU) 2022/2554, der EU-NIS-2-Richtlinie (Richtlinie (EU) 2022/2555) und der EU-Richtlinie über die Resilienz kritischer Einrichtungen (Richtlinie (EU) 2022/2557). Weitere Rechtsvorschriften, wie z.B. die Cyberresilienz-Verordnung, stehen bereits kurz vor ihrer Veröffentlichung im Amtsblatt der EU. Die neue EU-Regulierung zur Cybersicherheit stellt besondere Anforderungen an die Gewährleistung der Verfügbarkeit, Authentizität, Integrität und Vertraulichkeit von verarbeiteten Daten. Einrichtungen sind verpflichtet, angemessene operative Maßnahmen hierzu wirksam zu implementieren, um Beeinträchtigung zu minimieren. Dieses Buch hilft Ihnen dabei, sich auf diese Anforderungen einzustellen.

Durch die zielorientierte Ableitung von Maßnahmen auf Basis des systematischen, risikobasierten Ansatzes werden interne Prozesse fortlaufend verbessert und damit zielgenauer. Wenn das ISMS sinnvoll gesteuert wird, erhöhen sich das Niveau der erreichten Informationssicherheit (sowie der Cybersicherheit) und das Niveau des erreichten Datenschutzes quasi automatisch. Dieses Buch soll Ihnen dabei helfen, Ihr ISMS in diesem Sinne zielgerecht zu steuern.

1.3 Aufbau des Buches

Dieses Buch gliedert sich in zwei Teile:

1) Im **ersten einführenden Teil** wird die grundlegende Frage beantwortet, **warum ein ISMS eingerichtet** werden sollte.
   a) Dargestellt wird in Kapitel 2 zunächst der rechtliche Rahmen, welche Vorschriften zum Management von Informationssicherheit beachtet werden sollten und wo es sogar eine Verpflichtung zur Einrichtung eines ISMS gibt. Hier werden auch die Anforderungen und Rahmenbedingungen dargestellt, die für Betreiber kritischer Infrastrukturen zu beachten sind

   b) Anschließend werden in Kapitel 3 die Hintergründe der Normung beleuchtet, wie Normungstätigkeiten durchgeführt werden und was die zahlreichen Abkürzungen im Normungswesen bedeuten.
   c) In Kapitel 4 wird ein Überblick über die Normen der Reihe ISO/IEC 27000 gegeben, die zahlreichen Standards zur Informationssicherheit werden vorgestellt, sinnvoll gruppiert und ihr Zusammenwirken wird schematisch dargestellt.
   d) Schließlich wird im Kapitel 5 geklärt, was integrierte Managementsysteme sind.
2) Im **zweiten Teil**, dem eigentlichen Hauptteil dieses Werkes, wird ausgeführt, **was nach der Einrichtung eines ISMS zu tun** ist.
   a) Im Kapitel 6 wird erläutert, wie die Betriebsdokumentation eines ISMS aussehen sollte, und die Dokumentenpyramide vorgestellt.
   b) Kapitel 7 widmet sich dem Ressourcenmanagement für ein ISMS hinsichtlich der notwendigen Kompetenzen: Welche Rollen gibt es bei einem ISMS-Betrieb üblicherweise, welche Aufgaben haben diese zu erfüllen und welche Anforderungen sollten infolgedessen die Träger dieser Rollen mitbringen?
   c) Im Kapitel 8 wird geklärt, was unter dem Begriff „Bewusstsein“ zu verstehen ist, welche Randbedingungen für Kommunikation bestehen und wie auf dieser Grundlage eine Sicherheitskultur ausgebildet werden kann.
   d) Wie im Rahmen des ISMS das Risikomanagement ausgestaltet werden kann, wird im Kapitel 9 beschrieben. Hierbei wird dargestellt, was einerseits bei der Beurteilung des Informationssicherheitsrisikos und andererseits bei seiner Behandlung beachtet werden sollte. Zudem wird ausgeführt, welche Aspekte im Rahmen der Überwachung der Informationssicherheitsrisiken eine Rolle spielen.
   e) Im Kapitel 10 werden bestehende Reifegradmodelle vorgestellt, mit denen ISMS bewertet werden können, sowie Anforderungen und Werkzeuge zum Messen und Bewerten benannt.
   f) Ferner wird im Kapitel 11 aufgezeigt, was für die fortwährende Verbesserung eines ISMS relevant ist und wie insbesondere mit Nichtkonformitäten umzugehen ist.

Tabelle 1 ordnet die Kapitel den entsprechenden Abschnitten der DIN EN ISO/IEC 27001 sowie den Phasen des klassischen PDCA-Zyklus zu.

Tabelle 1: Zuordnung der Buchkapitel zur DIN EN ISO/IEC 27001 und zum PDCA-Zyklus

Buchkapitel	Referenz DIN EN ISO/IEC 27001	PDCA-Phase
Rechtlicher Rahmen	Abschnitte 4.1 und 4.2	Plan
Hintergründe zur Normung	---	---
Überblick über die Normen der Reihe ISO/IEC 27000	---	---
Integrierte Managementsysteme	Abschnitt 4.4	Plan
Betriebsdokumentation eines ISMS	Abschnitt 7.5	Do
Ressourcen bereitstellen und Kompetenz gewährleisten	Abschnitte 7.1 und 7.2 (in Verbindung mit Abschnitt 6.2)	Do
Bewusstsein schaffen und Kommunikation verbessern	Abschnitte 7.3 und 7.4	Do
Informationssicherheitsrisiken handhaben	Abschnitte 8.2 (in Verbindung mit Abschnitt 6.1.2) und 8.3 (in Verbindung mit Abschnitt 6.1.3)	Check
ISMS bewerten	Abschnitt 9 (in Verbindung mit Abschnitten 6.1.1 und 6.2)	Check
ISMS verbessern	Abschnitt 10 (in Verbindung mit Abschnitt 9 und 6.3)	Act

Neben diesem Buch liefert die ISO/IEC 27003 weitere Erklärungen und Hinweise, wie die Anforderungen der DIN EN ISO/IEC 27001 zu interpretieren sind. Die ISO/IEC 27003 wird derzeit noch an die neue Fassung der DIN EN ISO/IEC 27001 angepasst. Eine deutsche Übersetzung wird daher noch einige Zeit brauchen. Was bei den Prozessen zum Aufbau, Betrieb und zur Fortentwicklung eines ISMS zu beachten ist, wird in der ISO/IEC TS 27022 detaillierter beschrieben.

Eine Hilfestellung zur Überwachung, Messung, Analyse und Bewertung eines ISMS liefert die ISO/IEC 27004, die allerdings ebenfalls noch nicht auf die neue Fassung der DIN EN ISO/IEC 27001 angepasst worden ist. Hinweise zur Durchführung des Risikomanagements im Rahmen der DIN EN ISO/IEC 27001 stellt die DIN EN ISO/IEC 27005 zur Verfügung. Dieser internationale Standard ist 2022 neu herausgegeben worden und damit inhaltlich auf aktuellem Stand. Eine deutsche Sprachfassung liegt seit Mai 2024 vor.

Hinweise zur Planung und Durchführung interner Audits liefert die DIN EN ISO/IEC 27007 und Hinweise zur Prüfung getroffener Maßnahmen die ISO/IEC TS 27008. Hilfestellungen zur integrierten Umsetzung von ISMS und ITIL (hinsichtlich der zertifizierungsfähigen Variante nach der ISO/IEC 20000-1) gibt die ISO/IEC 27013. Aspekte zur Steuerung der Informationssicherheit beschreibt die ISO/IEC 27014 und ökonomische Aspekte die ISO/IEC TR 27016. Welche Kompetenzen Personen aufweisen sollten, die an Aufbau, Betrieb und Fortentwicklung eines ISMS beteiligt sind, benennt die ISO/IEC 27021. Detailliertere Informationen zu den Beziehungen der Normen der Reihe ISO/IEC 27000 untereinander und zu ihrem Zusammenwirken erhalten Sie in Kapitel 4.

Die Autoren dieses Buches wünschen Ihnen viel Erfolg bei der Umsetzung der gewonnenen Erkenntnisse!

2 Rechtlicher Rahmen

Wenn ein ISMS eingerichtet und betrieben werden soll, dann meist aufgrund rechtlicher Vorschriften zum Management von Informationssicherheit. Für bestimmte Sektoren bestehen sogar rechtliche Verpflichtungen zur Einrichtung eines ISMS. Die DIN EN ISO/IEC 27001 stellt Anforderungen an ein ISMS und setzt damit einen Standard, der in rechtlichen Vorschriften referenziert wird.

2.1 Vorschriften zum Management von Informationssicherheit

Zunehmend wird auf der Grundlage rechtlicher Vorschriften von Unternehmen verlangt, ein ISMS einzurichten und zu betreiben. Dies geschieht in drei möglichen Varianten:

1) Der Gesetzgeber orientiert sich an internationalen Standards wie der DIN EN ISO/IEC 27001 und fordert hier ggf. zusätzlich die Umsetzung sektorspezifischer Erweiterungen ein.
2) Der Gesetzgeber orientiert sich vor allem im Behördenkontext an deutschen Standards und Rahmenwerken wie den Standards und dem IT-Grundschutz-Kompendium des Bundesamtes für Sicherheit in der Informationstechnik (BSI).
3) Der Gesetzgeber legt einzelne Aspekte der Informationssicherheit ausdrücklich ohne Bezug auf internationale oder nationale Standards fest und fordert von den entsprechend verpflichteten Stellen eine geeignete Umsetzung.

Lange Zeit war die dritte Variante die vorherrschende Vorgehensweise, die sich in zahlreichen Rechtsvorschriften (vor allem bei der Gewährleistung von Grundrechten) wiederfand, insbesondere zum Datenschutz und zum Schutz der Telekommunikation. Zunehmend referenzieren jedoch entsprechende Rechtsvorschriften die DIN EN ISO/IEC 27001. Dies liegt vor allem daran, dass die sogenannten europäischen harmonisierten Normen wie die DIN EN ISO/IEC 27001 für Rechtsvorschriften ein verbindliches Rahmenwerk zum aktuellen Stand der Technik darstellen.

Weitere Vorschriften zum Management von Informationssicherheit finden sich in Rechtsvorschriften

– **zur Sorgfalt eines ordentlichen Geschäftsmannes** (z. B. § 347 Abs. 1 HGB, § 93 Abs. 1 AktG, § 43 Abs. 1 GmbHG, § 34 Abs. 1 GenG) – zur frühzeitigen Erkennung fortbestandsgefährdender Risiken (z. B. nach § 91 Abs. 2 AktG)

und zur Gewährleistung ausreichender Verkehrssicherheit durch Malwareschutz und manipulationsfeste Datensicherung (z. B. nach den GoBD),

- **zur Haftung** (z. B. § 130 OWiG, § 276 BGB u. v. a. m.) und
- **zum Umgang mit Schadensfolgen** (z. B. §§ 254, 823 und 1004 BGB, §§ 97 und 100 UrhG u. v. a. m.).

Hinweis

Neben diesen allgemeinen Vorschriften zum Management von Informationssicherheit sind beim Betrieb eines ISMS **datenschutzrechtliche und mitbestimmungsrechtliche Vorgaben** zu beachten, da ein ISMS durchaus der Verhaltenskontrolle dient, und bestehende **Meldepflichten** umzusetzen. Diese Anforderungen finden über DIN EN ISO/IEC 27001, Abschnitt 4.2, Eingang in die Gestaltung des ISMS und beeinflussen dessen Ausrichtung und Betrieb entscheidend mit.

Infolge der Rechtsprechung zur Vorratsdatenspeicherung einerseits (mittlerweile umgesetzt in den §§ 165 ff TKG) und im Zuge des **IT-Sicherheitsgesetzes** andererseits kamen für Betreiber kritischer Infrastrukturen weitere Verpflichtungen hinzu (wie §§ 8a und 8b BSIG und § 11 Abs. 1a und 1b EnWG). Ferner hat der Datenschutz mit der **Datenschutz-Grundverordnung** (EU-Verordnung 2016/679) eine andere Ausprägung erhalten (hier vor allem durch Art. 24, 25, 32 und 33 der DS-GVO), die sich deutlich stärker an Regelungen aus der DIN EN ISO/IEC 27001 orientieren, auch wenn graduell einige, marginale Unterschiede bestehen. So tritt z. B. bei der Ausrichtung eines ISMS das zusätzliche Sicherheitsziel der Belastbarkeit im Kontext der DS-GVO hinzu. Im Kontext des IT-Sicherheitsgesetzes bzw. der neuen **NIS-2-Richtlinie der EU** (Richtlinie (EU) 2022/2555) oder der Regulierungsstandards der drei Europäischen Aufsichtsbehörden (ESAs)[2] zu Art. 15 und Art. 16, Absatz 3 der neuen **DORA-Verordnung der EU** (Verordnung (EU) 2022/2554) ist zudem das Ziel der Authentizität für die Gestaltung des ISMS relevant.

Die neuere Rechtsetzung orientiert sich immer stärker an allgemein anerkannten Standards wie der DIN EN ISO/IEC 27001 oder legt eine Umsetzung rechtlicher Anforderungen durch Erfüllung eines allgemein anerkannten Standards zumindest faktisch nahe.

2 European Supervisory Authorities (ESAs), bestehend aus der Europäischen Bankenaufsichtsbehörde (EBA), der Europäischen Aufsichtsbehörde für das Versicherungswesen und die betriebliche Altersversorgung (EIOPA) und der Europäischen Wertpapier- und Marktaufsichtsbehörde (ESMA).

2.2 Rechtliche Verpflichtungen zur Einrichtung eines ISMS

Für hochregulierte Branchen besteht in den jeweiligen Ausführungsbestimmungen eine explizite Verpflichtung zur Einrichtung eines ISMS (entweder nach der DIN EN ISO/IEC 27001 oder nach dem IT-Grundschutz-Kompendium):

1) **Energiesektor**: Gemäß § 11 Absatz 1a EnWG wurde von der zuständigen Aufsichtsbehörde, der Bundesnetzagentur (BNetzA), ein verbindlicher „IT-Sicherheitskatalog" vorgeschrieben, der für **Strom- und Gasnetze** in der derzeit gültigen Fassung vom August 2015 unter anderem ausführt:

   - „Kernforderung des vorliegenden Sicherheitskatalogs ist die Einführung eines Informationssicherheits-Managementsystems gemäß DIN ISO/IEC 27001." (Seite 3)
   - „Dementsprechend haben Netzbetreiber ein ISMS zu implementieren, das den Anforderungen der DIN ISO/IEC 27001 in der jeweils geltenden Fassung genügt." (Seite 8)
   - „Bei der Implementierung des ISMS sind daher die Normen DIN ISO/IEC 27002 und DIN ISO/IEC TR 27019 (DIN SPEC 27019) in der jeweils geltenden Fassung zu berücksichtigen." (Seite 10)

2) **Energiesektor**: Gemäß § 11 Absatz 1b EnWG wurde für **Energieanlagen** von der zuständigen Aufsichtsbehörde, der BNetzA, ein verbindlicher „IT-Sicherheitskatalog" vorgeschrieben, der in der derzeit gültigen Fassung vom Dezember 2018 unter anderem ausführt:

   - „Dementsprechend haben Betreiber von Energieanlagen, die durch die BSI-Kritisverordnung als Kritische Infrastruktur bestimmt wurden und an ein Energieversorgungsnetz angeschlossen sind, ein ISMS zu implementieren, das den Anforderungen der DIN EN ISO/IEC 27001 in der jeweils geltenden Fassung genügt. [...] Eine wesentliche Anforderung der DIN EN ISO/IEC 27001 ist, dass das ISMS und die damit verbundenen Maßnahmen kontinuierlich auf Wirksamkeit überprüft und im Bedarfsfall angepasst werden." (Seite 12)

- „Die DIN EN ISO/IEC 27001 legt Anforderungen und allgemeine Prinzipien für die Initiierung, Umsetzung, den Betrieb und die Verbesserung des Informationssicherheits-Managements in einer Organisation fest. Darauf aufbauend formuliert die DIN EN ISO/IEC 27002 Umsetzungsempfehlungen für die verbindlichen Maßnahmen des Anhangs A der DIN EN ISO/IEC 27001. Die DIN EN ISO/IEC 27019 erweitert diese in verschiedenen Punkten um Besonderheiten im Bereich der Prozesssteuerung der Energieversorgung. Bei der Implementierung des ISMS sind daher die Normen DIN EN ISO/IEC 27002 und DIN EN ISO/IEC 27019 in der jeweils gültigen Fassung zu berücksichtigen." (Seite 14)
- „Der Anlagenbetreiber muss einen Prozess zur Risikoeinschätzung der Informationssicherheit festlegen. Ziel dieses Prozesses ist es festzustellen, welches Risiko im Hinblick auf die Schutzziele für die von diesem Katalog erfassten Anwendungen, Systeme und Komponenten besteht. Die allgemeinen Anforderungen an diesen Prozess sind in der DIN EN ISO/IEC 27001 geregelt." (Seite 15)
- „Erläuterungen und praktische Hinweise zur Durchführung von Risikoeinschätzungen sind z.B. in den Standards ISO/IEC 27005 und ISO 31000 enthalten. [...] Die Risikobehandlung umfasst die Auswahl geeigneter und angemessener Maßnahmen in Anknüpfung an die [...] erfolgte Risikoeinschätzung. Die allgemeinen Anforderungen an diesen Prozess sind in der DIN EN ISO/IEC 27001 geregelt." (Seite 16)

3) **Telekommunikationssektor**: Zu § 167 TKG wurde von der zuständigen Aufsichtsbehörde, der BNetzA, ein verbindlicher „Katalog von Sicherheitsanforderungen für das Betreiben von Telekommunikations- und Datenverarbeitungssystemen sowie für die Verarbeitung personenbezogener Daten" vorgeschrieben, der in der aktuellen Fassung vom 29.04.2020 (noch mit Bezug zum ursprünglichen § 109 TKG) unter anderem ausführt:

- „Das pflichtige Unternehmen ist grundsätzlich nicht gezwungen, die Festlegung von Schutzmaßnahmen auf der Grundlage der vorstehend beschriebenen Analyse zu betreiben. Eine Festlegung kann auch auf der Grundlage geeigneter Standards und Normen (z. B. BSI-Standards, BSI-IT-Grundschutz-Methodik, DIN ISO/IEC-Normen) erfolgen." (Seite 41)

4) **Kritische Infrastrukturen**: In ihrer „Orientierungshilfe zu Inhalten und Anforderungen an branchenspezifische Sicherheitsstandards (B3S) gemäß § 8a Absatz 2 BSIG“ in der Fassung vom 11.07.2023 hat die zur Umsetzung des IT-Sicherheitsgesetzes zuständige Behörde, das BSI, unter anderem ausgeführt:

> – „Es ist auch möglich, einen B3S als Ergänzungsdokument zu einem bestehenden Standard zu erstellen. Gängige ISMS-Regelwerke wie ISO/IEC 27001 oder IT-Grundschutz sind praxiserprobt und behandeln einen Großteil der auch in dieser Orientierungshilfe erläuterten Sicherheitsanforderungen. [...] Insbesondere bietet ISO/IEC 27009 ‚Sector-specific application of ISO/IEC 27001 – Requirements‘ die Möglichkeit, einen auf ISO/IEC 27001 basierenden Branchenstandard zu definieren. [...] Letzteres bietet sich insbesondere an, falls beabsichtigt ist, den Branchenstandard auch als deutsche DIN-Norm oder ggf. als EN- oder ISO-Norm (beispielsweise im Rahmen der europäischen Harmonisierung) fortzuentwickeln.“ (Seite 14)
> – „Geeignete Risikoanalysemethoden sind z. B. in ISO/IEC 27005 oder dem BSI-Standard 200-3 beschrieben.“ (Seite 20)
> – „Ein ISMS ist die Grundlage für einen alle Aspekte der kDL umfassenden sicheren Betrieb. Ein B3S beschreibt, wie mithilfe eines ISMS ein geeigneter Rahmen für die nachhaltige und angemessene Behandlung aller relevanten Themenfelder zur Umsetzung der Anforderungen nach § 8a Absatz 1 BSIG gesetzt wird. Dies kann unter anderem durch die Einführung und den Betrieb eines ISMS beispielsweise auf Grundlage des BSI IT-Grundschutzes, der ISO/IEC 27001, der NIST SP 800 oder im ICS-Umfeld gemäß IEC 62443 erfolgen.“ (Seite 22)

5) **Kritische Infrastrukturen**: In ihrer „Orientierungshilfe zu Nachweisen gemäß § 8a Absatz 3 BSIG“ in der Fassung vom 12.05.2023 hat das BSI zudem ausgeführt:

> – „Anhaltspunkte für ein geeignetes Prüfverfahren können sein: [...] einschlägige Standards (z. B. Zertifizierungsschemata für ISO 27001 (nativ oder auf Basis von IT-Grundschutz), ISO/IEC 17021-1, ISO/IEC 27006).“ (Seite 18)

- „Ein gültiges ISO 27001-Zertifikat ist als Bestandteil eines Nachweises gemäß § 8a Absatz 3 BSIG verwendbar, sofern einige Rahmenbedingungen eingehalten werden. Dies gilt sowohl für native ISO 27001-Zertifikate als auch für ISO 27001-Zertifikate auf Basis von IT-Grundschutz. Soll ein ISO 27001-Zertifikat als Bestandteil eines Nachweises verwendet werden, ist dieses dem Nachweis beizulegen.“ (Seite 18)
- „Hinweis: § 8a Absatz 1 BSIG verlangt „[...] Vorkehrungen zur Vermeidung von Störungen der Verfügbarkeit, Integrität, Authentizität und Vertraulichkeit [...]“. Ein Risikomanagement unter Bewertung von Vertraulichkeit, Integrität und Verfügbarkeit, wie in ISO 27001 oder IT-Grundschutz des BSI üblich, ist möglich, solange sichergestellt ist, dass Authentizität bei der Risikobewertung und Maßnahmenauswahl berücksichtigt wird.“ (Seite 19)

6) **Einrichtungen aus Sektoren mit hoher Kritikalität bzw. aus sonstigen kritischen Sektoren**: In ErwG 79 zur NIS-2-Richtlinie der EU (Richtlinie (EU) 2022/2555 des Europäischen Parlaments und des Rates vom 14. Dezember 2022 über Maßnahmen für ein hohes gemeinsames Cybersicherheitsniveau in der Union) wurde mit Bezug auf Art. 21 Absatz 1 i.V. m. Art. 25 Absatz 1 verbindlich bestimmt:

- „Bei den Risikomanagementmaßnahmen im Bereich der Cybersicherheit sollten daher auch die physische Sicherheit und die Sicherheit des Umfelds von Netz- und Informationssystemen berücksichtigt werden, indem Maßnahmen zum Schutz dieser Systeme vor Systemfehlern, menschlichen Fehlern, böswilligen Handlungen oder natürlichen Phänomenen im Einklang mit europäischen und internationalen Normen, wie denen der Reihe ISO/IEC 27000, einbezogen werden.“

7) **Finanzsektor**: Auf der Grundlage von § 25a KWG wurde von der zuständigen Aufsichtsbehörde, der Bundesanstalt für Finanzdienstleistungsaufsicht (BaFin), für **Banken** die MaRisk BA erlassen (aktuell gültig ist das zugehörige „Rundschreiben 05/2023 (BA) zu den Mindestanforderungen an das Risikomanagement“ vom 18.10.2023). In den Erläuterungen zum Rundschreiben 05/2023 (BA) vom 29.06.2023 zu AT 7.2 (Technisch-organisatorische Ausstattung) ist in Tz. 2 explizit ausgeführt, was bei der Ausgestaltung der IT-Systeme und der zugehörigen IT-Prozesse als „gängige Standards“ angesehen wird:

> – „Zu solchen Standards zählen z. B. der IT-Grundschutz des Bundesamtes für Sicherheit in der Informationstechnik (BSI) und die internationalen Sicherheitsstandards ISO/IEC 270XX der International Organization for Standardization.“

8) **Finanzsektor**: Auf der Grundlage diverser Vorschriften aus KAGB, KAVerOV und AIFM Level 2-VO wurde von der zuständigen Aufsichtsbehörde BaFin für **Kapitalverwaltungsgesellschaften** die KAMaRisk erlassen (aktuell gültig ist das zugehörige „Rundschreiben 01/2017 (WA) zu den Mindestanforderungen an das Risikomanagement von Kapitalverwaltungsgesellschaften“ vom 18.10.2023). In den Erläuterungen zum Rundschreiben ist zu AT 8.1 (Elektronische Datenverarbeitung) in Tz. 3 explizit ausgeführt, was bei der Ausgestaltung der IT-Systeme und der zugehörigen IT-Prozesse als „gängige Standards“ angesehen wird (noch mit Bezug auf die vorangegangene Fassung zum IT-Grundschutz):

> – „Zu solchen Standards zählen z. B. der IT-Grundschutzkatalog des Bundesamtes für Sicherheit in der Informationstechnik (BSI) und der internationale Sicherheitsstandard ISO/IEC 27002 der International Standards Organization.“

9) **Finanzsektor**: Auf der Grundlage von Art. 15 und Art. 16 Absatz 3 der DORA-Verordnung der EU (Verordnung (EU) 2022/2554 des Europäischen Parlaments und des Rates vom 14. Dezember 2022 über die digitale operationale Resilienz im Finanzsektor) wurde von den ESAs zur Harmonisierung des ICT Risk Managements im Regulatory Technical Standard vom 17.01.2024 festgehalten:

> – „[...] financial entities may use international standards, such as ISO 27002 as further guidance.“ (Rn. 81)
> – „In identifying these requirements, controls and measures identified in the ISO/IEC 27001 and ISO/IEC 27002 standards have been considered.“ (Rn. 87)

10) **Agrarsektor**: Für die EU-Zahlstellen ist im Anhang I (Zulassungsverfahren) Absatz 3 Abschnitt B der Delegierten Verordnung (EU) 2022/127 der Kommission vom 7. Dezember 2021 unter anderem ausgeführt:

- „Die Sicherheit der Informationssysteme wird nach der Norm ISO 27001 zertifiziert: Informationssicherheitsmanagementsysteme – Anforderungen (ISO). Die Mitgliedstaaten können die Sicherheit ihrer Informationssysteme nach anderen anerkannten Normen zertifizieren, die ein Schutzniveau gewährleisten, das dem der Norm ISO 27001 zumindest gleichwertig ist, sofern dies von der Kommission genehmigt wird."

Implizite Verweisungen auf ein ISMS finden sich darüber hinaus z.B. in § 7 Absatz 3 NWRG-DV (für das nationale Waffenregister) und in den e-Government-Gesetzen der Länder.

2.3 Kritische Infrastrukturen

In diesem Kapitel erläutern wir, welchen Einfluss und welche steuernde Wirkung ein ISMS auf die (noch) schwellwertorientierten kritischen Infrastrukturen in Deutschland hat. Dabei ist nicht von Belang, ob das Managementsystem gemäß DIN EN ISO/IEC 27001 oder gemäß der aktuellen BSI-Standards 200-1/2/3[3] verwendet wird. Diese Standards haben Gemeinsamkeiten und Unterschiede, die in dieser Betrachtung jedoch keine Rolle spielen. Es wird zunächst erläutert, was kritische Infrastrukturen im Sinne der Versorgungssicherheit und gemäß den gesetzlichen Vorgaben des BMI, BSI und der BNetzA in einer digitalen Gesellschaft gemeinsam haben. Aus den zehn Sektoren der kritischen Infrastruktur[4] wird exemplarisch auf die Systematik bei Verwendung eines ISMS für den Sektor Energiewirtschaft[5] mit den in dieser Branche geltenden Sicherheitsstandards eingegangen. Inzwischen existiert eine Reihe von branchenspezifischen Sicherheitsstandards (B3S), die alle einer Genehmigungspflicht durch das BSI unterliegen. Betreiber von kritischen Infrastrukturen müssen dem BSI darüber hinaus mit der am 01.05.2023 abgelaufenen Übergangsfrist ein funktionierendes System zur Angriffserkennung (SzA) mit einem Reifegrad der Stufe 3 nachwei-

3 Bundesamt für Sicherheit in der Informationstechnik: BSI-Standards. URL: https://www.bsi.bund.de/DE/Themen/Unternehmen-und-Organisationen/Standards-und-Zertifizierung/IT-Grundschutz/BSI-Standards/bsi-standards_node.html [Stand 16.04.2024].

4 Ursprünglich handelte es sich um neun Sektoren (Energie, Wasser, Transport und Verkehr, Staat und Verwaltung, Ernährung, Finanz- und Versicherungswesen, Gesundheit, Informationstechnik und Telekommunikation sowie Medien und Kultur), zu denen durch das IT-Sicherheitsgesetz 2.0 die Abfallwirtschaft noch hinzugekommen ist.

5 Die Energiewirtschaft umfasst Dienstleistungen von der Energieerzeugung und Energieaggregation durch virtuelle Kraftwerke bis hin zur Verteilung von Strom, Gas, Öl und Fernwärme an Endkunden.

sen. Seither sind die SzA-Prüfungen in die regulären § 8a-BSIG Prüfungen zu integrieren. Auch darauf werden wir in diesem Kapitel näher eingehen.

2.3.1 Kurzvorstellung der kritischen Infrastrukturen und ihrer nationalen wie europäischen Verpflichtungen

Diese Darstellung beschränkt sich auf wesentliche Merkmale kritischer Infrastrukturen (KRITIS) und verweist für weitergehende Informationen auf die einschlägige Literatur. Ausführliche Darstellungen und Erklärungen liefern unter dem Schlagwort „KRITIS" die Internetseiten von BMI, BMWK und BSI sowie auch unabhängige Plattformen, beispielsweise das Informationsangebot von Open-Kritis[6].

Der ursprünglichen Vorstellung nach sind die KRITIS-Sektoren die digitalen Nervenstränge einer Gesellschaft.

> „Infrastrukturen im Allgemeinen und Kritische Infrastrukturen im Besonderen sind die unverzichtbaren Lebensadern moderner, leistungsfähiger Gesellschaften."[7]

Historisch zeichnete sich die Entstehung der KRITIS-Sektoren vornehmlich durch die folgenden Veränderungen ab:

1) Einzug handelsüblicher Computer in sensible Unternehmensbereiche. Dieser Vorgang ging häufig mit der Abkehr von proprietären Systemen bei der Leitung von Prozessen einher.
2) Zunahme der Abbildung von Wertschöpfungsketten auf Computersystemen.
3) Zunehmende Vernetzung durch das Internet of Things (IoT).

Aufgrund dieser Veränderungen zogen neue Bedrohungen und Schwachstellen in die Unternehmensprozesse ein, denen gesondert und branchenspezifisch begegnet werden musste. Heute definiert das Zweite Gesetz zur Erhöhung der Sicherheit informationstechnischer Systeme (IT-Sicherheitsgesetz 2.0) sicherheitsbezogene Verpflichtungen für KRITIS-Betreiber. Darin ist unter anderem geregelt, dass KRITIS-Betreiber bis zum Stichtag 01.05.2023 ein System zur

6 Vgl. OpenKritis, URL https://www.openkritis.de/ [Stand 12.04.2024].

7 Siehe BMI (2009): Nationale Strategie zum Schutz Kritischer Infrastrukturen (KRITIS-Strategie). URL: https://www.bmi.bund.de/SharedDocs/downloads/DE/publikationen/themen/bevoelkerungsschutz/kritis.html [Stand 12.04.2024].

Angriffserkennung oder auch IDS/IPS-Systeme[8] und ggf. eine Angriffsbewältigung eingerichtet haben müssen. Derartige Systeme stellen eine effektive Maßnahme zur (frühzeitigen) Erkennung von Cyberangriffen dar und unterstützen insbesondere die Schadensreduktion. Seit diesem Stichtag müssen sich KRITIS-Betreiber durch einen akkreditierten Auditor den Reifegrad ihrer Systeme zur Angriffserkennung und -bewältigung in einem vom BSI vorgegebenen fünfstufigen Reifegradmodell bestätigen lassen.

Gleichzeitig wurden die Schwellenwerte, nach denen bestehende Anlagen als zugehörig zur kritischen Infrastruktur gelten, für einige betroffene Branchenteilnehmer mit der Zweiten Änderungsverordnung der BSI-Kritis-Verordnung, die seit dem 01.01.2022 in Kraft getreten ist, und der Vierten Änderungsverordnung, die seit dem 01.01.2024 in Kraft getreten ist, gesenkt. Weitere Senkungen bzw. Anpassungen an die Mitarbeiterzahl werden mit der Umsetzung der europäischen NIS2-Richtlinie kommen.

2.3.2 Rolle und Bedeutung eines ISMS im Bereich der kritischen Infrastrukturen

Ein ISMS ist ein risikoorientiertes Managementsystem mit der Zielsetzung einer Zustandserhaltung bezüglich der betrachteten Schutzziele der Verfügbarkeit, Vertraulichkeit, Integrität und Authentizität von Informationen. Bei der Entwicklung von Managementsystemen haben technische Regelkreise der 50er- und 60er-Jahren des letzten Jahrhunderts Pate gestanden. Erkannte organisatorische, technische, infrastrukturelle oder personelle Abweichungen zu dem zuvor eingestellten Sicherheitsniveau eines ISMS für die Schutzziele im Geltungsbereich werden wieder ausgeregelt, d. h. es wird wieder auf den ursprünglichen Zustand des zuvor eingestellten Sicherheitsniveaus zurückgeregelt.

Typische Domains, in denen Risiken identifiziert werden können, und adäquate Gegenmaßnahmen beschreibt ISO/IEC 27001, Anhang A in Verbindung mit Abschnitt 6.1.3 a) bis f). Mit Kontextbezug werden sie erarbeitet und z. B. über den Zeitraum eines Zertifizierungszykluses gemäß P-D-C-A-Modell aktuell gehalten. Die im Anhang A empfohlenen Informationssicherheitsmaßnahmen sind jedoch nicht auf KRITIS-Sektoren ausgerichtet, deshalb gibt es ergänzende Anforderungen, die nachfolgend exemplarisch aufgezeigt werden. Diese Ergänzungen stellen eine Erweiterung des Anhangs A dar und müssen entsprechend, wie der Anhang A der ISO/IEC 27001 auch, risikoorientiert behandelt werden.

8 Das sind technische Systeme, die einen Angriff (Intrusion) in einem Netzwerk oder in Betriebssystemen detektieren können, sowie Systeme, die eine Angriffsabwehr bzw. Vereitelung (Prevention) erreichen können.

2.3.3 Ergänzung des ISMS durch branchenspezifische Sicherheitsstandards

In KRITIS-Sektoren, die sogenannte branchenspezifische Sicherheitsstandards, kurz B3S, haben[9], können diese im Zusammenwirken mit einem ISMS zur Absicherung in der Branche verwendet werden. Eine Orientierungshilfe, die auf den Seiten des BSI frei zugänglich ist, enthält inhaltliche, methodische und strukturelle Empfehlungen für die Erstellung eines B3S. B3S stellen Verfahren und Maßnahmen zur Schaffung eines ausreichenden IT-Sicherheitsniveaus bereit und schaffen damit die Möglichkeit, einen Prüfstandard zu entwickeln, der auf einem ISMS der ISO/IEC 27001 unter Berücksichtigung der Besonderheiten der jeweiligen KRITIS-Sektoren basiert. Ein solcher Prüfstandard entspricht dem deutschen Recht. Bild 1 zeigt ein solches Konstrukt für die Aggregatorenbranche.

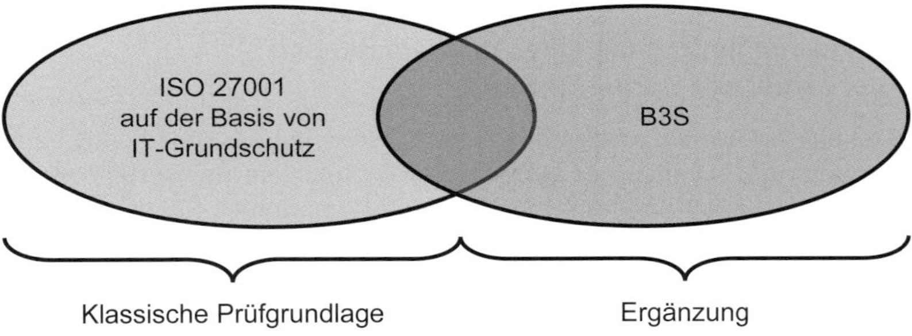

Quelle: eigene Darstellung, Wolfgang Böhmer

Bild 1: Klassische Prüfgrundlage und die B3S-Aggregatoren

Die Darstellung illustriert eine klassische Prüfgrundlage auf Basis eines ISMS im Zusammenwirken mit der Ergänzung durch die B3S-Aggregatoren. Dieser B3S wurde vom Branchenverband BDEW erstellt und vom BSI freigegeben. Er richtet sich an Betreiber von Anlagen zur Steuerung/Bündelung elektrischer Leistung und formuliert den Stand der Technik.

Der sich überlappende Bereich von ISMS und der B3S-Ergänzung stellt den Bereich gleicher Forderungen dar. Bei der Umsetzung des ISMS kann der KRITIS-

9 Bundesamt für Sicherheit in der Informationstechnik: Übersicht der Branchenspezifischen Sicherheitsstandards (B3S). URL: https://www.bsi.bund.de/dok/b3s-uebersicht [Stand 15.04.2024].

Betreiber entweder auf die DIN EN ISO/IEC 27001 oder auf das IT-Grundschutz-Kompendium[10] des BSI nach ISO 27001 zurückgreifen.

Am 01.05.2023 lief die Übergangsfrist für die Betreiber von Energieversorgungsnetzen und Energieanlagen aus, die nach der Rechtsverordnung gemäß § 10 Absatz 1 des BSI-Gesetzes als kritische Infrastruktur gelten. Damit haben KRITIS-Betreiber gemäß § 11 Absatz 1f EnWG dem BSI erstmalig am 01.05.2023 und danach alle zwei Jahre die Erfüllung der Anforderungen nach § 11 Absatz 1e EnWG nachzuweisen.

Nach dem BSIG regulierte Betreiber müssen dem BSI alle zwei Jahre ihre Nachweise gemäß § 8a Absatz 3 BSIG einreichen. Nachweise, die dem BSI ab dem 01.05.2023 vorgelegt werden, müssen auch Aussagen zur Umsetzung des Absatzes 1a, also zum Einsatz von Angriffserkennungssystemen (SzA), enthalten.

Der § 8a Absatz 1a modifiziert die Anforderungen des § 8a Absatz 1 BSIG. Dementsprechend sind die Nachweise für § 8a Absatz 1 und Absatz 1a auch grundsätzlich gemeinsam beim BSI einzureichen (Kombinachweis). Dokumente, die nach dem 01.05.2023 beim BSI eingereicht werden und nicht auch den angemessenen Einsatz von Systemen zur Angriffserkennung im Sinne des Absatzes 1a nachweisen, stellen nach neuer Gesetzeslage keinen vollständigen Nachweis im Sinne des § 8a Absatz 3 BSIG dar.

B3S, deren Eignung durch das BSI festgestellt wurde, können für die Prüfung nach § 8a Absätze 1 und 1a herangezogen werden.

2.3.4 Forderung eines ISMS gemäß IT-Sicherheitskatalog und Ergänzung durch sektorspezifische Norm

Im KRITIS-Sektor Energie wird ein ISMS im IT-Sicherheitskatalog gemäß § 11 Absätze 1a und 1b gefordert und als klassische Prüfgrundlage verwendet. Diese Prüfgrundlage wird ergänzt durch die sektorspezifische Norm DIN EN ISO/IEC 27019, die Besonderheiten im Bereich der Prozesssteuerung der Energieversorgung festschreibt. Bild 2 illustriert das Zusammenspiel zwischen den Normenforderungen der DIN EN ISO IEC 27001 für das ISMS und der DIN EN ISO/IEC 27019, die ursprünglich als Technische Richtlinie gefasst war, bevor sie in eine Norm überführt wurde.

10 Vgl. Bundesamt für Sicherheit in der Informationstechnik (2023): IT-Grundschutz-Kompendium – Werkzeug für Informationssicherheit (Edition 2023). URL: https://www.bsi.bund.de/DE/Themen/Unternehmen-und-Organisationen/Standards-und-Zertifizierung/IT-Grundschutz/IT-Grundschutz-Kompendium/it-grundschutz-kompendium_node.html [Stand 15.04.2024].

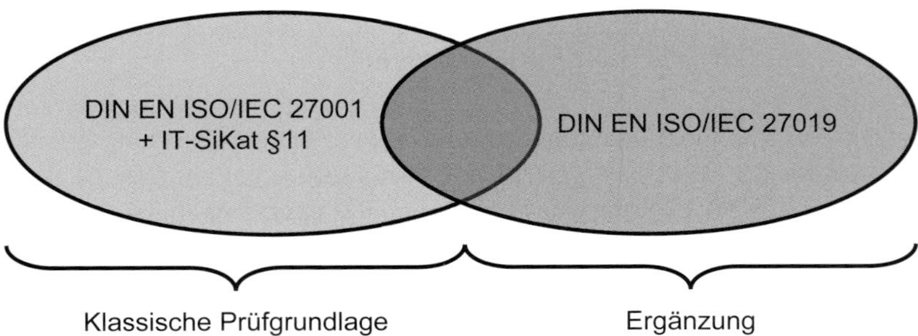

Quelle: eigene Darstellung, Wolfgang Böhmer

Bild 2: Klassische Prüfgrundlage und Ergänzung im Kritis-Sektor Energie

2.3.5 Ergänzung des ISMS im Bereich Smart Metering

Unter dem Begriff „Smart Metering" versteht man das computergestützte Erfassen und Steuern der Verbräuche von Ressourcen wie Strom, Gas oder Wasser durch intelligente, vernetzte Zähler. Im Bereich der Stromversorgung sind intelligente Stromzähler (iMSys) Teil des sogenannten Smart Grid, des intelligenten Stromnetzes. Zentrale Komponenten intelligenter Messsysteme sind Smart Meter Gateways (SMGW), das sind Kommunikationseinheiten mit integriertem Sicherheitsmodul, die Messdaten von Zählern empfangen, speichern und für aktive und passive Marktteilnehmer aufbereiten. Die Kommunikation eines SMGW zur Übertragung von Verbrauchsdaten, zu seiner Administration mit verschiedenen anderen Komponenten oder mit beteiligten Marktakteuren erfolgt dabei verschlüsselt.

Ähnlich wie in den aufgezeigten Beispielen in den Kapiteln 2.3.3 und 2.3.4 kann hier die klassische Prüfgrundlage ergänzt werden um die Forderungen der BSI TR-03109-6 aus der Serie der TR-03109. Bild 3 zeigt dieses Zusammenwirken der Normen.

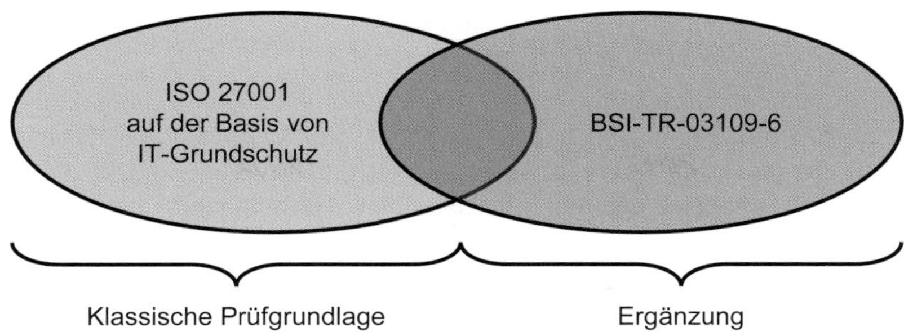

Quelle: eigene Darstellung, Wolfgang Böhmer

Bild 3: Klassische Prüfgrundlage und Ergänzung für Smart Metering

Ähnlich wie im Beispiel der Ergänzung durch branchenspezifische Standards kann auch hier vom Betreiber der kritischen Infrastruktur bei der Umsetzung des ISMS gewählt werden zwischen der DIN EN ISO/IEC 27001 und der ISO 27001 auf der Basis von IT-Grundschutz.

2.3.6 Systeme zur Angriffserkennung (SzA)

Das IT-Sicherheitsgesetz 2.0 definiert Angriffserkennungssysteme als

> „[...] durch technische Werkzeuge und organisatorische Einbindung unterstützte Prozesse zur Erkennung von Angriffen auf informationstechnische Systeme."[11]

Der § 8a Absatz 1a BSIG definiert, dass die eingesetzten Systeme zur Angriffserkennung geeignete Parameter und Merkmale aus dem laufenden Betrieb kontinuierlich und automatisch erfassen und auswerten. Sie sollten dazu in der Lage sein, fortwährend Bedrohungen zu identifizieren und zu vermeiden sowie für eingetretene Störungen geeignete Beseitigungsmaßnahmen vorzusehen.

In diesem Zusammenhang ist der Begriff „sicherheitsrelevantes Ereignis" von Bedeutung, mit dem ein Ereignis gemeint ist, das sich auf die Informationssicherheit auswirkt, indem es die Vertraulichkeit, Integrität oder Verfügbarkeit

11 Zweites Gesetz zur Erhöhung der Sicherheit informationstechnischer Systeme vom 18. Mai 2021, Art. 1, Nr. 2, Buchstabe d). In: Bundesgesetzblatt Jahrgang 2021 Teil I Nr 25, ausgegeben zu Bonn am 27. Mai 2021.

von Informationen beeinträchtigt. Typische Folgen solcher Ereignisse sind ausgespähte, manipulierte oder zerstörte Informationen.[12]

Die Die IT-Grundschutz-Bausteine ISMS.1, DER.1 (Detektion), DER.2 (Reaktion) und OPS.1.15 (Protokollierung) bilden die Basis der Anforderungen für ein Angriffserkennungssystem. Ferner ist es hilfreich, den Baustein OPS.1.1.3 Patch- und Änderungsmanagement zu verwenden. Weiterhin gibt das BSI in seiner „Orientierungshilfe zum Einsatz von Systemen zur Angriffserkennung"[13] weitere Handlungsempfehlungen an. Ebenso ist die „Orientierungshilfe zur Erbringung von Nachweisen gemäß § 8a Absatz 3 BSIG"[14] vom BSI zu berücksichtigen. Bei der Nachweiserbringung ist ferner zu beachten, dass die vom BSI bereitgestellten Vorlagen für den Prüfplan und die Mängelliste im Excel-Format[15] verwendet werden. Ebenso ist das Muster für die Abweichungen zu verwenden.

Insgesamt wird wie beim IT-Grundschutz vorgegangen, d. h., die in den Baustein-Dokumenten beschriebenen Themen erläutern Gefährdungen und Sicherheitsanforderungen und bilden eine taktische, spezifische Richtlinie für Planung, Umsetzung und Betrieb eines SzA. In Bild 4 wird schematisch dargestellt, wie ein Angriffserkennungssystem bei einem Angriff funktioniert und Reaktionen auslöst.

12 Vgl. Bundesamt für die Sicherheit in der Informationstechnik (2020): DER: Detektion und Reaktion – DER.1: Detektion von sicherheitsrelevanten Ereignissen. URL: https://www.bsi.bund.de/DE/Themen/Unternehmen-und-Organisationen/Standards-und-Zertifizierung/IT-Grundschutz/IT-Grundschutz-Kompendium/IT-Grundschutz-Bausteine/Bausteine_Download_Edition_node.html [Stand 15.04.2024].

13 Bundesamt für Sicherheit in der Informationstechnik (2022): Orientierungshilfe zum Einsatz von Systemen zur Angriffserkennung. URL: https://www.bsi.bund.de/SharedDocs/Downloads/DE/BSI/KRITIS/oh-sza.html [Stand 15.04.2024].

14 Bundesamt für Sicherheit in der Informationstechnik (2023): Orientierungshilfe zu Nachweisen gemäß § 8a Absatz 3 BSIG, Version 1.2. URL: https://www.bsi.bund.de/SharedDocs/Downloads/DE/BSI/KRITIS/oh-nachweise.html [Stand 15.04.2024].

15 Bundesamt für Sicherheit in der Informationstechnik: Downloads und Links für Betreiber und Prüfer. URL: https://www.bsi.bund.de/DE/Themen/KRITIS-und-regulierte-Unternehmen/Kritische-Infrastrukturen/Service-fuer-KRITIS-Betreiber/KRITIS-Downloads/kritis-downloads.html [Stand 15.04.2024].

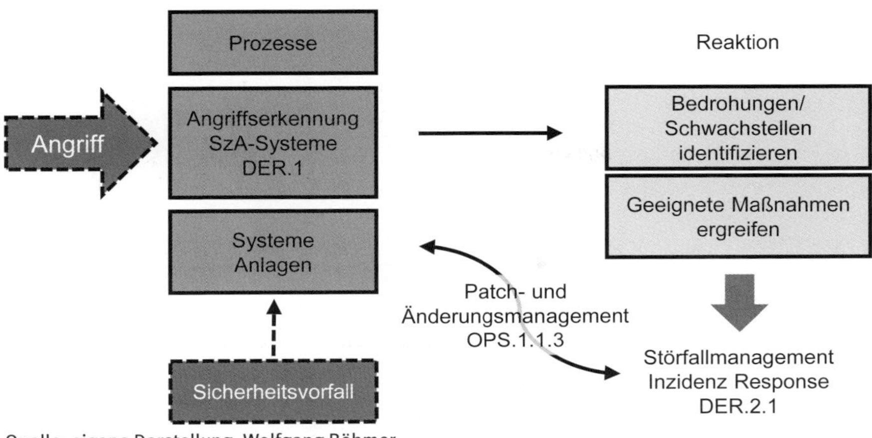

Quelle: eigene Darstellung, Wolfgang Böhmer

Bild 4: Skizze Angriff, Angriffserkennung und Reaktion

Auf der linken Seite ist ein Angriff dargestellt, der auf ein Netzwerk oder ein IT-System abzielt. In der Mitte sind die Systeme und Anlagen angeordnet, die durch Angriffserkennungssysteme geschützt sind. Der Baustein DER.1 in Verbindung mit einem geeigneten SzA-Tool identifiziert mögliche Angriffe und löst die Reaktion auf der rechten Seite aus. Mögliche Schwachstellen werden dann über den KV-Prozess und den Baustein OPS. 1.1.3 ausgeregelt.

Bild 5 zeigt den Aufbau und die Verbindungen eines durch Angriffssysteme geschützten Netzwerks. Die gestrichelten Linien sind die Verbindungen von den Sensoren bis zum SzA-Server. Der Netzstrukturplan weist verschiedene zu schützende Zielobjekte, z. B. Workstations, auf. Es wird unterschieden zwischen hostbasierenden Sensoren (HIDS) und netzbasierenden Sensoren (NIDS). Diese Sensoren können als Software und/oder als Hardware ausgelegt und sowohl passiv als auch aktiv sein. Die HIDS basieren oftmals auf Software, während die NIDS i. d. R. Hardware-Komponenten sind.

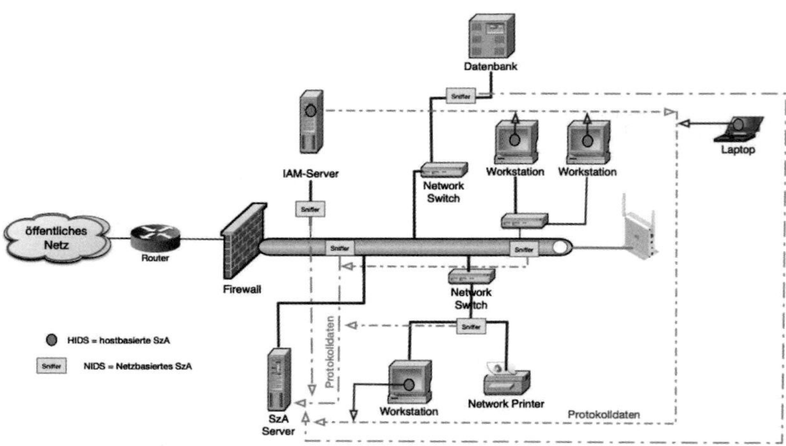

Quelle: eigene Darstellung, Wolfgang Böhmer

Bild 5: Skizze eines Angriffserkennungssystems

Auf dem SzA-Server werden die Rohdaten gefiltert, korreliert, ausgewertet und visualisiert. Eine entsprechende Datenbank bietet die Möglichkeit, auf Daten aus der Vergangenheit zurückzugreifen. Schwellwerte und Beobachtungslisten sorgen für Eingrenzungen der sicherheitsrelevanten Ereignisse.

Das Fachpersonal für die IT-Sicherheit reagiert auf sicherheitsrelevante Ereignisse. Die dafür notwendigen Kompetenzen gehen über das Know-how normaler IT-Fachleute hinaus. Ausbildung und Einarbeitung erfordern viel Zeit, um die richtigen Schlüsse aus den Daten ziehen zu können.

3 Hintergründe zur Normung

3.1 Historische Entwicklung

Die Internationale Organisation für Normung (ISO[16]) ging nach dem Zweiten Weltkrieg aus mehreren Vorgängerorganisationen hervor. In der Zeit vom 14.–26.10.1946 fand in London eine Konferenz verschiedener nationaler Normungsorganisationen statt, in deren Verlauf die Delegierten aus 25 Ländern den Beschluss fassten, eine neue internationale Normungsorganisation zu gründen. Durch diesen Beschluss wurden sowohl die Internationale Vereinigung der nationalen Normungsgremien (International Federation of the National Standardizing Associations, kurz: ISA) als auch der Normen-Koordinierungsausschuss der Vereinten Nationen (United Nations Standards Coordinating Committee, kurz: UNSCC) ersetzt. Die ISO mit Sitz in Genf nahm dann am 23.02.1947 ihre Tätigkeit auf.

Im April 2024 waren 170 Länder mit ihren nationalen Normungsorganisationen in der ISO vertreten, davon 127 Vollmitglieder, 39 korrespondierende Mitglieder und vier Mitglieder mit Beobachtungsstatus. Ein Land kann dabei nur mit einer Organisation in der ISO vertreten sein. Das österreichische Austrian Standards Institute (ASI, vormals Österreichisches Normungsinstitut) und die schweizerische Swiss Association for Standardization (SNV) gehören zu den Gründungsmitgliedern der ISO. Deutschland wird seit 1951 durch das Deutsche Institut für Normung e. V. (DIN) vertreten.

3.2 Die Branchenstandards der ISO

Die ISO ist seit fast 80 Jahren für die internationale Normung zuständig und hat seitdem die weiter wachsende Zahl von mehr als 25 000 Standards erarbeitet. Sie ist eine von drei internationalen Normungsorganisationen und engagiert sich in nahezu allen Aspekten der technologischen Normung. Im Bereich der Elektrik und der Elektronik ist die Internationale Elektrotechnische Kommission (IEC) federführend und die Internationale Fernmeldeunion (ITU) erfasst Normen zur Telekommunikation. Alle drei Organisationen arbeiten als World Standards Cooperation (WSC) zusammen.

Einige Standards – wie auch die Standards der 27000er-Normenreihe – werden gemeinsam mit der Internationalen Elektrotechnischen Kommission (IEC) ent-

16 Da diese Organisation in verschiedenen Sprachen anders heißen würde und damit auch unterschiedliche Abkürzungen hätte, haben sich die Gründer für das weltweit einheitliche Akronym „ISO“ entschieden, was dem griechischen „isos“ entlehnt ist und „gleich“ bedeutet.

wickelt und herausgegeben. In der Bezeichnung der Standards erkennt man das durch die Nennung beider Organisationen, getrennt durch einen Schrägstrich, z.B. „ISO/IEC 27001". Daher ist es auch wichtig, die vollständige Bezeichnung anzugeben.

Neben der Einteilung in die drei Zuständigkeitsbereiche der internationalen Normungsorganisationen erfolgt innerhalb der ISO eine weitere Gliederung in thematisch abgegrenzte Normungsbereiche. Im Folgenden werfen wir einen Blick auf die für dieses Buch wichtigsten Branchenstandards.

Organisatorisch gliedert sich die ISO zunächst in technische Komitees (Technical Committee, kurz: TC), die Standards für bestimmte Branchen entwickeln. Ein Spezialfall ist das Joint Technical Committee 1 (JTC1), in dem ISO und IEC ihre gemeinsamen Arbeiten bündeln. Das betrifft IT-Standards, die eine globale Bedeutung haben, und damit auch die 27000er-Normenreihe. Die technischen Komitees gliedern sich wiederum in Unterkomitees (Subcommittee, kurz: SC), die sich auf einen bestimmten Bereich einer Branche spezialisieren.

Die 27000er-Familie ist dem ISO/IEC JTC 1/SC 27 IT Security Techniques zugeordnet, in dem bis Mai 2023 bereits 230 Standards veröffentlicht wurden. Das Sekretariat für ISO/IEC JTC 1/SC 27 wird durch das Deutsche Institut für Normung e.V. (DIN) betreut.

Interessant ist das vor allem unter dem Aspekt der Mitwirkung. Die ISO ist nämlich keine abgeschlossene Organisation von fest angestellten Normungsprofis. Aktuell arbeiten im Genfer Sitz der ISO 150 Mitarbeiterinnen und Mitarbeiter. Die Normung selbst erfolgt meist durch ehrenamtlich Mitwirkende in den nationalen Normungsgremien.

> "Standards are the distilled wisdom of people with expertise in their subject matter and who know the needs of the organizations they represent – people such as manufacturers, sellers, buyers, customers, trade associations, users or regulators."[17]

Die Standards der ISO werden im Konsensverfahren von den Menschen erstellt, die sie benötigen. Dadurch ist es jederzeit möglich, über sein nationales Normungsgremium Änderungsanträge einzubringen oder komplett neue Standards vorzuschlagen. Wird die Idee von dem dafür zuständigen Komitee mitgetragen, fließt sie im Rahmen der festgelegten Aktualisierungszyklen in die zukünftigen

17 Siehe ISO, URL: https://www.iso.org/standards.html [Stand 01.07.2024].

Normen ein. Wem also in einem Standard etwas fehlt, der kann selbst dafür sorgen, dass es zukünftig enthalten ist.[18]

3.3 Die sechs Stufen des Normungsprozesses

Die Entwicklung verläuft in einem mehrstufigen Prozess, der über die Dokumente Draft International Standard (DIS) und Final Draft International Standard (FDIS) zum endgültigen Standard führt. Nur in Ausnahmefällen können einzelne Stufen im sogenannten Fast Track übersprungen werden.

Die Standards werden von den Komitees in den folgenden sechs Stufen entwickelt:

1) Stufe 1 – Vorschlag: Auf dieser Stufe wird Einigkeit darüber erzielt, ob ein Standard überhaupt benötigt wird.
2) Stufe 2 – Vorbereitung: Auf dieser Stufe wird ein Arbeitsentwurf für die späteren Entwicklungsstufen erstellt.
3) Stufe 3 – Komitee: Am Ende dieser Stufe steht der DIS. Im Fast-Track-Verfahren kann dieser ohne die bisherigen Stufen vorgelegt werden.
4) Stufe 4 – Nachfrage: Der DIS wird nun für fünf Monate von den ISO-Mitgliedern geprüft. Am Ende dieser Stufe steht der FDIS. Auch dieses Dokument kann im Fast-Track-Verfahren ohne die bisherigen Stufen vorgelegt werden.
5) Stufe 5 – Billigung: Nun wird der FDIS an die ISO-Mitglieder verteilt, die sich innerhalb von zwei Monaten für oder gegen den Standard entscheiden müssen. Ein Standard wird schließlich mit Zweidrittelmehrheit angenommen.
6) Stufe 6 – Veröffentlichung: Wenn die vorangegangenen Stufen erfolgreich waren, wird der Standard veröffentlicht.

In diesen sechs Stufen werden etliche Zwischenstufen durchschritten, die hier nicht im Detail aufgelistet werden sollen.

Hinweis

Auf der ISO-Webseite finden Sie eine detaillierte Übersicht der Entwicklungsstufen unter

https://www.iso.org/stages-and-resources-for-standards-development.html

18 Alle Autoren dieses Buchs sind ehrenamtliche Mitglieder im deutschen Normungsgremium der 27000er-Normungsreihe, dem Arbeitskreis „Anforderungen, Dienste und Richtlinien für IT Sicherheitssysteme“ beim Deutschen Institut für Normung e.V. (DIN).

3.4 Aktualisierungszyklen

Standards werden einer regelmäßigen Prüfung unterzogen, die dazu führen kann, dass ein Standard

- bestätigt,
- überarbeitet oder
- zurückgezogen wird.

Bei neueren Standards ist dieser Schritt nach spätestens drei Jahren durchzuführen. Bei Standards, die bereits einmal überprüft wurden, ist eine erneute Prüfung alle fünf Jahre erforderlich.

3.5 Hilfreiche Informationen

3.5.1 Weitere Dokumententypen

Neben den Internationalen Standards (IS) gibt es vier weitere Typen von veröffentlichten Dokumenten der ISO. Der Zyklus dieser Dokumente weicht von dem oben genannten Modell ab. So sollen Technische Spezifikationen (TS) zukünftig IS werden, sobald sie die nötige Reife haben. Beispiel:

- ISO/IEC TS 27006-2:2021 Requirements for bodies providing audit and certification of information security management systems

Weiterhin gibt es sogenannte Technische Berichte (Technical Report, kurz: TR), die unabhängig neben den IS stehen. Beispiele:

- ISO/IEC TR 27550:2019 Information technology – Security techniques – Privacy engineering for system life cycle processes
- ISO/IEC TR 27563:2023 Security and privacy in artificial intelligence use cases – Best practices

3.5.2 Das ISO-Netzwerk

Ein weiteres wichtiges Element beim Verständnis der ISO-Standards ist das Wissen um deren hierarchischen Aufbau und die Vernetzung untereinander. Bereits bei den Begriffsdefinitionen in ISO/IEC 27000 findet man immer wieder Verweise auf andere Standards, aus denen die Begriffe ursprünglich hervorgehen. Viele Begriffe der Informationssicherheit werden daher auch nicht in der ISO/IEC 27000-Familie selbst definiert, sondern beispielsweise im inzwischen zurückgezogenen ISO Guide 73 Risk management – Vocabulary oder anderen Standards. Auf diese Weise bildet das gesamte Standardisierungswerk der ISO ein inhaltliches Netzwerk. Neben ISO Guide 73 spielt ISO/IEC 20000-x eine wichtige Rolle für die Standards, die wir in diesem Buch betrachten. ISO/IEC 20000-x befasst sich mit Service-Management in der IT und beinhaltet – ebenso wie ITIL – einen Anteil Information Security Management. Die Norm integriert dabei wiederum die Standards ISO 9001 (Qualitätsmanagement) und ISO 14001 (Environmental Management Systems). Änderungen in einem der zugrunde liegenden Standards führen zu Änderungen in einem oder mehreren weiteren Standards. Auf diese Weise jedoch werden konsistente integrierte Managementsysteme erst ermöglicht. In der praktischen Umsetzung muss man dann häufig Kompromisse eingehen, da die Aktualisierung der Normen nicht zu einem festgelegten Stichtag erfolgt. Jeder Standard durchläuft seinen Aktualisierungszyklus in seinem eigenen Tempo.

3.5.3 Übersetzungen

Offizielle Sprachen der ISO sind Englisch, Französisch und Russisch. Diese Sprachfassungen werden jeweils zeitgleich veröffentlicht. Für weitere Übersetzungen sind die nationalen Normungsorganisationen nach der Veröffentlichung des originalen Standards selbst verantwortlich. Die deutschen Übersetzungen der Standards werden gemeinsam durch das Deutsche Institut für Normung e. V. (DIN), das österreichische Austrian Standards Institute (ASI) und die schweizerische Swiss Association for Standardization (SNV) erstellt und jeweils als nationale Normen veröffentlicht. Zwischen der Veröffentlichung der ursprünglichen Norm als ISO/IEC und der deutschen Übersetzung als DIN EN ISO/IEC[19] vergehen in der Regel mehrere Monate oder auch länger. Die Übersetzung wird jeweils in den nationalen Gremien erstellt und abgestimmt. Für zahlreiche Normen der 27000er-Normenreihe werden keine Übersetzungen in deutscher Sprache veröffentlicht.

3.5.4 Abkürzungen

Im Rahmen der Normung begegnet man einer ganzen Reihe von Abkürzungen, die teilweise wie selbstverständlich verwendet, häufig jedoch nicht verstanden werden (z. B. in der Betitelung der Standards beziehungsweise der zugehörigen Entwürfe: DIS, FDIS und FCD). Viele davon erläutern wir im vorliegenden Buch.

19 Die Abkürzung „EN“ steht für „Europäische Norm“.

Hinweis

Darüber hinaus finden Sie auf der ISO-Webseite eine Liste mit allen verwendeten Abkürzungen und den Erklärungen unter folgendem Link:

https://www.iso.org/glossary.html

3.5.5 Lifecycle einer Norm

Sie können die Entwicklung der Normen auch komfortabel auf der ISO-Webseite verfolgen und so immer auf dem aktuellen Stand bleiben. Für alle Normen wird ein RSS-Feed angeboten.

Hinweis

Sie finden den Link zum RSS-Feed auf der Informationsseite zum Standard, z. B.

https://www.iso.org/standard/27001

unterhalb der „General information". Für ISO/IEC 27001 z. B.

https://www.iso.org/contents/data/standard/08/28/82875.detail.rss

4 Überblick über die Normen der Reihe ISO 27000

Die Normenreihe ISO 27000 besteht aus mehreren zusammenhängenden Standards, die sich mit dem Thema „Informationssicherheit" beschäftigen. Viele dieser Normen sind bereits veröffentlicht oder befinden sich auf dem Weg zur Veröffentlichung. Nicht wenige der Normen sind aktuell in der Überarbeitung. Dies liegt daran, dass der Bereich „Informationssicherheit" einem stetigen Wandel unterliegt. Auch wenn Normen keine direkten Handlungsumsetzungen geben, sondern grundsätzlich Ziele festlegen, die zu erreichen sind, bedeutet dies eben nicht, das Normen über längere Zeiträume statisch sind.

Zwei Standards der Normenreihe sind bindend und für die Zertifizierung von Informationssicherheit maßgeblich. Diese sind die DIN EN ISO/IEC 27001 „Informationssicherheit, Cybersicherheit und Datenschutz – ISMSe – Anforderungen" und die DIN EN ISO/IEC 27006 „Informationstechnik – IT-Sicherheitsverfahren – Anforderungen an Institutionen, die Audits und Zertifizierungen von Informationssicherheits-Managementsystemen anbieten". Die anderen Standards der Normenreihe enthalten anleitende Richtlinien zur ISMS-Planung und -Umsetzung, sektorspezifische Richtlinien und Richtlinien für die Implementierung von speziellen Maßnahmen.

Bild 6 beschreibt die derzeit veröffentlichten, in Überarbeitung befindlichen oder in der Entwicklung weit fortgeschrittenen Standards der Normenreihe ISO/IEC 27000, ihre Beziehung zueinander und ihr Zusammenwirken.

Im Folgenden werden die einzelnen Standards der Normenreihe in ihrer aktuellen Fassung kurz beschrieben. Da die Zielgruppe dieses Buches Unternehmen sind, die bereits ein ISMS implementiert haben und betreiben, wird auch kurz dargestellt, weshalb der jeweilige Standard zur Verbesserung interessant sein kann.

4.1 Vokabular

DIN EN ISO/IEC 27000:2020-06

Der Standard DIN EN ISO/IEC 27000 ist ein Einführungsstandard in das ISMS. Zunächst werden in diesem Standard die notwendigen Begrifflichkeiten für die Normen der Reihe ISO/IEC 27000 verbindlich definiert. Für jede dieser Definitionen sind im Anhang B auch die Angaben zu finden, aus welcher Norm dieser Begriff stammt.

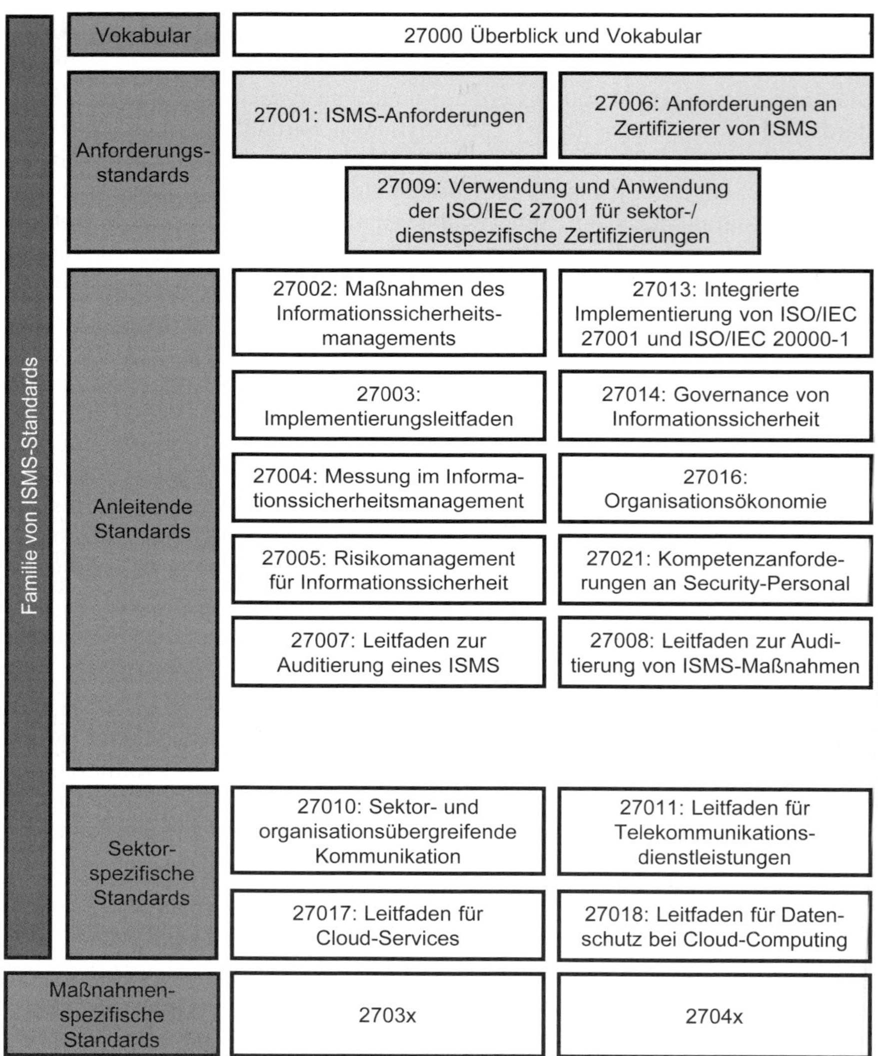

Quelle: eigene Darstellung, Thomas Lohre

Bild 6: Normen der Reihe ISO/IEC 27000 im Überblick

Weiterhin wird eingeführt, was ein ISMS genau ist, weshalb es wichtig ist, ein ISMS zu betreiben, und wie es einem Unternehmen gelingen kann, ein solches System einzuführen, zu betreiben, zu überwachen und zu verbessern. Ebenso werden kritische Erfolgsfaktoren für ein ISMS aufgezeigt und die Vorteile benannt. Abschließend liefert die DIN EN ISO/IEC 27000 einen Überblick, wie die Normen der Reihe ISO 27000 zusammenhängen.

Dieser Standard ist für jedes Unternehmen wichtig, da er es ermöglicht, einen einheitlichen Sprachgebrauch für das Thema „Informationssicherheit" und seine Aspekte einzuführen. Beispielsweise für die Erstellung eines Glossars oder die einheitliche Verwendung von Begriffen in Dokumenten ist dieser Standard hilfreich und sollte daher Beachtung finden.

4.2 Anforderungsstandards

DIN EN ISO/IEC 27001:2024-01

Der Standard DIN EN ISO/IEC 27001 definiert Anforderungen für Einführung, Umsetzung, Betrieb, Überwachung, Überprüfung, Aufrechterhaltung und Verbesserung eines ISMS. Die Anforderungen für die Umsetzung von Sicherheitsmaßnahmen können auf die Bedürfnisse der anwendenden Organisation zugeschnitten werden und lassen sich von den übergreifenden Unternehmensrisiken ableiten.

Die Norm ist zweigeteilt. Der erste Teil fokussiert auf ein Managementsystem, das in den Kapiteln 4 bis 10 („Kontext der Organisation", „Führung", „Planung", „Unterstützung", „Betrieb", „Bewertung der Leistung" und „Verbesserung") beschrieben wird. Der zweite Teil ist der Anhang A mit seinen Informationssicherheitsmaßnahmen, die entsprechend der Risikoeinschätzung im anzuwendenden Unternehmen umzusetzen sind.

DIN EN ISO/IEC 27006:2021-05

Dieser Standard spezifiziert Anforderungen und beschreibt Richtlinien für Stellen, die eine ISMS-Zertifizierung nach DIN EN ISO/IEC 27001 anbieten und durchführen. Es handelt sich hierbei um eine ergänzende Norm, denn die ISO/IEC 17021 definiert die allgemeinen Anforderungen an die Zertifizierungsstellen. Gegenwärtig befindet sich diese Norm in der Überarbeitung.

Auch wenn die Norm primär für Zertifizierungsstellen von Bedeutung ist, so ist sie in zweierlei Hinsicht auch für Unternehmen von Interesse. Zum einen findet sich im Anhang B eine Anleitung, wie die Auditzeit für Zertifizierungen berechnet wird und welche Faktoren bei der Rechnung eine Rolle spielen, inklusive der Faktoren, die eine Verkürzung ermöglichen (z. B. wenige kritische Assets, wenige IT-Risiken und kaum regulatorische Regelungen) oder eine Verlängerung verursachen (z. B. viele kritische Assets, viele und komplexe Prozesse mit vielen Schnittstellen). Zum anderen gibt der Anhang D eine Übersicht, wie die Anforderungen des Anhangs A der DIN EN ISO/IEC 27001, also die Informationssicherheitsmaßnahmen, grundsätzlich umgesetzt sein können (technisch und/ oder organisatorisch) und wie diese im Rahmen eines Audits durch den Prüfer überprüft werden können (z. B. durch Systemtests).

DIN ISO/IEC 27009:2022-09

Der Standard DIN ISO/IEC 27009 soll eine Hilfestellung für die Entwicklung sektor- oder dienstespezifischer Ergänzungen der DIN EN ISO/IEC 27001 sein. Da das allgemeine Informationssicherheitsmanagement nicht alle Besonderheiten widerspiegelt, die in einigen Sektoren berücksichtigt werden müssen, können ergänzende Standards entwickelt werden. Damit diese Standards kompatibel zum Informationssicherheitsmanagement gemäß DIN EN ISO/IEC 27001 sind, soll die DIN EN ISO/IEC 27009 die entsprechende Anleitung zur Erstellung solcher kompatiblen ergänzenden Standards darstellen und die Möglichkeit bieten, auch die sektor- oder dienstspezifischen Standards in ein akkreditiertes Zertifizierungsverfahren zu integrieren.

4.3 Anleitende Standards

DIN EN ISO/IEC 27002:2024-01

Die DIN EN ISO/IEC 27002 ist eine Anleitung für die Umsetzung von Informationssicherheitsmaßnahmen, wie sie in der DIN EN ISO/IEC 27001, Anhang A, aufgelistet sind. Über den Anhang A der DIN EN ISO/IEC 27001 hinausgehend werden in den Kapiteln 5 bis 8 nicht nur einzelne Maßnahmen aufgeführt, sondern weitere Informationen geliefert, die wie folgt aufgeteilt sind:

- **Maßnahmenart**: Handelt es sich um eine proaktive, reaktive oder korrigierende Anforderung, wobei natürlich mehr als ein Kriterium gelten kann.
- **Informationssicherheitseigenschaften**: Welche Schutzziele – Vertraulichkeit, Integrität oder Verfügbarkeit – sollen geschützt werden?
- **Konzepte zur Cybersicherheit**: Dient die Anforderung dem Schutz, der Reaktion, der Identifikation oder der Wiederherstellung?
- **Betriebsfähigkeit**: Wer ist für die Anforderung und deren Umsetzung verantwortlich? Die Governance, der IT-Betrieb, das Assetmanagement etc.?
- **Sicherheitsdomänen**: Dient der Unterscheidung bezüglich der möglichen Sicherheitsdomänen. Die Ausprägungen sind hier „Governance und Ökosystem“, „Schutz“, „Verteidigung“ und „Resilienz“.

- **Maßnahme**: Die aus der DIN EN ISO/IEC EN 27001 bekannte einzelne Maßnahme, die es gilt, umzusetzen.
- **Zweck**: Warum sollten die Maßnahmen umgesetzt werden und welche Vorteile ergeben sich daraus?
- **Leitfaden**: Hier werden konkretere Umsetzungstipps für die einzelnen Maßnahmen gegeben. Welchen Inhalt sollte eine Policy abdecken? Wer sind mögliche interne oder externe Stakeholder? etc.
- **Weitere Informationen**: Hier wird erläutert, was es im Regelfall bedeutet, wenn die entsprechende Maßnahme nicht umgesetzt ist, und welche Risiken daraus entstehen können.

Für die Umsetzung und den Betrieb eines ISMS ist die DIN EN ISO/IEC 27002 unverzichtbar, auch wenn sie formal nur empfehlenden bzw. erläuternden Charakter hat.

ISO/IEC 27003:2017

Dieser Standard ist ein Leitfaden für die praktische Umsetzung eines ISMS und gibt Hilfestellung bei der Umsetzung eines prozessorientierten Ansatzes zur Implementierung.

Es ist durchaus sehr hilfreich, sich tiefer mit dem prozessualen Ansatz eines ISMS zu beschäftigen. So wird hier beispielhaft aufgeführt, wer interessierte Parteien sein könnten und welche Anforderungen diese an die Informationssicherheit stellen. Ebenso kann die Norm als Ideengeber herangezogen werden, um ein schon vorhandenes ISMS zu verbessern oder zu vervollständigen.

ISO/IEC 27004:2016

Die ISO/IEC 27004 ist ein Leitfaden für Entwicklung und Durchführung von Messungen, mit denen die Effektivität eines ISMS, der Maßnahmenziele und Maßnahmen ermittelt werden können. Die Norm ist ein Rahmenwerk für die Leistungsmessung, wie sie in der DIN EN ISO/IEC 27001, Abschnitt 9.1, gefordert wird.

Interessant an dieser Norm ist ihr Anhang B, der beispielhaft ein Kennzahlensystem vorstellt, das 37 Kennzahlen definiert und sie mit den Anforderungen aus der DIN EN ISO/IEC 27001 eindeutig in Beziehung setzt.

Hinweis

Die ISO/IEC 27004 bezieht sich im Anhang B noch auf die alte Struktur des Anhangs aus der zurückgezogenen und inzwischen aktualisierten DIN EN ISO/IEC 27001:2017-06. Somit muss der Anwender zum besseren Verständnis

z. B. die Tabelle B.2 der DIN EN ISO/IEC 27002 heranziehen, welche die alte und neue Nummerierung des Anhangs A vergleichend gegenüberstellt.

DIN EN ISO/IEC 27005:2024-05

Die DIN EN ISO/IEC 27005, ein Leitfaden, liefert einen prozessorientierten Risikomanagementansatz, der die Anforderungen des Informationssicherheitsrisikomanagements gemäß DIN EN ISO/IEC 27001, vor allem die Anforderungen aus Abschnitt 6.1 „Maßnahmen zum Umgang mit Risiken und Chancen" und Abschnitt 8.2 „Informationssicherheitsrisikobeurteilung" umsetzt. Dabei beschreibt die ISO/IEC 27005 keine spezielle Methode für Informationssicherheitsrisikomanagement. Die Wahl einer angemessenen Methode bleibt dem Unternehmen überlassen. Vielmehr verdeutlicht die Norm den Prozessansatz zum Risikomanagement und untergliedert ihn in unterschiedliche Schritte (Kontext, Risikobeurteilung, Risikobehandlung/-akzeptanz und Risikokommunikation).

Hinweis

In der aktuellen Fassung der DIN EN ISO/IEC 27005 ist der beschriebene Risikomanagementprozess weitestgehend identisch mit der Prozessbeschreibung der Vorgängernorm. Die Änderungen sind deshalb zwar scheinbar kleinerer Natur, führen jedoch dazu, dass sich die Norm stärker und nachvollziehbarer an der DIN EN ISO/IEC 27001 orientiert und damit aus der Sicht des Autors praktikabler wird. Die wichtigsten Änderungen kurz zusammengefasst:

- In der Einleitung wird nun hervorgehoben, dass die Norm eine Orientierung zur Umsetzung der Anforderungen der DIN EN ISO/IEC 27001 im Zusammenhang mit Informationssicherheitsrisiken bietet. Zusätzlich wird nahezu jede beschriebene Aktivität mit einer Referenz zum jeweiligen Abschnitt aus der DIN EN ISO/IEC 27001 eingeleitet.
- Der früher eigenständige Teilschritt „Risikoakzeptanz" ist nun konsequenterweise Teil der „Risikobehandlung".
- Anders als bisher wird an einigen Stellen auf den sogenannten Risk-Owner eingegangen. Dieser spielt eine wichtige Rolle beim Risikomanagement, beispielsweise indem er eine Bewertung und Priorisierung der ihm zugeordneten Risiken durchführt oder die Verantwortung für Restrisiken übernimmt.

DIN EN ISO/IEC 27007

Der Leitfaden DIN EN ISO/IEC 27007 richtet sich an alle, die ISMS auditieren oder für die Planung und das Management solcher Audits verantwortlich sind. Der Fokus liegt dabei sowohl auf Audits, die innerhalb der eigenen Organisation durchgeführt werden, als auch auf Audits, die bei Externen, z.B. Lieferanten, vorgenommen werden.

DIN EN ISO/IEC 27007, Anhang A, stellt eine wertvolle Unterstützung zur Durchführung von ISMS-Audits auf Basis der DIN EN ISO/IEC 27001 bereit und gibt dem Auditor praxisorientierte Hinweise und Hilfsmittel zu den einzelnen Auditschritten. Aus diesem Grund ist es absolut empfehlenswert, sich mit dieser Norm intensiver zu beschäftigen.

ISO/IEC TR 27008:2019

Der Technische Bericht ISO/IEC TR 27008 bietet Anleitungen zur Überprüfung der Umsetzung und des Betriebs von Informationssicherheitsmaßnahmen und reicht bis auf die Ebene der technischen Überprüfung. Genau dieser Umstand macht die Norm sehr wertvoll. Die technischen Details werden dabei in den ausführlichen Anhängen A und C (speziell für Cloud-Services) behandelt.

ISO/IEC 27013:2021

Dieser Standard ist ein Leitfaden für die integrierte Implementierung eines ISMS nach DIN EN ISO/IEC 27001 und eines IT-Servicemanagements nach ISO/IEC 20000-1. Einen echten Mehrwert liefert diese Norm, da sie folgende unterschiedlichen Möglichkeiten abdeckt:

- die Integration eines Systems nach DIN EN ISO/IEC 27001 in ein bestehendes System nach ISO/IEC 20000-1 oder umgekehrt
- die gleichzeitige Implementierung beider Systeme
- die Migration eines Systems nach DIN EN ISO/IEC 27001 und eines Systems nach ISO/IEC 20000-1 in ein duales Managementsystem

ISO/IEC 27014:2020

Die ISO/IEC 27014 definiert ein Governance-Framework für Informationssicherheit und greift dabei Themen wie Sicherheitsstrategien, Sicherheitsrichtlinien, Sicherheitsziele sowie Compliance- und Risikomanagementaspekte auf.

ISO/IEC TR 27016:2014

Dieser Technische Bericht dient als Leitfaden, um die Implementierung, Zertifizierung und den Betrieb eines ISMS angemessen zu budgetieren. Dabei soll sichergestellt werden, dass weder zu viel noch zu wenig in Informationssicherheit investiert wird und der Wert von betrieblichen Informationen bestimmt werden kann.

ISO/IEC 27021:2017

Intention dieser Norm ist es, die Kompetenzanforderungen an Personen, die Teil eines ISMS sind, festzulegen. Dabei zielt das Hauptaugenmerk darauf, das Wissen und die Fähigkeiten zu beschreiben, die notwendig sind. Die Norm schlägt kein Qualifizierungs- oder Zertifizierungsschema vor, soll jedoch Institutionen, die Dienstleistungen um die Kompetenzanforderungen für ein ISMS anbieten wollen, als Referenz dienen.

Hinweis

Für diese Norm wurde eine Änderung veröffentlicht (ISO/IEC 27021 AMD 1: 2021-12), in der einige Ergänzungen zu Abschnitten der DIN EN ISO/IEC 27001 vorgenommen wurden.

ISO/IEC TS 27022:2021

Die Technische Spezifikation ISO/IEC TS 27022 enthält ein betriebsorientiertes Prozessreferenzmodell für ein ISMS, welches klar zwischen den ISMS-Prozessen auf der einen und den Maßnahmen, die durch das ISMS initiiert und gesteuert werden, auf der anderen Seite differenziert.

ISMS-Prozesse werden unterschieden in Management-, Kern- und Unterstützungsprozesse. Zu jedem Prozess enthält die ISO/IEC TS 27022 einen Prozesssteckbrief mit Angaben zum Prozessziel, einer Beschreibung des Prozesses, Input und Output aus bzw. für andere Prozesse, Tätigkeiten/Aktivitäten des Prozesses sowie eine Referenz zu den Anforderungen der ISO/IEC 27001.

ISO/IEC TS 27022 unterstützt den Nutzer beim für den Betrieb eines ISMS notwendigen Perspektivwechsel von den complianceorientierten Anforderungen der ISO/IEC 27001 zu einem operativen, nachhaltigen Betriebsmodell eines ISMS.

Das Prozessreferenzmodell kann dabei als Blaupause für das Design und den operativen Betrieb eines ISMS in einer Organisation genutzt werden. Das Prozessreferenzmodell muss immer an die individuellen Anforderungen der nutzenden Organisation angepasst werden. Diese Anpassungen erfolgen an den Prozessen selbst bzw. deren Umsetzung in einem jeweils individuell angemessenen Reifegrad.

4.4 Sektorspezifische Standards

ISO/IEC 27010:2015

Die ISO/IEC 27010 dient als Leitfaden für das Informationssicherheitsmanagement für intersektorielle und interorganisationelle Kommunikation.

Aktuell ist die österreichische Version ÖVE/OENORM EN ISO/IEC 27010:2020-02 als Entwurf erhältlich.

DIN EN ISO/IEC 27011:2021-10

Dieser Standard dient als Leitfaden für das Informationssicherheitsmanagement für Telekommunikationsunternehmen.

DIN EN ISO/IEC 27017:2021-11

Dieser Standard ist an der DIN EN ISO/IEC 27002 angelehnt und soll einen Leitfaden für Informationssicherheit bei Cloud-Services darstellen. Dazu gehören Empfehlungen zu Sicherheitskontrollen, Richtlinien zur Einhaltung von Privatsphäre und das Management von Beziehungen zwischen Cloud-Service-Anbietern.

DIN EN ISO/IEC 27018:2020-08

Dieser Standard beschäftigt sich speziell mit den datenschutzrechtlichen Anforderungen an das Cloud-Computing und baut auf der DIN EN ISO/IEC 27001 auf. Der Fokus liegt dabei auf der Regulierung der Verarbeitung von personenbezogenen Daten in der Cloud.

4.5 Maßnahmenspezifische Standards

Die maßnahmenspezifischen Standards bestehen aus einem ganzen Bündel von Normen und sind, was die Nummerierung angeht, in den Bereichen ISO 2703x und ISO 2704x zu finden. Im Folgenden werden die einzelnen Normen nur recht kurz vorgestellt:

- Die **ISO/IEC 27031:2011** beschreibt Business-Continuity-Grundsätze und -Prinzipien beim Einsatz von Informations- und Kommunikationsinfrastrukturen.
- Die **ISO/IEC 27032:2023** liefert grundlegende Techniken der Cybersecurity, insbesondere zum Austausch von Informationen und zur Zusammenarbeit bei der Bearbeitung von Vorfällen.
- Die **ISO/IEC 27033:2015** ist eine Normenreihe, die aus sieben Einzelnormen besteht, die zu unterschiedlichen Zeiten veröffentlicht wurden. Die Normenreihe liefert Anleitungen, wie Netzwerksicherheit mittels verschiedener Richtlinien in einem Unternehmen zu adressieren ist.

- Die **ISO/IEC 27034:2011** ist ebenfalls eine Normenreihe und beschäftigt sich mit Anwendungssicherheit. Eingeführt werden über die Teile der Norm zwei Schlüssel-Frameworks, die Unternehmen bei der Umsetzung von Sicherheitsmaßnahmen während der Softwareentwicklung helfen.
- Die **ISO/IEC 27035:2023** ist eine Normenreihe, die als Leitfaden für ein Managementsystem zur Erkennung und Behandlung von Sicherheitsevents, -vorfällen und -schwachstellen dient.
- Die **ISO/IEC 27036:2021** ist eine Normenreihe, die als Leitfaden für Sicherheitsaspekte beim Outsourcing und Cloud-Computing dient.
- Die **DIN EN ISO/IEC 27037:2016-12** ist eine Anleitung für die Identifizierung, Sammlung, Sicherung und den Erhalt von digitalen Beweisinformationen bei der IT-Forensik.
- Die **DIN EN ISO/IEC 27038:2016-12** spezifiziert Merkmale von Verfahren, um das Schwärzen in digitalen Dokumenten vorzunehmen.
- Die **ISO/IEC 27039:2015** enthält Richtlinien, um Unternehmen bei der Einführung von Intrusion-, Detection- und Prevention-Systemen zu unterstützen. Insbesondere adressiert sie Auswahl, Implementierung und Betrieb der Systeme.
- Die **DIN EN ISO/IEC 27040:2017-03** enthält detaillierte technische Anleitungen für Unternehmen, wie ein angemessener Grad der Risikominimierung durch den Einsatz eines bewährten und konsistenten Ansatzes für Planung, Design, Dokumentation und Implementierung einer sicheren Datenhaltung erreicht werden kann.
- Die **DIN EN ISO/IEC 27041:2016-12** dient als Anleitung für die Auswahl geeigneter Untersuchungsmethoden, um Informationssicherheitsvorfälle zu untersuchen.
- Die **DIN EN ISO/IEC 27042:2016-12** ist ein Leitfaden zur Analyse und Interpretation digitaler Beweise.
- Die **DIN EN ISO/IEC 27043:2016-12** enthält Prinzipien und Prozesse zur Untersuchung von Informationssicherheitsvorfällen und zu den gebotenen Voraussetzungen.

5 Integrierte Managementsysteme

Dieses Kapitel beschäftigt sich mit integrierten Managementsystemen, ihrem Inhalt, Sinn und Zweck. Die Idee, Managementsysteme aufzubauen, existiert bereits sehr lange. Doch erst in den letzten Jahren wird die praktische Umsetzung dieser Ideen publiziert, zuerst im Vereinigten Königreich von The British Standards Institution (BSI) im Jahr 2006 in einer eigenen Guideline[20]. In die aktuelle Fassung aus dem Jahr 2012 sind weitere praktische Erfahrungen eingeflossen. Auch die ISO hat sich mit der Vereinheitlichung von Managementsystemen beschäftigt und zunächst eine Grundstruktur (High Level Structure) festgeschrieben, um Managementsystemnormen eine einheitliche Struktur und Begrifflichkeit sowie einheitliche Kerninhalte vorzugeben. Seit Mai 2021 heißt dieser Leitfaden für die Grundstruktur von Managementsystemnormen nun „Harmonized Structure“ (HS).

5.1 Einleitung

Einführung und Betrieb von Managementsystemen ermöglichen Organisationen Verbesserungen der Effektivität ihrer Prozesse und unterstützen die Erreichung der Organisationsziele. Um den diversen Anforderungen gerecht zu werden, die von internen oder externen Stakeholdern an Organisationen gestellt werden, kann es nötig sein, mehrere Managementsysteme zugleich zu betreiben. Dann steigt die Gefahr, dass es zu parallelen Regelungen, nicht koordinierten Verantwortlichkeiten, redundanter Dokumentation und widersprüchlichen Anweisungen kommt.[21] Diese Phänomene führen in der Regel dazu, dass ein unnötig hoher Kostenaufwand entsteht und die Effektivitäts- und Effizienzverbesserung der betrachteten Prozesse hinter den Erwartungen zurückbleibt.

Um dieser Gefahr zu begegnen, führte die BSI die PAS 99 ein und definiert die Zielsetzung dieses Leitfadens folgendermaßen:

20 BSI British Standards (2006): PAS 99:2006 Publicly Available Specification for Common Management Systems. London.

21 Vgl.: Bayrisches Staatsministerium für Wirtschaft, Verkehr und Technologie (2011): Aktuelle normierte Managementsysteme. München.

> „PAS 99 ist die weltweit erste Spezifikation für integrierte Managementsysteme. Viele unserer Kunden haben uns um einen Rahmen zum Verwalten all ihrer zertifizierten Systeme gebeten.“[22]

Die Webseite der BSI zu integrierten Managementsystemen nach PAS 99 (siehe Fußnote 22) bietet auch eine Fallstudie über die Firma Stralfors, in der Vorteile der Einführung eines integrierten Managementsystems beschrieben sind.

5.2 ISO-Richtlinie zur Vereinheitlichung von Managementsystemnormen

Die Anforderungen an Managementsysteme wurden von der ISO in den letzten Jahren konsequent und systematisch aufbereitet und in Form von Standards veröffentlicht. Für Organisationen, die die Konformität mit dem jeweiligen Standard bestätigt haben möchten, sind diese Standards (z.B. ISO 9001, ISO 14001, ISO 18001, ISO 22301, ISO/IEC 27001) verbindliche, die Anforderungen definierende Normen.

Um die genannten Gefahren beim simultanen Betrieb mehrerer Managementsysteme zu reduzieren, hat das ISO-Gremium „Technical Management Board/ Joint Technical Coordination Group on MSS“[23] erstmals im Jahr 2012 in den ISO-Richtlinien[24] den Anhang SL.8 (ab 2013 Anhang SL.9, auch DIN SPEC 36601) veröffentlicht, in dem es um die Grundstruktur (englisch: „harmonized structure“, siehe Bild 7), einheitliche Textbausteine und einheitliche Begriffe für die Nutzung in Managementsystemnormen geht. Grundlage der Betrachtung hier ist die ISO/IEC Directives, Part 1, 2023.[25] Der Annex SL.9 beinhaltet generelle Anforderungen für alle Managementsystemnormen. Dabei geht es um das Verständnis des Umfelds der Organisation, Führungsaspekte, Risikomanagement, Ausstattung mit Ressourcen, Bewertung des Systems usw.

Diese Richtlinie soll die Konsistenz der verschiedenen Managementsysteme fördern, indem die Kernanforderungen an Managementsysteme kompatibel werden. Somit ist sie insbesondere nützlich für Organisationen, die ein inte-

22 Siehe The British Standard Institution: Integrierte Managementsysteme nach PAS 99. URL: https://www.bsigroup.com/de-DE/Integrierte-Managementsysteme-nach-PAS-99/ [Stand 17.04.2024].

23 Das Akronym „MSS“ steht für „Management System Standards“.

24 ISO/IEC (2012): ISO/IEC Directives, Part 1, Consolidated ISO Supplement – Procedures specific to ISO, Third Edition. Geneva.

25 ISO/IEC (2023): ISO/IEC Directives, Part 1, Procedures for the technical work – Consolidated ISO Supplement – Procedures specific to ISO (Edition 2023, V03/2023). URL: https://www.iso.org/sites/directives/current/consolidated/index.html [Stand 18.04.2023].

griertes Managementsystem planen bzw. betreiben, das die Anforderungen mehrerer Managementsystemnormen gleichzeitig erfüllen soll. Seit Verabschiedung der Richtlinie ist diese Grundstruktur bei der Entwicklung oder Revision von Anforderungsnormen für Managementsysteme zu berücksichtigen. Dabei können disziplinspezifische Anforderungen (Qualität, Umwelt, Informationssicherheit, Energie etc.) ergänzt werden. In diesem Sinne ist auch die Norm ISO/IEC 27001 überarbeitet worden und hält seit der Ausgabe aus dem Jahr 2013 die Grundstruktur und in weiten Teilen auch die Textbausteine aus der ISO-Richtlinie sowie deren Kernanforderungen an Inhalte ein. Das nachstehende Bild zeigt den elfteiligen Aufbau einer Managementsystemnorm gemäß DIN TR 36601, die in jeder der o. g. Standards wiederzufinden ist:

DIN TR 36601:2023 (D)
Grundstruktur, einheitlicher Basistext, gemeinsame Benennungen und Basisdefinitionen für den Gebrauch in Managementsystemnormen (ISO/IEC Directives, Part 1, Consolidated ISO Supplement, 2023, Procedures specific to ISO, Annex SL, Appendix 2)
Einleitung 1 Anwendungsbereich 2 Normative Verweisungen 3 Begriffe 4 Kontext der Organisation 5 Führung 6 Planung 7 Unterstützung 8 Betrieb 9 Bewertung der Leistung 10 Verbesserung

Quelle: eigene Darstellung, Wolfgang Böhmer

Bild 7: Grundstruktur der Managementsystemnormen, die Anforderungen definieren (ohne Unterpunkte)

5.3 Plan-Do-Check-Act

Der Zyklus Plan-Do-Check-Act wurde zunächst im Kontext des Qualitätsmanagements bekannt. Es ist ein vierphasiger Prozess bzw. Regelkreis, der unter anderem auf W. E. Deming zurückgeht.[26]

26 Vgl. Deming, W. E. (1986): Out of the Crisis. MIT Press (MA).

Es stellte sich später heraus, dass dieser kontinuierliche Verbesserungsprozess nicht nur im Qualitätsmanagement, sondern auch in anderen Disziplinen, z. B. dem Informationssicherheitsmanagement, anwendbar ist. Die vier Phasen sind:

1) Plan: Einrichten des Managementsystems
2) Do: Betreiben des Managementsystems
3) Check: Überprüfen der Effektivität und ggf. Effizienz des Managementsystems
4) Act: Verbessern des Managementsystems

Der PDCA-Regelkreis hat seine Spuren auch in der einheitlichen Grundstruktur (Harmonized Structure) für Managementsystemnormen der ISO hinterlassen. Vernachlässigt man die Details, lassen sich zwischen dem PDCA-Zyklus und der Grundstruktur nach ISO folgende Zuordnungen vornehmen:

Tabelle 2: Zuordnung der Phasen des PDCA-Zyklus zur Grundstruktur

PDCA-Phase	Harmonized Structure
Plan	Abschnitte 4 bis 6
Do	Abschnitte 7 und 8
Check	Abschnitt 9
Act	Abschnitt 10

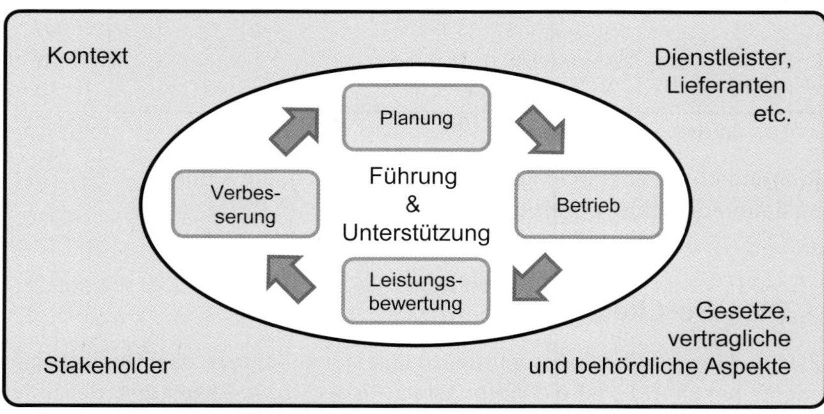

Quelle: eigene Darstellung, Wolfgang Böhmer

Bild 8: Anforderungen des Annex SL, Appendix 2 im Systemzusammenhang

Bild 8 stellt die Anforderungen des Annex SL, Appendix 2, an ein integriertes Managementsystem im Systemzusammenhang dar. Der äußere Kreis zeigt die wesentlichen Einflüsse, die von außen auf ein integriertes Managementsystem einwirken.

5.4 Managementsysteme und Systemtheorie

In der Informatik-Lehre haben Policies (Richtlinien) nach der Definition von M. Bishop eine weitreichende Bedeutung und sind Gegenstand vielfältiger Forschungen.[27] So werden Policies unter anderem im Bereich der Firewall-Konfiguration, der Authentisierung sowie im Netzwerkmanagement erfolgreich eingesetzt. Dabei hat eine Policy zunächst einen statischen Charakter. Unterschieden werden zulässige und unzulässige Zustände eines Systems, eines Prozesses oder von Objekten. Im Laufe der Zeit wurde erkannt, dass statische Policies allein nicht den Anforderungen der Unternehmen gerecht werden. Als Konsequenz wurden dynamische Policies entwickelt, die entweder bezüglich einer zeitlichen oder einer inhaltlichen Komponente oder hinsichtlich beider Komponenten flexibel gestaltet werden können.[28] Dieser Zugewinn an Flexibilität kam den Anforderungen der Unternehmen entgegen. Neben den statischen Policies finden heute dynamische Policies ein breites Anwendungsgebiet.

Hinsichtlich der Gesamtabsicherung eines Unternehmens haftet allerdings den statischen wie den dynamischen Policies der gleiche Nachteil an: Sie liefern keine Rückkopplung ihrer Wirkung. Damit fehlt dem Unternehmensmanagement eine übergeordnete Steuerungsmöglichkeit. Ferner lässt sich beobachten, dass zur Absicherung eines Unternehmens Managementsysteme häufig gemäß ISO/IEC 27001, ISO 9001 oder ISO 14001 eingesetzt werden, die dem PDCA-Zyklus folgen. Die weltweite Zunahme an Zertifizierungen ist Indiz für den hohen Nutzwert dieser Managementsysteme. Es existiert jedoch bis dato keine formale Beschreibung dieser Managementsysteme. Ohne formale Beschreibungen bzw. Grundlagen lassen sich die Methoden der Informatik nur schwer anwenden.

Policy-Systeme, die eine Rückkopplung beinhalten wie die Managementsysteme, sind bisher wenig in der Informationstechnologie erforscht worden. Im

27 Vgl. Bishop, M. (2004): Introduction to Computer Security (2. Ausg.). Addision-Weseley-Verlag, Bosten.

28 Vgl. Weissman, V./Pucella, R. (2004): Reasoning about Dynamic Policies. In: Walukiewicz, I. (Hrsg.): Foundations of Software Science and Computation Structures (FoSSaCS 2004). Lecture Notes in Computer Science, vol 2987. Springer, Berlin, Heidelberg, S. 453–467.

Gegensatz dazu sind in der Ingenieurtechnik rein technische Systeme mit einer Rückkopplung zu finden – sogenannte Feedbacksysteme –, die als Regelkreise bezeichnet werden und mit der ereignisdiskreten Systemtheorie hinreichend beschrieben werden können.

Regelkreise der ereignisdiskreten Systemtheorie besitzen vier Elemente: die Regelstrecke, den Sensor, den Regler und den Aktuator. Die Elemente sind untereinander sequenziell verbunden und bilden den Regelkreis. Regelkreise haben eine weitreichende Bedeutung erlangt, denn es handelt sich nicht nur um ein rein technisches Modell, sondern um ein allgemeines Organisationsprinzip, das auch unter Begriffen wie „Selbstregulation" in der Biologie, Soziologie, Psychologie und der Systemtheorie vorzufinden ist. Allgemein kann die Aufgabe von Regelkreisen wie folgt definiert werden:

Definition

Regelkreise haben die Aufgabe, zeitveränderliche Größen eines Prozesses auf vorgegebene Werte zu bringen und trotz Störungen dort zu halten.

Im Kontext eines Regelkreises ist nicht das Zeitverhalten eines technischen Systems von Interesse – welches i. d. R. durch Zustandsdifferenzialgleichungen beschrieben wird –, sondern das diskrete Verhalten technischer Systeme, das durch algebraische Gleichungen ausgedrückt wird.

Eine Beziehung zwischen einem zeitkontinuierlichen System und einem diskreten System kann durch eine Laplace-Transformation hergestellt werden. Die Gleichungen für den Standardregelkreis sind Laplace-transformierte und somit algebraische Gleichungen. Das Suffix (s) deutet auf die Transformation hin.[29]

Bild 9 stellt ein ISMS gemäß ISO/IEC 27001 als Regelkreis dar und verbindet die vier Regelkreiselemente mit PDCA-Phasen.

29 Vgl. Litz, L. (2005): Grundlagen der Automatisierungstechnik, Regelungssysteme – Steuerungssysteme – Hybride Systeme. Oldenbourg Verlag.

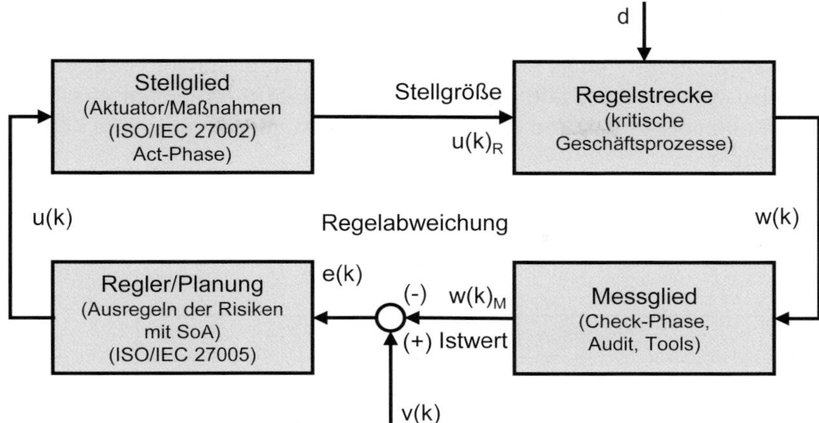

Quelle: eigene Darstellung, Wolfgang Böhmer

Bild 9: ISMS als Regelkreisdarstellung

Das in Bild 9 dargestellte Referenzsignal (Sollwert) v(k) repräsentiert in dem Regelkreis die Anforderungen an die Vertraulichkeit, Integrität und Verfügbarkeit für ein zuvor definiertes Niveau. Das aktuelle Sicherheitsniveau w(k) wird durch die Störung (d) auf der Regelstrecke erzeugt. Das vom Sensor (Messglied) gemessene aktuelle Sicherheitsniveau wird mit $w(k)_M$ bezeichnet.

Der Regler korrigiert mittels des Referenzsignals v(k) die Abweichungen (-) auf der Regelstrecke, um das zuvor definierte Sicherheitsniveau wiederherzustellen. Als Korrekturmaßnahme zu dieser Abweichung ist das Signal $u(k) = v(k) - e(k)$ zu verstehen. Es spiegelt die Aktualisierung der Sicherheitsrichtlinie durch Maßnahmen wider.

Im Aktuator werden die Maßnahmen konkretisiert und in Prozeduren und Arbeitsanweisungen umgesetzt. Das Signal $u(k)_R$ illustriert das korrigierte Signal, das auf die Regelstrecke einwirkt und eine Verbesserung erzeugt.

5.5 Integration von Managementsystemen

Die Idee der Integration eines Managementsystems hängt stark von der Regelstrecke, also von den Geschäftsprozessen ab, wie Bild 9 im letzten Abschnitt nahelegt. Neben der Integration von Managementsystemen ist auch ihre Koppelung möglich.[30]

Im folgenden Kapitel 6 liefert Bild 19 eine detaillierte Prozessdarstellung. Die oberste Ebene ist dort die Kontrolle eines Prozesses auf der Basis von Vorgaben und Richtlinien, wie das nachfolgende Bild zeigt:

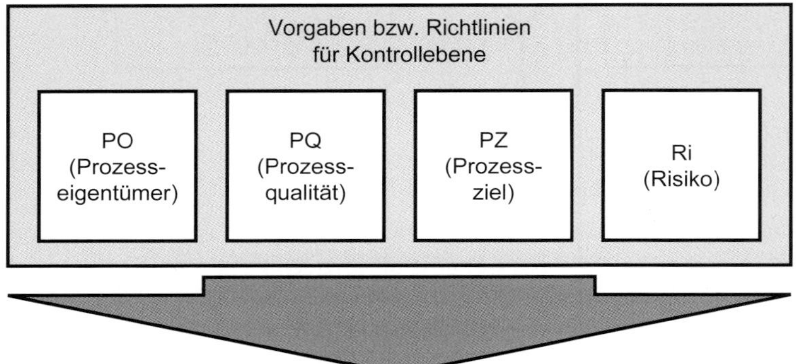

Quelle: eigene Darstellung, Wolfgang Böhmer

Bild 10: Kontroll- und Steuerungsebene eines Prozesses

Spielen wir anhand der Darstellung der Kontrollebene die Integration von Managementsystemen am Beispiel der Normen ISO 9001 und ISO 27001 durch: Ausgehend von der ISO 9001 werden die Kern- bzw. die wertschöpfenden Prozesse eines Unternehmens hinsichtlich ihrer Qualität betrachtet. Ausgehend von der Norm ISO/IEC 27001 werden ebenfalls die wertschöpfenden Prozesse jedoch hinsichtlich ihrer Risiken betrachtet. Somit sind die Normen ISO 9001 und ISO/IEC 27001 auf die gleiche Prozesslandschaft eines Unternehmens ausgerichtet. Damit sind auf der Kontrollebene der wertschöpfenden Prozesse beide Standards von Bedeutung, denn die Prozesse werden dort nicht nur durch die Vorgaben und Richtlinien bezüglich der Prozessqualität (PQ), sondern auch durch die Richtlinien und Vorgaben bezüglich der identifizierten Risiken (Ri)

30 Vgl. Böhmer, W. (2012): Gekoppelte Management Systeme in der Informationssicherheit. In: Tagungsband D-A-CH Security 2012. Forschungsgruppe Systemsicherheit Universität Klagenfurt, S. 314–325.

und das sich daraus abgeleitete Sicherheitskonzept für die Schutzziele (Verfügbarkeit, Integrität und Vertraulichkeit) gesteuert.

Die Schutzziele bzw. die Risiken bezogen auf die Prozesse der Wertschöpfung werden nach der Norm DIN EN ISO/IEC 27005 analysiert und in der Anwendbarkeitserklärung (Statement of applicability) aufgeführt. Dies entspricht im Kern Maßnahmen, die den identifizierten Risiken entgegenwirken (siehe DIN EN ISO/IEC 27001, Abschnitt 6.1.3), und kann insgesamt auch als Sicherheitskonzept[31] betrachtet werden.

Die Prozessqualität wird mit ISO 9001 überprüft. Mit anderen Worten, die Prozesskette der Wertschöpfung wird über die Qualitätsanforderungen gesteuert. Die Rückkopplung der Prozessqualität erfolgt bei der ISO 9001 in der Regel über die Kundenzufriedenheit bzw. über das Beschwerdemanagement.

Das nachfolgende Bild 11zeigt den Einfluss der beiden Managementsysteme auf die Kontroll- und Steuerungsebene eines wertschöpfenden Prozesses.

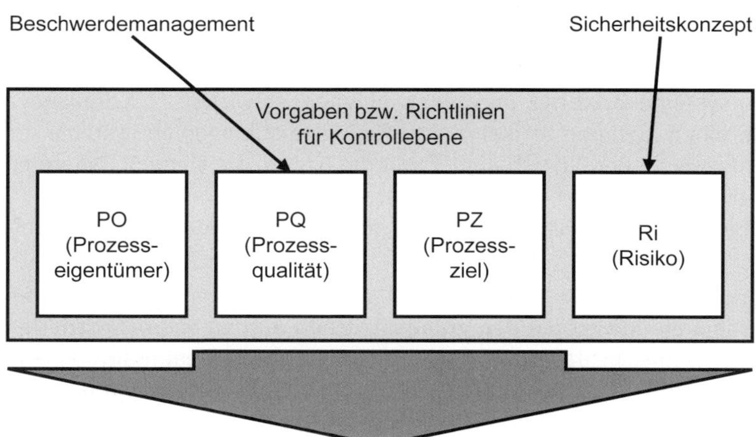

Quelle: eigene Darstellung, Wolfgang Böhmer

Bild 11: Einfluss des integrierten Managementsystems auf einen wertschöpfenden Prozess am Beispiel ISO 9001 und ISO/IEC 27001

31 Vgl. BSI (2023): IT-Grundschutz-Kompendium, IT-Grundschutz-Bausteine, ISMS. 1 Sicherheitsmanagement, Abschnitt 3.2, A10 „Erstellung eines Sicherheitskonzepts". URL: https://www.bsi.bund.de/DE/Themen/Unternehmen-und-Organisationen/Standards-und-Zertifizierung/IT-Grundschutz/IT-Grundschutz-Kompendium/IT-Grundschutz-Bausteine/Bausteine_Download_Edition_node.html [Stand 18.04.2024].

Mit dieser praktischen Sichtweise der integrierten Prozesssteuerung verschmelzen auch der PDCA-Zyklus der ISO/IEC 27001 und der ISO 9001 zu einem gemeinsamen integrierten Managementsystem.

Ein integriertes Managementsystem kann wie folgt definiert werden:

> **Definition**
>
> „Ein integriertes Managementsystem (IMS) versetzt Führungskräfte und Mitarbeiter in die Lage, die Anforderungen einzelner Managementsysteme ganzheitlich in den Blick zu nehmen. Die unterschiedlichen Perspektiven der Anwender werden dadurch aufgelöst und vereinheitlicht. Die Harmonized Structure (HS) der ISO-Normen erleichtert diesen Ansatz und hilft bei der Analyse und Umsetzung eines umfassenden IMS.“[32]

Obwohl bereits einige Organisationen erfolgreich integrierte Managementsysteme betreiben, ist der Durchbruch in die Breite noch nicht passiert. Für eine intensive Beschäftigung mit integrierten Managementsystemen empfehlen wir einen Konferenzbeitrag von M. M. Meri, der verschiedene Ansätze für integrierte Managementsysteme bewertet und einen eigenen entwickelt.[33] K. Čekanová resümiert in einem anderen Artikel, dass integrierte Managementsysteme die Managementsysteme der Zukunft sind.[34] Mit die Ersten, die sich mit Synergien von integrierten Managementsystemen beschäftigt haben, sind Zeng et al.[35] Das nachfolgende Bild 12 ist in Anlehnung an den Artikel von Zeng et al. entstanden.

Die Standards PAS 99 bzw. DIN/TR 36601 fassen viele der hier genannten Aspekte zusammen und zeigen den grundsätzlichen Aufbau eines integrierten Managementsystems, in das dann z.B. die beiden oben genannten Managementsysteme gemäß ISO 27001 und ISO 9001 eingebettet werden können.

32 Siehe DIN Media: Integrierte Managementsysteme. URL: https://www.dinmedia.de/de/themenseiten/integrierte-managementsysteme [Stand 01.07.2024].

33 Vgl. Meri, M. M. (2016): The Integrated Management (IM): New Approach. In: Proceedings of the 4th International Conference Innovation Management, Entrepreneurship and Corporate Sustainability, S. 443–456.

34 Vgl. Čekanová, K. (2015): Integrated Management System – Scope, Possibilities and Methodology. Research Papers, Slovak University of Technology in Bratislava, Vol. 23, Nr. 36, S. 135–140.

35 Vgl. Zeng, S./Shi, J. J./Lou, G. X. (2007): A synergetic model for implementing an integrated management system: an empirical study. In: China. Journal of Cleaner Production, 15 (18), S. 1760–1767.

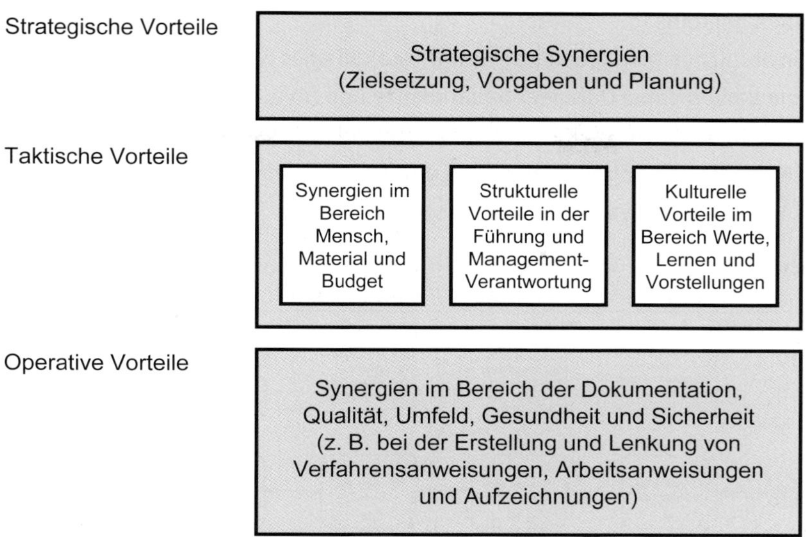

Quelle: eigene Darstellung, Wolfgang Böhmer, in Anlehnung an Zeng et al (2007)

Bild 12: Synergien eines integrierten Managementsystems

5.6 Integrierte Managementsysteme in der Praxis

Da das vorangehende Kapitel eher theoretisch in das Thema integrierte Managementsysteme eingeführt hat, widmet sich dieses Kapitel der Praxis und stellt typische Konstellationen von integrierten Managementsystemen vor. Die hier beschriebenen Erfahrungen leiten sich aus durchgeführten Audits ab. Wichtig ist in diesem Zusammenhang, dass die wertschöpfenden Prozesse aus dem Blickwinkel eines ISMS und mindestens eines weiteren Managementsystems (z. B. ISO 9001) betrachtet werden.

In der Praxis ist es vorteilhaft, zunächst ein Managementsystem zu implementieren und dieses als Blaupause für die Integration eines weiteren Managementsystems zu verwenden (sequenzielle Vorgehensweise).

In einem integrierten Managementsystem (IM) sind mindestens folgende Merkmale zu finden:

- Die Regelstrecke (Geltungsbereich) ist für die Managementsysteme, die es gilt, zu integrieren, (nahezu) gleich.
- Die Steuerungsprozesse der Managementsysteme, die integriert werden sollen, haben

- einen gemeinsamen Kontext,
- ein ähnliches Managementreview (Protokoll oder Bericht)
- eine gemeinsame Dokumentenlandkarte und Dokumententypen
- ähnliche Risikoverfahren, Schwellwerte und Akzeptanzkriterien etc.
- ein ähnliches Auditprogramm und ähnliche Audits
- einen ähnlichen Verbesserungsprozess (KVP)

Das nachfolgende Bild 13 illustriert die Prozesskette einer Integration.

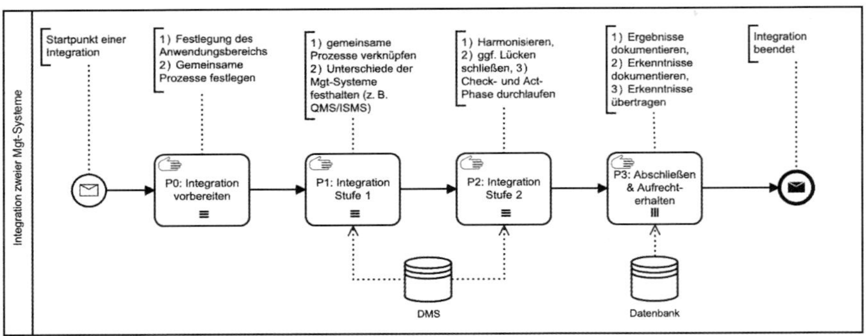

Quelle: eigene Darstellung, Wolfgang Böhmer

Bild 13: Prozesskette zur Integration zweier Managementsysteme

Die Abbildung ist von links nach rechts zu lesen und zeigt mittels der Syntax und Semantik der BPMN 2.0, eines Standards zur Geschäftsprozessmodellierung,[36] die Prozesskette vom Startpunkt einer Integration über die Vorbereitung (P0), die eigentliche Integration mit den Stufen 1 (P1) und 2 (P2), den Abschluss (P3) mit der Dokumentation und dem Festhalten der Erkenntnisse bis hin zur Feststellung des Endes der Integration.

Die in Bild 13 dargestellte Datenbank (DMS), in der die Dokumente der Dokumentenlandkarte (siehe Kapitel 6.2.4) abgelegt sind, ist für das Dokumentenmanagementsystem vorgesehen. Die zweite Datenbank kann eine andere sein, die sich ggf. außerhalb des Kontextes befindet und in der allgemeine Erkenntnisse (Knowledge Database) hinterlegt sind.

36 Object Management Group (2014): Business Process Model and Notation (Version 2.0.2). URL: https://www.omg.org/spec/BPMN/ [Stand 18.04.2024].

In der Praxis lassen sich häufig die folgenden Konstellationen von integrierten Managementsystemen beobachten:

- ISO 9001 als Managementsystem, mit dem begonnen wird. Dies ist eine geschickte Wahl, da die ISO 9001 eine Prozessstruktur (Führungsprozess, Kern- oder Wertschöpfungsprozess, unterstützender Prozess) anordnet. Weiterhin gilt die ISO 9001 als „Mutter aller Managementsysteme".
- Die ISO/IEC 27001 verwendet dann die Prozessstruktur, regelt präventiv und risikoorientiert die identifizierten Risiken aus und gestaltet die Wertschöpfung (KP) robuster gegenüber diesen identifizierten Risiken.
- Die ISO 22301 verwendet die Prozessstruktur und regelt reaktiv. Es werden risikoorientiert die identifizierten Abhängigkeiten und Risiken bzgl. der Wertschöpfung (KP) gestaltet und unter Beachtung der maximal zulässigen Störungsdauer Notfallpläne zur Aufrechterhaltung der Betriebsfähigkeit und Wiederherstellung der Geschäftstüchtigkeit für verschiedene Szenarien dokumentiert.
- Die Normenreihe ISO/IEC 2000 und die ISO/IEC 27001 werden häufig in technologisch getriebenen Unternehmen integriert.
- ISO 14001 und ISO 9001 sind für den Bereich der Dienstleistung relevant.
- Nach der DIN EN ISO 45001 lässt sich ein Managementsystem für den Arbeits- und Gesundheitsschutz integrieren.

Wie bereits ausgeführt, lassen sich aufgrund der gemeinsamen Grundstruktur auch andere Managementsysteme kombinieren oder weitere integrieren.

6 Betriebsdokumentation eines ISMS nach DIN EN ISO/IEC 27001

In diesem Kapitel wird die Dokumentation, die zu einem auditfähigen ISMS gehört, für den praktischen Gebrauch erläutert. Die Dokumentation erfüllt einen nicht zu unterschätzenden Zweck in einem funktionierenden ISMS, indem nachgewiesen wird, dass das ISMS nicht nur „gelebt“, sondern anhand seiner Dokumentation und Prozesse nachvollzogen werden kann und alle wesentlichen Schritte für einen Dritten (z. B. Auditor) transparent sind. Der Begriff „gelebt“ ist dem bekannten fünfstufigen CMMI-Reifegradmodell entlehnt, das später durch die ISO/IEC TS 15504 standardisiert wurde. Es ist auch unter dem Kürzel SPICE bekannt und wird in der Automotive-Branche als Prozessbewertung eingesetzt. Auch das National Institute of Standards and Technology (NIST) hat mit der SP800-55[37] die Übertragung des CMMI-Modells in die Informationssicherheit vorgenommen.

Die Betriebsphase eines ISMS wird durch die beiden PDCA-Phasen „Check“ und „Act“ bestimmt, nachdem ein ISMS durch die beiden Phasen „Plan“ und „Do“ installiert worden ist. Die Phasen „Check“ und „Act“ sorgen für den Erhalt des durch die Phasen „Plan“ und „Do“ angestrebten sichereren Zustands (Soll) für die im Gültigkeitsbereich (Scope) genannten Kernprozesse (Wertschöpfung) eines Unternehmens bzw. einer Institution. Aufgrund der Prozessorientierung bzw. Prozesssteuerung entsteht eine Dokumentenpyramide, die eine hierarchische Struktur aufweist.

6.1 Einleitung, historischer Abriss und obligatorische Dokumente

Im Verlauf der historischen Normenentwicklung der ISO/IEC 27001 bzw. des Vorläufers dieser Norm, des inzwischen veralteten British Standard (BS 7799-2), hat sich die Pflicht zur Dokumentation eines ISMS stark gewandelt. Wurde in den frühen Tagen der Norm noch ein sogenanntes ISMS-Handbuch gefordert (vgl. ISO/IEC 27001:2005, Abschnitt 4.3 Documentation requirements), so ist diese Forderung in späteren Ausgaben der Norm (vgl. ISO/IEC 27001:2013) nicht mehr als so wichtig erachtet worden.

Inzwischen wird in der DIN EN ISO/IEC 27001:2024, Abschnitt 7.5, nur auf „Dokumentierte Informationen“ hingewiesen. Doch werden an verschiedenen anderen Stellen der Norm obligatorische Dokumente gefordert. Nach den

37 SP800-55 Performance Measurement Guide for Information Security / Zuletzt abgerufen am 08.05.2023.

Abschnitten 4 bis 10 ist die Dokumentation folgender Informationen erforderlich:

- Kontext (Anwendungsbereich) des ISMS mit Abgrenzung und Schnittstellen (Abschnitt 4.3)
- Informationssicherheitspolitik und Ziele (Abschnitte 5.2 und 6.2)
- Risikobeurteilungsmethodik und Risikobehandlungsmethodik (Abschnitte 6.1.2 und 6.1.3)
- Anwendbarkeitserklärung mit Datum für das Zertifikat (Abschnitt 6.1.3, Buchstabe d))
- Risikobehandlungsplan (Abschnitte 6.2 und 6.1.3, Buchstabe e))
- Informationen über Schulungen, Fähigkeiten, Qualifikationen etc. (Abschnitt 7.2)
- Betriebliche Planung und Steuerung (Abschnitt 8.1)
- Risikobewertungsbericht (Abschnitt 8.2)
- Überwachung und Messergebnisse (Abschnitt 9.1)
- Internes Audit-Programm mit einer Laufzeit über einen Zertifizierungszyklus (Abschnitt 9.2, Buchstabe g))
- Protokoll zum Managementreview (Abschnitt 9.3, Buchstaben a) bis f))
- KVP mit Behandlungsplan (Nachverfolgungsliste von Maßnahmen (Abschnitt 10.1, Buchstaben a) bis f), ohne d))
- Informationen über Maßnahmen der Wirksamkeitsprüfung (Abschnitt 10.1, Buchstabe d))

Nach DIN EN ISO/IEC 27001, Anhang A, Tabelle A.1, müssen folgende Informationen dokumentiert werden:

- Definition der Sicherheitsrollen und Verantwortlichkeiten (Nr. A.5.2, A.5.3, A.5.4)
- Inventarisierung bzw. Verzeichnis der Assets (Nr. A.5.9)[38]
- Akzeptable Nutzung von Assets (Nr. A.5.10)
- Richtlinie für Zugriffskontrolle bzw. sichere Authentisierung (Nr. A.5.15, A.8.5)
- Betriebsabläufe für das IT-/Inf.-Management (Nr. A.5.37)

---

38 A.5.9 fordert die Inventarisierung von Informationswerten und zugehörigen Assets (z.B. IT-System), siehe Kapitel 9.2.3.1.

- Protokolle über Anwenderaktivitäten, Ausnahmen und Sicherheitsereignisse (Nr. A.8.15)
- Prinzipien des sicheren System Engineering (Nr. A.8.27)
- Richtlinie für Dienstleister und Lieferanten (Nr. A.5.19, A.5.20)
- Verfahrensanweisung für Sicherheitsvorfälle und Entstörung bzw. Entstörprozesse (Nr. A.5.25, A.5.26, A.5.27)
- Verfahren bzw. Prozesse für betriebliche Kontinuität bzw. Resilience unter RCE-Aspekten (Nr. A.5.29, A.5.30, A.8.14)
- Gesetzliche, behördliche und vertragliche Anforderungen (Nr. A.5.31)

Daneben sind gemäß DIN EN ISO/IEC 27001 einige Dokumente zwar nicht obligatorisch, jedoch implizit erforderlich. Diese sind:
- Richtlinie zur Lenkung von Dokumenten und Aufzeichnungen (Abschnitt 7.5)
- Verfahren bzw. Prozessablauf der internen Audits (Abschnitt 9.2)

Und gemäß DIN EN ISO/IEC 27001, Anhang A, Tabelle A.1:
- Richtlinie zur Informationsklassifizierung und zu Handlungsfolgen für die interne/externe Kommunikation (Nr. A.5.12, A.5.13, A.5.14)
- Richtlinie für die Zugangssteuerung und Authentisierungsverfahren (Nr. A.5.15, A.5.16, A.5.17)
- Richtlinie zur Entsorgung und Vernichtung für digitale und nicht digitale Datenträger (Nr. A.8.10, A.7.14)
- Richtlinie für Arbeiten bzw. Tätigkeiten in Sicherheitsbereichen (Nr. A.7.6)
- Richtlinie zum Umgang mit dem aufgeräumten Arbeitsplatz (Nr. A.7.7)
- Richtlinie für den Umgang mit Changes und Änderungen (Nr. A.8.6, A.32)
- Richtlinie zur Datensicherung und Backups (Nr. A.8.13)
- Business-Impact-Analyse (Nr. A.5.30, A.8.14)
- Richtlinie zum Umgang mit Notfallübungen und Notfallplänen (Nr. A.5.29)
- Strategie im Sinne einer Resilienz (Nr. A.5.30, A.8.14)

Einer der ersten, der sich bereits vor mehr als 20 Jahren intensiv um die Dokumentation eines ISMS und seiner hierarchischen Struktur bemüht hat, war Alan Calder (2007)[39] aus Großbritannien. Er führte die Level-Dokumente ein, eine hierarchische Struktur mit drei Ebenen, die Dokumente nach ihrer zeitlichen Dimension ordnet. Das nachfolgende Bild 14 zeigt diese Struktur.

39 Vgl. Alan Calder (2007): The Complete ISO 27001/ISO 17799 Documentation Toolkit.

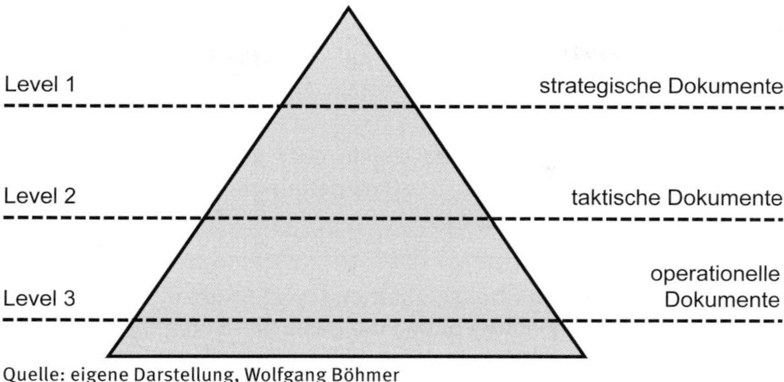

Quelle: eigene Darstellung, Wolfgang Böhmer

Bild 14: Dokumentenpyramide als Grundstruktur für die Dokumentation

Die drei zeitlichen Dimensionen werden als strategisch, taktisch, operationell bezeichnet und beinhalten einen Hinweis auf die Persistenz, d. h. das unveränderte Fortbestehen, der dort verorteten Dokumente. Strategische Dokumente bleiben über eine Dauer von ungefähr drei bis fünf Jahren unverändert und sollten dann einer Aktualisierung unterworfen werden. Taktische Dokumente dagegen haben eine Gültigkeitsdauer von zwei bis ca. vier Jahren, bevor sie aktualisiert werden müssen. Von unterjähriger Gültigkeit sind dagegen operationelle Dokumente. Die Pyramidenform der Darstellung signalisiert die unterschiedliche Mächtigkeit (Anzahl) der Dokumente in den drei Levels. Diese Struktur wird in den nachfolgenden Absätzen weiter verfeinert und mit den notwendigen Dokumententypen eines ISMS in Verbindung gesetzt.

Neben dieser Dokumentenstruktur gibt es eine weitere grundsätzliche Struktur, die aus dem Regelwerk der ISO 9001:2015[40] stammt und sich mit der Lenkung von Dokumenten und Aufzeichnungen beschäftigt. In der aktuellen Fassung der DIN EN ISO/IEC 27001[41] sind ebenfalls Ausführungen zum Thema Handhabung von Dokumenten zu finden. Des Weiteren fordert die Norm, dass alle Dokumente und Aufzeichnungen von ihren Eigentümern bzw. Erstellern klassifiziert werden müssen. Hierzu ist eine Vorgabe bzw. Richtlinie (englisch: Policy) notwendig.

40 Gemeint ist ISO 9001:2015, Abschnitte 4.2.3 und 4.2.4.

41 Gemeint ist DIN EN ISO/IEC 27001:2024, Abschnitt 7.5.

Der Begriff „Policy“ ist umstritten (siehe Kapitel 6.2.2). Wir lehnen uns hier der Begifflichkeit von M. Bishop (2004)[42] an und definieren wie folgt:

> **Definition**
>
> Eine Policy stellt einen Zustand für ein Objekt oder Subjekt ein. Ein ISMS sorgt für den Erhalt eines Zustandes für einen definierten Zeitraum, z. B. für einen dreijährigen Zertifizierungszyklus.

Die drei angeführten Aspekte der Dokumentation (Level-Struktur, Dokumentenlenkung, Dokumentenklassifizierung) bilden die Basis für ein funktionierendes, prozess- und risikoorientiertes ISMS. In den nachfolgenden Kapiteln werden wir darauf detaillierter eingehen.

Die ISO/IEC 27001 bzw. das ISMS ist eng mit der ISO 9001 bzw. dem dort geforderten Qualitätsmanagementsystem (QMS) verbunden. Viele Unternehmen gehen daher auch konsequent den Weg über die ISO 9001, errichten zunächst ein QMS und implementieren dann erst ein ISMS nach ISO/IEC 27001. Der Vorteil dieser Vorgehensweise besteht darin, dass mit der ISO 9001 alle wertschöpfenden Prozesse, unterstützenden Prozesse und Führungsprozesse identifiziert und dokumentiert sind. Die ISO/IEC 27001 betrachtet dann in den wertschöpfenden Prozessen die Risiken[43] für das Unternehmen bzgl. der Wertschöpfungskette.

6.2 Die drei Seiten der Dokumentenpyramide

Die in Bild 14 dargestellte Dokumentenpyramide zeigt, welche Dokumente es für ein ISMS zu erstellen gilt und in welcher Quantität die jeweilige Dokumentenart vorzufinden ist. Drei Aspekte beinhaltet die Darstellung der Dokumentation in Pyramidenform, die sinnbildlich den drei Seiten einer Pyramide entsprechen:

- 1. Seite: die Einteilung nach Leveln in strategische, taktische und operative Dokumente
- 2. Seite: den Erstellungs- und Qualitätsprozess der Dokumente über alle Level
- 3. Seite: den Review-Zyklus der Dokumente. Diese Review-Zyklen sind für jedes Level unterschiedlich.

---

42 Vgl. Bishop, M. (2004): Introduction to Computer Security (2. Ausg.). Bosten: Addision-Weseley-Verlag.

43 In der ersten Fassung der Norm, der ISO/IEC 27001:2005, Abschnitt 1.1, wurde von einem „documented ISMS within the context of the organization’s overall business risks“ gesprochen.

In der Spitze der Pyramide auf Level 1 sind wenige Dokumente (zwei Leitlinien) angesiedelt. Das unterste Level 3 beinhaltet dagegen die operationellen Dokumente, insbesondere die Nachweisdokumente, und besteht deshalb aus einer Vielzahl an Dokumenten.

Das mittlere Level 2 enthält taktische Dokumente, das sind anzufertigende spezifische Richtlinien und Konzepte und Beschreibungen der für die Umsetzung verantwortlichen Prozesse. Die Unterteilung in strategische, taktische und operative Level-Dokumente hat darüber hinaus eine zeitliche Dimension, denn die Level geben grob die Überarbeitungszyklen der Dokumente vor.

Als Orientierungswert sollen die folgenden Zeiten verstanden werden:

- Überarbeitungszyklus von strategischen Dokumenten: 3–5 Jahre
- Überarbeitungszyklus von taktischen Dokumenten: 2–3 Jahre
- Überarbeitungszyklus von operativen Dokumenten kann unterjährig oder alle 1–1,5 Jahre vereinbart werden.

Bild 15 konkretisiert nun diese Dokumentenpyramide für den praktischen Gebrauch. Dargestellt ist die erste Seite der Pyramide.

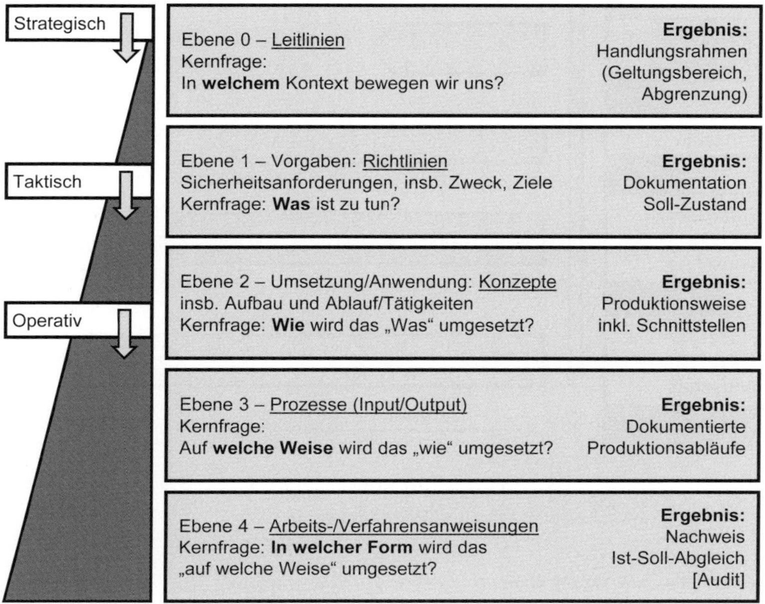

Quelle: eigene Darstellung, Wolfgang Böhmer

Bild 15: Dokumentenpyramide für den praktischen Gebrauch

Die Dokumentenpyramide für den praktischen Gebrauch hat eine vertikale und eine horizontale Dimension. Die vertikale stellt die Hierarchie der Dokumente nach ihrer Einteilung in strategische, taktische und operative dar. Die horizontale benennt die Kernfragen der Dokumente und welche Art von Ergebnissen sie beinhalten.

Das nachfolgende Bild 16 veranschaulicht die zweite Seite der Dokumentenpyramide, den Entwicklungs- und Qualitätsprozess. Auf der Abszisse ist der Entwicklungs- und Qualitätsaufwand aufgetragen. Hier handelt es sich um qualitative Erfahrungswerte. Auf der Ordinate ist die hierarchische Struktur der Dokumente abgebildet. Bild 16 illustriert den zunehmenden Qualitätsaufwand absteigend von der strategischen Ebene über die taktische Ebene bis hin zu den operativen Dokumenten. Dies lässt sich einerseits auf die oben angegebenen Revisionszyklen, aber auch auf die zunehmende Anzahl an Dokumenten von oben nach unten zurückführen.

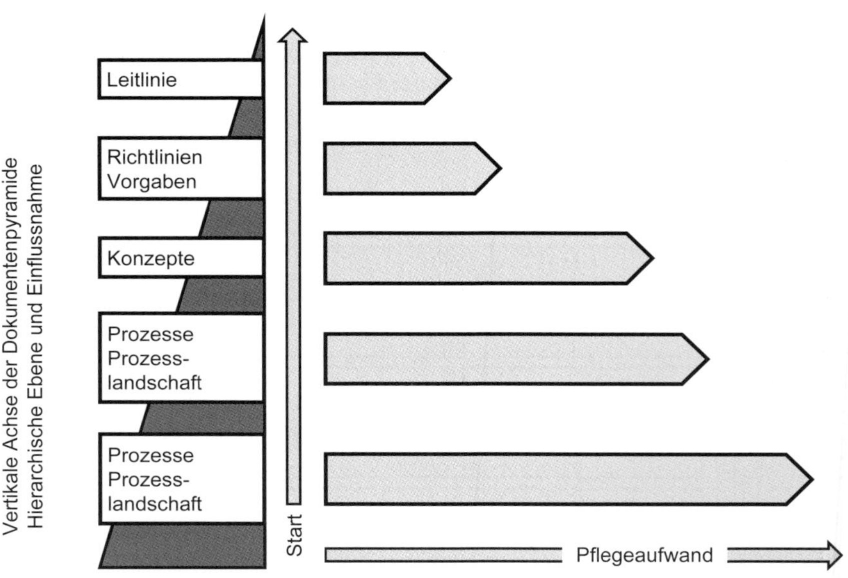

Quelle: eigene Darstellung, Wolfgang Böhmer

Bild 16: Entwicklungs- und Qualitätsaufwand der Dokumente auf den verschiedenen hierarchischen Ebenen

In dieser Darstellung wird davon ausgegangen, dass es sich bei den Dokumenten um „gelenkte“ Dokumente im Sinne der ISO 9001 handelt. Die Lenkungsinformationen sind in den Dokumenten meist im ersten Kapitel unter „Allgemeines“ vorzufinden. Sie enthalten:

- Ziel und Zweck des Dokuments
- Geltungsbereich des Dokuments
- Geltungsdauer des Dokuments
- Revisionszyklus des Dokuments

Neben diesen Informationen zur Lenkung sollten in jedem Dokument Informationen über die Version, den Stand, die Historie der Änderungen, den Autor und Dokumenteigentümer, den Verteiler sowie die Klassifizierung vorhanden sein. Damit werden die Anforderung der aktuellen DIN EN ISO/IEC 27001:2024, Abschnitt 7.5.2, an dokumentierte Informationen erfüllt.

Die nachfolgend abgebildeten Prozessketten (siehe Bild 17), mithilfe des Werkzeugs Camunda BPM erstellt, zeigen auf drei horizontalen Swimlanes die Prozessschritte zur Entwicklung und Qualitätssicherung von Dokumenten.

- Die oberste Swimlane zeigt die Erstellung eines neuen gelenkten oder ungelenkten Dokuments.
- Die mittlere Swimlane zeigt die Revision eines bereits vorhandenen Dokuments.
- Die untere Swimlane zeigt die Qualitätssicherung, die sich auf eine sicherheitsfachliche und datenschutzrechtliche sowie formale Prüfung stützt.

In den nachfolgenden Kapiteln werden die in Bild 15 gezeigten Ebenen und ihre Bedeutung bzw. Dokumente detaillierter vor dem Hintergrund des Erstellungs- und Pflegeprozesses diskutiert.

6.2.1 Leitlinien und ihr Geltungsbereich mit Schnittstellen

Im Bereich der strategischen Dokumente sind die Leitlinien (LL) eingruppiert, die eine unternehmensweite strategische Wirkung entfalten, z. B. die Leitlinie zur IT-/Informationssicherheit oder die Leitlinie zur Notfallbehandlung und Krisenbewältigung.

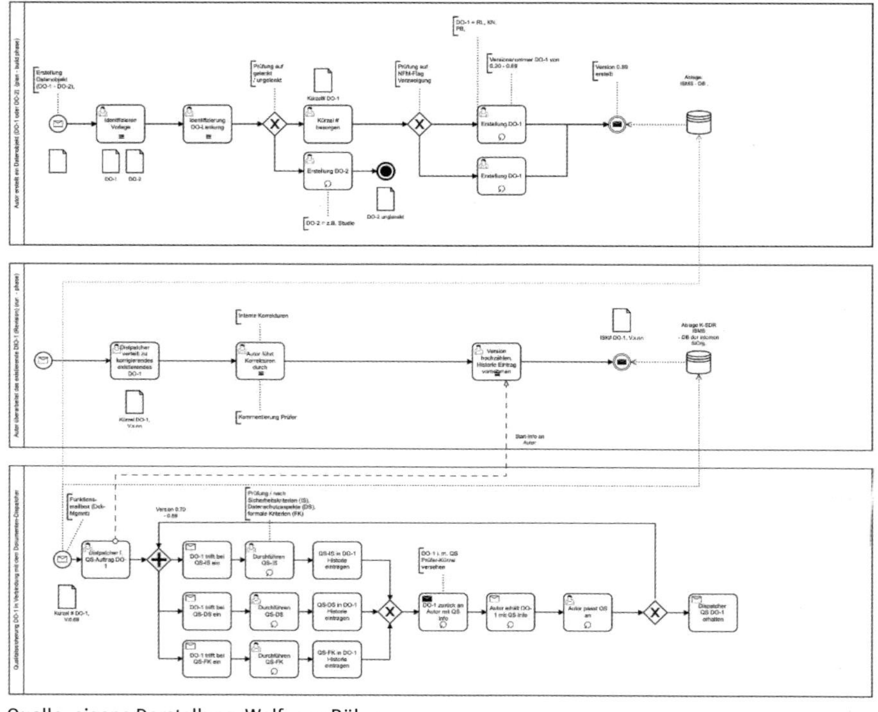

Quelle: eigene Darstellung, Wolfgang Böhmer

Bild 17: Prozessabläufe für die Erstellung, Revision und Qualitätssicherung von Dokumenten

Neben den Leitlinien ist ein Dokument zu erstellen, das sich der Abgrenzung des Geltungsbereichs (englisch: Scope) nach DIN EN ISO/IEC 27001 widmet, denn ein ISMS nach DIN EN ISO/IEC 27001 kann die gesamte Firma und deren wertschöpfende Prozesse oder auch nur sinnvolle Bereiche umfassen.[44]

Das Dokument zur Abgrenzung bzw. Definition des Geltungsbereichs sollte zu folgenden fünf Punkten Stellung nehmen:

44 Vgl. Böhmer, W./Milde, T. (2016): Besonderheiten bei der Anwendung der IT-Grundschutz-Methodik bei einem Telekommunikationsdienstleister. In: Tagungsband D-A-CH Security 2016. Forschungsgruppe Systemsicherheit Universität Klagenfurt, S. 276-287.

1) Daten und Informationen nebst den dazugehörigen Anwendungen sowie die verarbeitenden Prozesse, die in den Scope fallen
2) Infrastrukturen, die in den Scope fallen
3) organisatorische Elemente, die in den Scope fallen
4) personelle Elemente (Mitarbeiter), die in den Scope fallen
5) technische Elemente, die in den Scope fallen

Für diese fünf Aspekte müssen Schnittstellen (Interfaces, kurz: INF) bestimmt werden, um deutlich den Scope zu umschreiben, wie in Bild 18 illustriert.

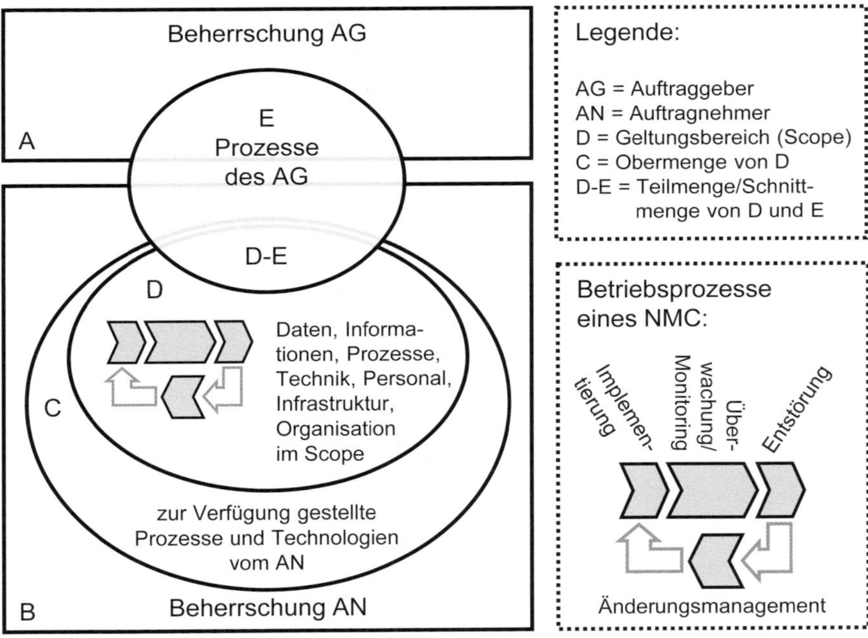

Quelle: eigene Darstellung, Wolfgang Böhmer

Bild 18: Abgrenzung des Geltungsbereichs

Bild 18 illustriert beispielhaft den Geltungsbereich (Scope) in einer mengentheoretischen Darstellung für ein Netzwerk Management Center (NMC), welches nach ISO/IEC 27001 ausgerichtet ist. Zertifizierungsgenstand ist ein MPLS-Backbone mit darunterliegender Layer-2 DWDM-Struktur; aufgesetzt auf Glasfaserverbindungen.

Die Menge A (Auftraggeber, AG) und die Menge B (Auftragnehmer, AN) sind zwei voneinander getrennte Firmen. Eine mengentheoretische Darstellung bietet sich gerade hier an, da die einzelnen Elemente der o. g. fünf Aspekte (Daten/Informationen, Infrastrukturen, Organisation, Personen und Technik) zunächst nicht näher für die Abgrenzung benannt werden sollen.

Bei der Überschneidung der Mengen E und D entsteht eine gemeinsame Schnittmenge. Hier ist der Grundsatz der Beherrschung verletzt und es können Policies bzw. Richtlinien nur in gemeinsamer Abstimmung verabschiedet werden. Der Grundsatz der Beherrschung besagt, dass die Vorgaben des ISMS in dieser Teilmenge uneingeschränkt umgesetzt werden können.

Ist der Grundsatz der Beherrschung nicht gegeben, wird ein kooperatives Verhalten zwischen AG und AN in der Schnittmenge von E und D erwartet. Die Menge C stellt eine Obermenge der Menge D dar. Anders ausgedrückt, kann auch von einem eingebetteten Scope gesprochen werden, entsprechend der DIN EN ISO/IEC 27001, die durchaus zulässt, dass auch nur (sinnvolle) Teile einer Firma dem Zertifikat bzw. dem Geltungsbereich unterliegen können.

Eine Leitlinie sollte mindestens zu folgenden Themen Stellung nehmen:

- Aussagen zur zentralen Bedeutung und Zielsetzung, die dem Geltungsbereich (Scope) innerhalb der Menge C für die Menge D zukommt
- Aussagen zu den Sicherheitszielen, die in dem Geltungsbereich adressiert werden
- Aussagen zum Stellenwert und der Bedeutung der Informationssicherheit, zu dem angestrebten Sicherheitsniveau und zur Erreichung des Sicherheitsniveaus
- Aussagen zu Kernelementen der Sicherheitsstrategie
- Aussagen zur Einhaltung gesetzlicher Vorschriften und interner Standards
- Aussagen, dass die Geschäftsleitung die Verantwortung für die Informationssicherheit hat und die Vorgabe, die Leitlinie durchzusetzen
- Zusammenfassende Darstellung der für die Umsetzung des Sicherheitsprozesses etablierten Organisationsstruktur
- Durchsetzung und Aufrechterhaltung
- Ausnahmen
- Inkraftsetzung

Neben diesen zentralen Punkten müssen in einer Leitlinie auch die aus der ISO 9001 abgeleiteten Informationen enthalten sein und den zentralen o.g. Themen vorausgehen, wie z. B.

- Impressum
- Änderungshistorie
- Verteilerliste
- Autorisierung
- Inhaltsverzeichnis, Abbildungsverzeichnis, Tabellenverzeichnis
- Einleitung, Geltungsbereich, Geltungsdauer, Revision
- Zielsetzung
- Referenzen und Anhänge

Die aufgeführten Themen stellen im Kern die Gliederung der Leitlinie dar. Die Leitlinie gehört zu den strategischen Dokumenten eines Unternehmens (siehe Bild 14), und somit sollten diese Dokumente nicht mehr als acht bis zwölf Seiten aufweisen und keinen kürzeren Revisionszyklus als ungefähr drei bis fünf Jahre haben. Das heißt, innerhalb dieser Zeitspanne sollte das Dokument, wie bereits oben ausgeführt, nicht verändert werden.

Alle nachgelagerten Dokumente wie Richtlinien (RL), Konzepte (KN), Prozesse (PO), Verfahrensanweisungen (VA), Arbeitsanweisungen (AA) und Nachweisdokumente ordnen sich den Leitlinien, auch als Level-1-Dokumente bezeichnet, unter.

Die Leitlinien geben, wie bereits dem Begriff zu entnehmen ist, sogenannte Leitplanken unternehmensweit vor und positionieren das Unternehmen insgesamt.

Die nach der ISO 9001 geforderten, oben aufgezählten Informationen sind auch für alle nachgelagerten Dokumente vorzunehmen.

6.2.2 Richtlinien und steuernde Vorgaben

Der Begriff „Policy“ ist in der Literatur umstritten. Stellvertretend sei hier auf die umfangreiche und detaillierte Literaturarbeit von K. J. Knapp et al. verwiesen.[45] Die Autoren entwarfen in ihrem Artikel ein „Policy Process Model“.

Oft wurde der Begriff „Policy“ in Übersetzungen aus dem Englischen ins Deutsche mit dem Begriff „Politik“ übersetzt. Im Allgemeinverständnis bedeutet „Politik“ jedoch kooperatives Handeln in einer Demokratie zur Durchsetzung bestimmter Ziele. Besser ist deshalb die Übersetzung mit Wörtern wie „Richtlinie“, „Vorgabe“, „Dienstanweisung“ oder „Verordnung“. Mit diesen Begriffen wird die steuernde Wirkung betont. Als einfache Analogie kann die Straßenver-

45 Vgl. Knapp, K. J. et al. (2009): Information security policy: An organizational-level process model. In: Computers & Security, 28 (7), S. 493–508.

kehrsordnung dienen. Sie übt eine steuernde Wirkung auf die Autofahrer aus, die aus den darin enthaltenen Geboten und Verboten resultiert.

Im deutschen Sprachraum hat sich inzwischen die Übersetzung des Wortes „Policy“ mit dem Begriff „Richtlinie“ durchgesetzt, so auch in der DIN EN ISO/ IEC 27001. Auch der Berufsverband der IT-Revisoren, Information Security Manager und IT-Governance-Experten ISACA verwendet den Begriff „Policy“ im Sinne einer Richtlinie, z. B. im Framework zur IT-Governance COBIT.

Im gleichen Sinne definiert der NIST Standard SP 800-100:

> „Information security policy is an aggregate of directives, rules, and practices that prescribes how an organization manages, protects, and distributes information.“[46]

Die Norm DIN EN ISO/IEC 27000 übersetzt den Begriff „Policy“ dagegen mit „Politik“ und definiert:

> „Absichten und Ausrichtung einer Organisation, wie von der obersten Leitung formell ausgedrückt“.[47]

Die kürzlich verstorbene Altmeisterin der Informationssicherheit Shon Haaris erklärt in ihrem Exam Guide for CISSP:

> „The security policy provides direction for each employee and department pertaining to how security should be implemented and followed, and the repercussions for noncompliance. Procedures, guidelines, and standards provide the details that support and enforce the company’s policy.“[48]

Für jedes relevante Themengebiet eines ISMS ist gemäß DIN EN ISO/ IEC 27001 eine Richtlinie zu erstellen. Für die Nutzung von Modalverben (muss, darf, kann, soll, darf nicht, sollte nicht etc.) und ihre steuernde Wirkung in Richtlinien richtet man sich weltweit nach dem RFC 2119, das im Jahre 1997 von der

---

46 Siehe Bowen, P./Hash, J./Wilson, M. (2006): Information Security Handbook: A Guide for Managers (NIST Special Publication 800-100). National Institute of Standards and Technology, Gaithersburg, S. 14. URL: https://tsapps.nist.gov/publication/get_pdf.cfm?pub_id=50901 [Stand 22.04.2024].

47 Siehe DIN EN ISO/IEC 27000:2020-06, Abschnitt 3.53, S. 15.

48 Siehe Harris, S. (2003): CISSP Certification: All-in-one Exam Guide (Second Edition). McGraw-Hill, S. 149.

IETF als Vorlage für alle weiteren RFCs eingeführt wurde.[49] Beispielhafte Forderungen einer Richtlinie zum Thema Netzwerkzugriff zeigt Tabelle 3.

Tabelle 3: Exemplarische Forderungen einer Netzwerkzugriffsrichtlinie

Lfd.	Titel	Beschreibung der Forderung
Req. 1:	Netzwerkzugriff	Bei einer Ferneinwahl MUSS jeder Nutzer eine Zwei-Faktoren-Authentifizierung verwenden.
Req. 2:	Netzwerkzugriff	Die Ferneinwahl SOLLTE von einem sicheren Ort (z. B. Hotel, Bahnhof Lounge etc.) vorgenommen werden.
Req. 3:	Netzwerkzugriff	Nach erfolgreicher Authentifizierung SOLLTEN die gleichen Rechte zur Verfügung stehen wie im LAN selbst.

Zusammenfassend kann für diesen Abschnitt formuliert werden, dass eine Richtlinie ausdrückt, was zu tun und was zu lassen ist. Eine Richtlinie sagt jedoch nichts darüber aus, wie etwas zu tun ist. Um wieder die Straßenverkehrsordnung zu bemühen, ist dieser im Zusammenwirken mit der Beschilderung zu entnehmen, wo und ggf. wie lange geparkt werden darf. Die Straßenverkehrsordnung sagt jedoch nichts darüber aus, wie ein- oder auszuparken ist. Die Frage nach dem Wie leitet zum nächsten Kapitel über, in dem es genau darum gehen wird.

6.2.3 Konzepte und Prozesse

Ein Konzept ist einem Prozess unmittelbar vorgelagert. Ursprünglich geht der Begriff „Prozess“ auf die in der Informatik gebräuchliche Automatentheorie mit dem Ein- und Ausgabe-Automaten (E/A-Automat) zurück. Nach Lauber&Göhner (1999)[50] ist ein Prozess eine Folge von Aktionen von Zuständen mit Anfangs- und Endzuständen in einem Zustandsraum. Ein Prozess liefert die Antwort auf die Frage: „Wie wird das Ergebnis erzielt?“ Der Prozess ist ein abstraktes gedankliches Konstrukt, um ein Konzept in die Tat umzusetzen. Der Begriff hat sich durch die ISO 9001 weiterentwickelt. Gemäß DIN EN ISO 9000:2005-12 ist ein Prozess ein

49 Vgl. Bradner, S. (1997): RFC 2119: Key words for use in RFCs to Indicate Requirement Levels. IETF. URL: http://www.ietf.org/rfc/rfc2119.txt [Stand 12.06.2024].

50 Vgl. Lauber, R., Göhner, P. (1999). Was heißt Prozessautomatisierung? In: Prozessautomatisierung 1. Springer, Berlin, Heidelberg.

> „Satz von in Wechselbeziehungen oder Wechselwirkung stehenden Tätigkeiten, der Eingaben in Ergebnisse umwandelt.“[51]

Definierende Eigenschaften des Prozesses sind:

1) eine nichtleere Menge von Tätigkeiten,
2) die Vorgänger- beziehungsweise Nachfolgerbeziehung in der Tätigkeitsstruktur,
3) Input (Eingaben) und Output (Ausgaben),
4) die Wiederholbarkeit der Tätigkeiten.

Ein Geschäftsprozess ist ein Prozess, der wertschöpfende Aktivitäten derart miteinander verknüpft, dass die von Kunden erwarteten Leistungen erbracht werden.

Einen Prozess, der einen oder mehrere Geschäftsprozesse unterstützt, selbst aber keinen direkten Nutzen hat, nennt man „Unterstützungsprozess“ oder „Supportprozess“. IT-Prozesse sind in der Regel Unterstützungsprozesse.

In der Wirtschaftsinformatik ist eine Anpassung des Prozessbegriffes von der Informatik für die Industrie vorgenommen worden, der heute noch gültig ist. Der Geschäftsprozess wird in der Wirtschaftsinformatik als formaler Prozess aufgefasst.[52]

In Anlehnung an Bild 11, in dem Betriebsprozesse eines NMC dargestellt sind, wird in Bild 19 ein Prozess, z. B. in der Mitte der Prozesskette, herausgelöst und im Detail dargestellt. Nach heutiger Auffassung lässt sich ein Prozess in drei Ebenen untergliedern.

1) Die Kontrollebene steuert den Prozess nach Qualität und Sicherheitsanforderungen gemäß der zu verwendenden Richtlinien bzw. Vorgaben. In der Abbildung ist dies in dem oberen Teil dargestellt. Der Pfeil drückt den Einfluss auf die darunterliegende Ebene aus. „PO“ steht für den Process-Owner, den Prozesseigentümer bzw. Verantwortlichen für den reibungslosen Ablauf der Prozesskette. Mit „PQ“ ist die Prozessqualität, also die mögliche Fehlerrate und die Durchlaufzeit des Prozesses, vorgegeben. „PZ“ steht für das Prozessziel.

51 Siehe DIN EN ISO 9000:2005-12, Abschnitt 3.4.1, S. 23.

52 Vgl. Schwickert, A. C./Fischer, K. (1996): Der Geschäftsprozess als formaler Prozess – Definition, Eigenschaften, Arten (Arbeitspapier WI 4/1996), Lehrstuhl für Allg. BWL und Wirtschaftsinformatik Johannes Gutenberg-Universität Mainz.

2) Die Durchführungsebene ist durch die Prozessschritte (hier 1 bis 7) gekennzeichnet, die den Input (Information) in den Output, also das Ergebnis, überführen (transformieren) und somit das Konzept abarbeiten.
3) Die handelnden Akteure (Subjekte) auf der untersten Ebene, die die Transformation auf der Durchführungsebene vornehmen, folgen den Arbeitsanweisungen (AA). Die Akteure bzw. Subjekte werden weiterhin durch Verfahrensanweisungen (VA) im generellen Umgang mit Objekten angewiesen. Akteure bzw. Subjekte besetzen Rollen, die wiederum bestimmte Rechte besitzen. Objekte bzw. Zielobjekte werden dagegen oftmals auch als „Ressourcen" bezeichnet.

Ein Prozess kann nur über ein Ereignis (Trigger, Input) zum Ablauf gebracht werden. Dieses Ereignis kann nur einen zeitlichen Auslöser (regelmäßig, unregelmäßig) oder einen sachlichen Auslöser (Zustandswechsel) beinhalten. Andere Möglichkeiten gibt es nicht.

Am Ende eines Prozesses ist ein Ergebnis (Output) zu erwarten. Liegt zwischen Input und Output kein Unterschied vor, so ist der Prozess obsolet. Das Ergebnis wird dann oftmals in einem Folgeprozess als Input weiterverarbeitet.

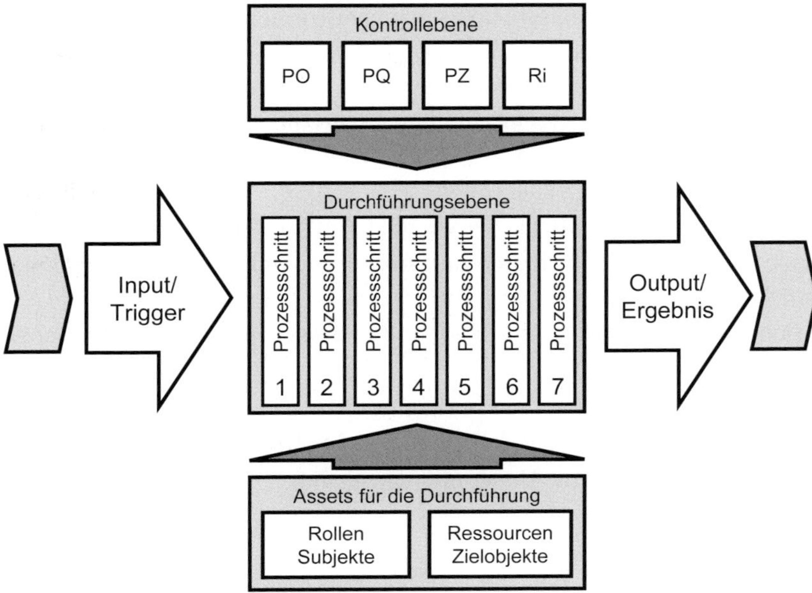

Quelle: eigene Darstellung, Wolfgang Böhmer

Bild 19: Detaillierte Prozessdarstellung

Im Bild 18 in Kapitel 6.2.1 sind die Betriebsprozesse eines NMC mit Wiederkehrung (Rückwirkung) dargestellt. Die Prozesse greifen ineinander und übergeben ein jeweiliges Ergebnis an den nächsten Prozess. So wird in der Abbildung der Prozess der Überwachung/des Monitorings dargestellt. Bei der Überwachung der Netzwerkelemente im Feld wird der Betriebs- und Sicherheitszustand der Netzwerkelemente in regelmäßigen zeitlichen Abständen an das NMC übermittelt. Störungen werden dagegen sofort alarmiert. Im NMC wird die Fülle der übersandten Daten oftmals über ein sogenanntes Umbrella-Management-System aggregiert.

Als Prozessdokumentation können z. B. die Werkzeuge VISIO, Excel, ARIS-Designer, Adonis, qWicki, SIGNAVIO oder CAMUNDA, um nur einige wenige aufzuzählen, verwendet werden.

6.2.4 Dokumentenlandkarte

Unter dem Begriff „Dokumentenlandkarte“ wird eine Verortung mindestens aller in Kapitel 6.1 aufgelisteten Dokumente verstanden, die dann in tabellarischer Form aufgeführt werden. Es bietet sich ein Excel-Arbeitsblatt an, das folgende Spalten aufweist:

- Pyramiden-Ebene: strategisch, taktisch, operative, sonstige
- Dokumententypen: Richtlinie, Arbeitsanweisung, Konzept, Bericht, Checkliste, Leitlinie, Handbuch, Liste, Merkblatt, Präsentation, Verfahrensanweisung, Protokoll, Prozessbeschreibung, Spezifikation, Studie, Vorlage/Formular, Schulungsunterlage, Referenzdokument
- Dokumenten-ID: als dreistellige Ziffer
- Dokumentenkürzel: RL, KN, LL, AA, VA, BR, CK, HB, Li, MB, PÄ, PR, PB, SP etc.
- Dokumententitel: z. B. „Richtlinie zur Lenkung von Dokumenten und Informationen“
- Version: Ziffer, dreistellig, in 10er-Schritten zwischen zwei Hauptversionen 1.00 und 2.00
- Stand: Datum
- Status: freigegeben, in Arbeit, in Planung, außer Kraft, in Überarbeitung
- Ablageort: Datenbank bzw. Sharepoint-Verzeichnis
- Thema: thematische Zuordnung, z. B. „Kryptografie“, „Netzwerk“, „Zutritt“, „Risiko“
- Themenklasse: Referenzdokument, Allgemeines Dokument, ISMS-Dokument
- Klassifizierung: öffentlich, intern, vertraulich, streng vertraulich

- Revisionsdatum: Datum
- Autor: Name des Autors
- Dokumenteneigentümer: Name des Dokumenteneigentümers
- etc.

Die horizontalen Zeilen bestehen dann aus den Eintragungen der jeweiligen Dokumente.

6.2.5 Dokumentenweiterentwicklung – Das Release-Management

Die Dokumentenlandkarte zeigt im Kern den Iststatus der enthaltenen Dokumente, hat jedoch über das Review-Datum einen Bezug zur Weiterentwicklung und somit zum Release-Management. Das Release-Management zusammen mit dem Änderungsmanagement ist die strukturierte und vorausschauende Planung zur Weiterentwicklung der dokumentierten Informationen, die Kapitel 6.1 auflistet. Als Gegenstand hat das Release-Management die Erstellung und Bezeichnung von Entwicklungsständen. Entwicklungsstände von Dokumenten sind z. B. freigegebene Hauptversionen (z. B. 1.00, 2.00, 3.00 etc.). Jede freigegebene Hauptversion stellt eine Bereinigung der Arbeitsstände (z. B. 1.10) zwischen zwei Hauptversionen dar. Bei der nächsten höheren Hauptversion werden alle Arbeitsstände bzw. Zwischenversionen gelöscht.

Allgemein ist das Release-Management auch als Prozesskette in ITIL bei der Planung und dem Deployment von IT-Services, Updates, Upgrades und Releases in die Wirkumgebung bekannt. Das primäre Ziel eines Release- und Deployment-Managements liegt in der Sicherstellung der Integrität der Wirkumgebung und besteht darin, dass nur zuvor geprüfte IT-Objekte in die Wirkumgebung überführt werden dürfen.

Für die Dokumentenweiterentwicklung im Rahmen des Dokumenten-Lebenszyklus besteht das Ziel darin, widerspruchsfreie Richtlinien, darauf abgestimmte Konzepte und optimierte Prozesse, Verfahrensanweisungen, Arbeitsanweisungen sowie aussagekräftige Nachweise zu gestalten. Dies ist eine wiederkehrende Aufgabe, denn Geschäftsprozesse, Anwendungen und Informationsflüsse sind nicht statisch. Ein weiterer Aspekt, die interne Kontrolle, wird im folgenden Kapitel betrachtet.

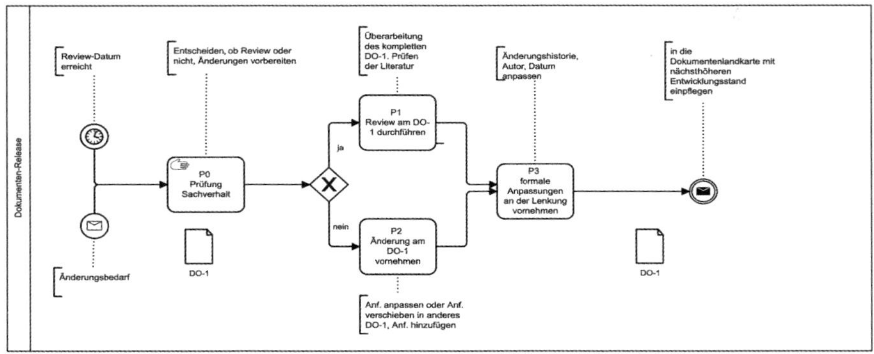

Quelle: eigene Darstellung, Wolfgang Böhmer

Bild 20: Prozess Release-Management

In Bild 20 ist der Prozess illustriert. Er startet mit einem zeitlichen Trigger (Review-Datum erreicht) oder mit einem inhaltlichen Trigger. Der Prozess P0 sortiert, sichtet und entscheidet über die vorliegenden Informationen, ob es sich um einen Review-Prozess im weiteren Verlauf handelt oder um ein Änderungsverlangen aus anderen Quellen. Die XOR-Verzweigung (exklusives Oder) mündet in den Prozess P1 oder P2. In diesen beiden eigentlichen Prozessen werden dann an dem gelenkten Dokument DO-1 Anpassungen, Änderungen oder Korrekturen vorgenommen. Konsolidiert wird im Prozess P3, der auch der letzte Prozess in dieser Prozesskette ist.

Zusammenfassend kann festgehalten werden, dass folgende Punkte bedeutsam für das Release-Management sind:

- Release-Management: kann vom Dokumentenmanagement übernommen werden
- Versionsverwaltung und Kontrolle: können in der Richtlinie zur Lenkung und Klassifizierung von Dokumenten und Informationen berücksichtigt werden.
- Disziplin des Autors: muss über das Management und vom Release-Management eingefordert werden

Das nächste Kapitel beschäftigt sich mit der Durchgängigkeit der Nachweise (englisch: „Statement of Compliance“) und Kontrollen. Es ist die inhaltliche Auseinandersetzung mit dem Thema Governance (Führung).

6.2.6 Bidirektionale Nachweise, Aufzeichnungen und Kontrolle

Ganz allgemein sind Nachweise in unserer heutigen Welt Bestätigungen dafür, dass eine bestimmte Aktivität oder Handlung durchgeführt worden ist. In einem ISMS dienen Nachweise (Statement of Compliance) in erster Linie dazu, um bei einer Stichprobenprüfung in einem Audit, ausgehend von einer Richtlinie entlang der Dokumentenpyramide, nachzuvollziehen, ob diese auch tatsächlich umgesetzt worden ist. So kann z. B. für die Netzwerkrichtlinie die in Tabelle 3: Exemplarische Forderungen einer Netzwerkzugriffsrichtlinie Req. 1 geforderte Zwei-Faktoren-Authentifizierung bei einer Ferneinwahl geprüft werden, ob ein Konzept zur Fernweinwahl vorhanden und darin die entsprechende Authentifizierung beschrieben ist. Weiterhin kann geprüft werden, ob eine dem Konzept entsprechende Implementierung bei der Einrichtung erfolgt ist. Die Protokolle der erfolgten und abgelehnten Ferneinwahlversuche bilden dann die Nachweise, dass die Netzwerkrichtlinie in Kraft gesetzt wurde und im Betrieb berücksichtigt wird.

Zur Nachvollziehbarkeit dieses Sachverhaltes ist es hilfreich, einen Graphen (roter Faden) entsprechend der Graphentheorie zu bemühen (siehe Bild 21). Die Ellipsen bezeichnen von links nach rechts die Menge der Richtlinien, in der auch die Req. 1 der Tabelle 3 zu finden ist, die Menge Maßnahmen ($\mathcal{N}Ma_{n1,\dots5}$), die Menge der Prozeduren ($\mathcal{N}Mp_{n1,\dots5}$) bzw. Verfahrensanweisungen, die Menge der Arbeitsanweisungen sowie die zum Schluss dargestellte Menge der Nachweise ($\mathcal{N}Na_{n1,\dots5}$).

Die Level-Dokumente zeigen in ihrer jeweiligen Menge unterschiedliche Mächtigkeiten und Schnittmengen auf.

1) Menge der Richtlinien $\mathcal{N}_R$, die die Elemente $\mathcal{N}_R = \left\{n_1^R, \dots, n_R^R\right\}$ besitzt und die Mächtigkeit $\left|\mathcal{N}_R\right|$ aufweist.
2) Menge der Maßnahmen $\mathcal{N}_{Ma}$, die die Elemente $\mathcal{N}_{Ma} = \left\{n_1^{Ma}, \dots, n_{Ma}^{Ma}\right\}$ besitzt und die Mächtigkeit $\left|\mathcal{N}_{Ma}\right|$ aufweist.
3) Menge der Prozeduren $\mathcal{N}_{Mp}$, die die Elemente $\mathcal{N}_{Mp} = \left\{n_1^{Mp}, \dots, n_{Mp}^{Mp}\right\}$ besitzt und die Mächtigkeit $\left|\mathcal{N}_{Mp}\right|$ aufweist.
4) Menge der Arbeitsanweisungen $\mathcal{N}_{Mw}$, die die Elemente $\mathcal{N}_{Mw} = \left\{n_1^{Mw}, \dots, n_{Mw}^{Mw}\right\}$ besitzt und die Mächtigkeit $\left|\mathcal{N}_{Nw}\right|$ aufweist.
5) Menge der Nachweise $\mathcal{N}_{Na}$, die die Elemente $\mathcal{N}_{Na} = \left\{n_1^{Na}, \dots, n_{Na}^{Na}\right\}$ besitzt und die Mächtigkeit $\left|\mathcal{N}_{Na}\right|$ aufweist.

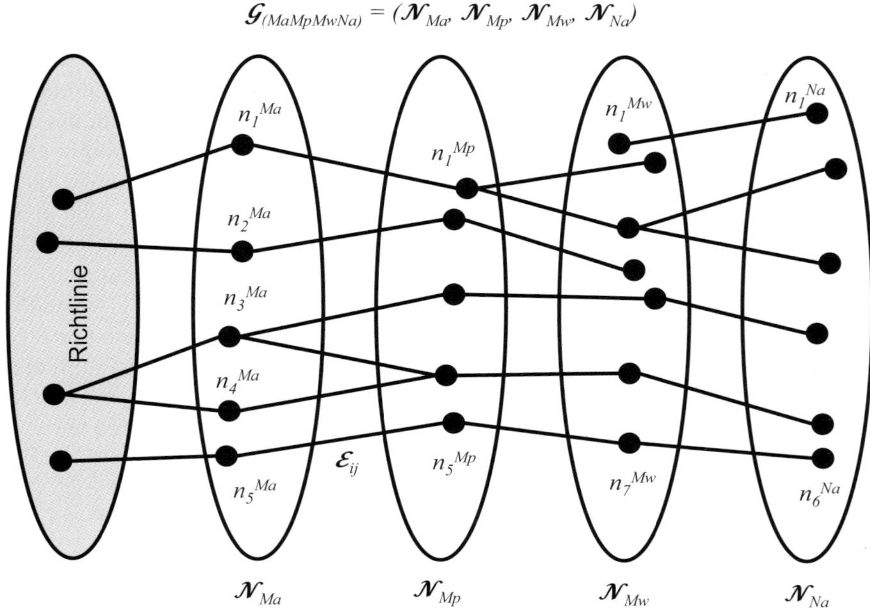

Quelle: eigene Darstellung, Wolfgang Böhmer

Bild 21: Graph einer Richtlinie

Die unterschiedlichen Mengen mit unterschiedlichen Mächtigkeiten stehen in der folgenden Ordnung zueinander $|\mathcal{N}_{Ma}| \leq |\mathcal{N}_{Mp}| \leq |\mathcal{N}_{Mw}| \leq |\mathcal{N}_{Na}|$. Diese Ordnung besagt, dass es gleich oder mehrere Prozeduren $\mathcal{N}_{Mp}$ gibt, die zur Umsetzung der identifizierten Maßnahmen $\mathcal{N}_{Ma}$ notwendig sind, als die Anzahl der Maßnahmen selbst. Wiederum gibt es gleich oder mehrere Arbeitsanweisungen und Checklisten $\mathcal{N}_{Mw}$ zur Umsetzung der Prozeduren. Weiterhin gibt es die Menge der Nachweise $\mathcal{N}_{Na}$, die wiederum in ihrer Anzahl gleich oder mehr der Anzahl der Arbeitsanweisungen entspricht.

Es werden die Elemente der Menge als Knoten $\mathcal{N}$ eines Graphen aufgefasst und die Kanten ε zeigen die Relationen zwischen den Knoten an.

Es kann nun abgeprüft werden, ob zu jeder Maßnahme ein Graph existiert, der Knoten in allen vier Mengen besitzt. Bild 21 illustriert die unterschiedlichen Mengen mit unterschiedlichen Mächtigkeiten. Hier tritt der Sonderfall ein, dass in der Menge $\mathcal{N}_{Mw}$ das Element $\mathcal{N}_{Mw}n_1$ keine Verbindung zu einer Maßnahme aus der Menge $\mathcal{N}_{Ma}$ aufweist. Damit wird eine Maßnahme initiiert, die auf keine Vorgabe zurückzuführen ist.

Es können nun diese Mengen der Knoten und ihre Graphen analysiert werden, indem folgende Fragen gestellt werden:

- Existiert zu jeder Richtlinie $\mathcal{N}_R$ eine entsprechende Maßnahme $\mathcal{N}_{Ma}$, die der Richtlinie folgt?
- Existiert für jede Maßnahme $\mathcal{N}_{Ma}$ ein Graph, der in allen drei Mengen $\mathcal{N}_{Mp}, \mathcal{N}_{Mw}, \mathcal{N}_{Na}$, mindestens einen Knoten besitzt?
- Existiert ein Knoten einer Maßnahme, Prozedur oder Arbeitsanweisung, der nicht mehr als eine Kante besitzt?
- Existiert ein Nachweis, eine Arbeitsanweisung, Maßnahme, die nicht mit einer Richtlinie verknüpft ist?

Für ein funktionierendes ISMS muss eine entsprechende Dokumentation als Nachweis zur Umsetzung der Maßnahmen und ihrer Wirkung (preventive, detective and corrective actions) im Sinne einer kontinuierlichen Verbesserung (PDCA-Zyklus) beschrieben werden.

7 Ressourcen bereitstellen und Kompetenz gewährleisten

7.1 Ressourcenmanagement

Governance kann verstanden werden als Steuerung der Wertschöpfung und Zielerreichung aus Sicht der Stakeholder unter Berücksichtigung von Risiko- und Ressourcen-Optimierung. Governance ist daher eine Verantwortlichkeit der Leitungsebene und beinhaltet Führung, organisatorische Strukturen und Prozesse, die sicherstellen, dass die Strategien der Organisation zur Zielerreichung umgesetzt und die Ziele erreicht werden. Führung, Risikobeurteilung, Risikobehandlung und Ressourcenmanagement sind daher als Bestandteile der Governance von Informationssicherheit anzusehen und sind integriert in die DIN EN ISO/IEC 27001.

Im folgenden Kapitel werden Anforderungen und Umsetzungsmöglichkeiten zum Management von Ressourcen im Rahmen eines ISMS-Betriebes diskutiert. Hierzu enthält dieses Kapitel neben Ausführungen zur grundsätzlichen Notwendigkeit eines Ressourcenmanagements und einer Beschreibung, wofür überhaupt Ressourcen im Betrieb eines ISMS benötigt werden, den Vorschlag eines generischen Ressourcenmanagementprozesses.

Erläuterung

Es gibt verschiedene Arten von Ressourcen, die für den Betrieb eines ISMS notwendig und wesentlich sind:

1) Monetäre Ressourcen – in Form von Zahlungsmitteln, welche in Form eines Budgets geplant werden. Ein eigenes Budget ist für viele Tätigkeiten im Rahmen eines ISMS notwendig.
2) Personelle Ressourcen – in Form von Arbeitszeit von Mitarbeitern, die diesen für Aufgaben im Rahmen des Betriebes eines ISMS zur Verfügung stehen.
3) Infrastrukturelle Ressourcen und weitere Betriebsmittel sowie Werkzeuge zum Betrieb des ISMS – infrage kommen hier beispielsweise Software zur Steuerung von Sicherheitsmaßnahmen und der ISMS-Prozesse oder Bestandteile der Büro-Infrastruktur.

7.1.1 Anforderungen an das Ressourcenmanagement

Das Management von Informationssicherheit und die Umsetzung von Sicherheitsmaßnahmen werden in der Praxis häufig als Kostentreiber wahrgenommen. Tätigkeiten und Projekte zur Verbesserung des erreichten Informationssicherheitsniveaus werden nicht selten mit einer Mischung aus Unsicherheit, Zweifel und Angst hinsichtlich der Kosten und dem möglichen Nutzen dieser Tätigkeiten und Projekte betrachtet. In den letzten Jahren sind in der Praxis daher vermehrt Kosten/Nutzen-Diskussionen zu beobachten.

Kerngedanke dieser Kosten/Nutzen-Diskussionen ist, dass jede Investition in Sicherheitsmaßnahmen in Relation zum Wert der damit zu schützenden Informationen bewertet und damit gerechtfertigt werden muss.

Voraussetzungen für solche Kosten/Nutzen-Betrachtungen sind:

- Kostenplanungen und die Steuerung der eingesetzten Ressourcen für Sicherheitsmaßnahmen und den Betrieb des ISMS
- Analysen des Wertes von Informationen für die Organisation
- konkrete Ziele und damit verbunden der Nutzen jeder Sicherheitsmaßnahme und jedes ISMS-Prozesses

Wie viele und welche Ressourcen zur Erreichung der Informationssicherheitsziele benötigt werden, muss daher geplant werden (siehe DIN EN ISO/IEC 27001, Abschnitt 6.2, Buchstabe i)).

Da die Effizienz (Wirtschaftlichkeit) ein Bestandteil der Angemessenheit eines ISMS ist und die Wirtschaftlichkeit vor dem Hintergrund des Nutzens eines ISMS und der Sicherheitsmaßnahmen häufiger Bestandteil der strategischen Ziele innerhalb von Informationssicherheits-Management-Systemen ist, muss die Ressourcennutzung nicht nur geplant, sondern auch kontinuierlich gesteuert werden. Auch die kontinuierliche Verbesserung des ISMS (siehe DIN EN ISO/IEC 27001, Abschnitt 10.1) ist über eine Verbesserung der Wirtschaftlichkeit des ISMS realisierbar.

Bemerkenswert ist darüber hinaus, dass das Kriterium der Effizienz eines ISMS in DIN EN ISO/IEC 27001 lediglich verklausuliert über den Begriff „Angemessenheit“ thematisiert wird.

Die Steuerung beziehungsweise das Management der Ressourcen für das ISMS und die umzusetzenden Sicherheitsmaßnahmen ist daher neben der Bereitstellung der benötigten Ressourcen und der Anpassung des ISMS an die individuellen Anforderungen und Ziele der betreibenden Organisation ein wesentlicher Erfolgsfaktor für den Betrieb eines ISMS.

Problematisch ist dabei, dass vorhandene Methoden zur Bestimmung der Kosten-/Nutzen-Relation von Investitionen in Sicherheitsmaßnahmen – wie beispielsweise „Return On Security Investment“, kurz: ROSI – als zu akademisch und komplex in der Anwendung angesehen werden und daher nicht weit verbreitet sind.

Hinweis

Bestandteil der Führung eines ISMS ist gemäß DIN EN ISO/IEC 27001, Abschnitt 5.1, Buchstabe c), und Abschnitt 7.1 die Feststellung und Bereitstellung benötigter Ressourcen für Planung, Aufbau, Betrieb, Aufrechterhaltung und die kontinuierliche Verbesserung des ISMS. Der Prozess zur Steuerung von Ressourcen ist auch Bestandteil des in ISO/IEC TS 27022 vorgeschlagenen Prozess-Referenzmodells für ein ISMS.

7.1.2 Notwendigkeit von Ressourcen für den ISMS-Betrieb und für Sicherheitsmaßnahmen

ISMS werden häufig als Cost-Center geführt.

Hinweis

Cost-Center sind organisatorische Einheiten mit einem eigenen Budget und einer eigenen Kostenverantwortung zur Erreichung der Ziele des Cost-Centers. Cost-Center sind interne Dienstleister, die Leistungen mit einer definierten Qualität für interne „Kunden“ (beispielsweise Fachabteilungen) erbringen und die diese vom Cost-Center beziehen müssen.

Im Unterschied zum Profit-Center fehlt es dem Cost-Center an einem Gewinnziel. Stattdessen werden für Cost-Center Kosteneinhaltungsziele definiert. Ein Cost-Center verrechnet im Gegensatz zum Profit-Center die bereitgestellten Dienstleistungen nicht.

Der ISMS-Betrieb kann daher letztendlich als eine nicht verrechnete Dienstleistung (Gemeinkosten) für die Informationseigentümer (Zentralisierung von Steuerungsprozessen, deren Ausfluss konkrete Sicherheitsmaßnahmen sind) verstanden werden.

Unter Berücksichtigung der Kosten/Nutzen-Diskussionen und dass jede Investition in Sicherheitsmaßnahmen in Relation zum Wert der damit zu schützenden Informationen bewertet und damit gerechtfertigt werden muss, besteht jedoch die Anforderung der Verrechnung von konkreten Sicherheitsmaßnahmen zum Schutz von Informationen:

Jeder Informationseigentümer ist für den angemessenen Schutz „seiner" Informationen verantwortlich. Hierzu muss der Informationseigentümer nicht nur die jeweiligen Sicherheitsziele für die Information festlegen, sondern auch das notwendige Budget zur Erreichung der Sicherheitsziele bereitstellen.

Die Verrechnung von Kosten für konkrete Sicherheitsmaßnahmen zur Erreichung des notwendigen Sicherheitsniveaus einer Information an den Informationseigentümer steht dabei in der Praxis häufig im Gegensatz zur Erwartungshaltung des Informationseigentümers. Dieser erwartet in der Regel, dass alle Kosten der Informationssicherheit für ihn budgetneutral aus dem Budget des ISMS finanziert werden.

Vor diesem Hintergrund relativiert sich in der Praxis auch der Effekt der angestrebten hundertprozentigen Sicherheit in dem Moment, in dem der Informationseigentümer eine Kostenschätzung zur Erreichung der hundertprozentigen Sicherheit mit der Bitte um Bereitstellung der Ressourcen präsentiert bekommt.

Hinweis

Es gibt keine hundertprozentige Sicherheit.

Erfolgskritisch ist hierbei eine möglichst frühzeitige Planung der Sicherheitsziele und notwendigen Ressourcen zur Erreichung dieser. Werden Sicherheitsziele und notwendige Sicherheitsmaßnahmen beispielsweise in internen Projekten erst nach der Planungsphase identifiziert, müssen nachträglich zusätzliche Ressourcen für das Projekt beschafft werden, was in der Regel schwierig ist.

Sollte ein ISMS in der Praxis also nicht vollständig als Profit-Center geführt werden, sollten zumindest die konkreten Sicherheitsmaßnahmen als Auswirkung des ISMS beziehungsweise des Informationssicherheitsrisikomanagementprozesses an die Kunden verrechnet werden. Hierbei ist jedoch nicht immer eine 1:1-Relation zwischen Sicherheitsmaßnahme und geschützter Information realisierbar, da Sicherheitsmaßnahmen in der Regel nicht nur eine Information schützen.

Der vollständige Verzicht auf eine Verrechnung von Kosten der Informationssicherheit hätte gravierende Folgen und ist daher keine Option. Diese Folgen wären:

- Intransparenz hinsichtlich der Kosten zur Erreichung eines bestimmten Sicherheitsniveaus für Informationen
- irrationale Zuweisung und Nutzung von Budgets und infolgedessen Ineffizienz

7.1.2.1 Ressourcen für ISMS-Maßnahmen

Da die Verantwortung für eine angemessene Informationssicherheit bei den Informationseigentümern liegt, stellt das ISMS hierfür lediglich entsprechende unterstützende Dienstleistungen bereit. Wesentliche unterstützende Dienstleistungen des ISMS für die Realisierung und Aufrechterhaltung des notwendigen Informationssicherheitsniveaus für die Informationseigentümer sind:

- Unterstützung bei der Identifikation und Festlegung des benötigten Sicherheitsniveaus
- Identifikation und Bewertung von Risiken
- Identifikation möglicher Risikobehandlungsoptionen inklusive Kostenschätzung
- Unterstützung bei der Initiierung der Umsetzung von Sicherheitsmaßnahmen
- Nachverfolgung der Umsetzung von Sicherheitsmaßnahmen

Die Initiierung und Nachverfolgung der Umsetzung von Sicherheitsmaßnahmen sollte – unter Nutzung von Synergieeffekten und der Integration in bestehende Prozesse – mithilfe des etablierten Änderungsmanagementprozesses erfolgen und gesteuert werden. Das ISMS kann den Informationseigentümer hierbei im Rahmen der Beantragung und Planung der nötigen Änderungen unterstützen.

Hierbei kann – muss aber nicht – grundsätzlich auch eine Verrechnung dieser unterstützenden Dienstleistungen für den Informationseigentümer erfolgen, da diese Leistungen direkt einem Informationseigentümer zugeordnet werden können.

7.1.2.2 Ressourcen für den ISMS-Betrieb

Hinsichtlich der Ressourcen für den ISMS-Betrieb stellen sich primär drei Fragen:

1) Welche Arten von Ressourcen werden benötigt?
2) Wofür genau werden Ressourcen benötigt?
3) Wie viele Ressourcen werden benötigt?

Hinsichtlich der benötigten Arten an Ressourcen kommen infrastrukturelle, personelle sowie monetäre Ressourcen in Frage, wobei auch infrastrukturelle und personelle Ressourcen letztendlich finanziell beschrieben werden können. So ist die Schaffung einer Personalplanstelle mit Kosten für Lohn/Gehalt sowie entsprechenden Nebenkosten verbunden.

Da der Betrieb eines ISMS häufig als Cost-Center mit einem definierten Budget erfolgt, müssen aus diesem Budget alle notwendigen Ressourcen, die nicht finanzieller Art sind, beschafft werden.

Primär wird es sich hierbei um personelle Ressourcen handeln, die zum Betrieb des ISMS – im Sinne der Ausführung der ISMS-Prozesse – benötigt werden.

Personelle Ressourcen werden beispielsweise in Form von Personalplanstellen oder Anteilen davon geplant und bereitgestellt. Wesentlich ist hierbei neben der reinen Arbeitszeit der Mitarbeiter auch ihre Befähigung für die vorgesehenen Aufgaben. Die Höhe der verfügbaren Arbeitszeit wird daher um eine Qualitätsdimension erweitert, auf die im nächsten Kapitel näher eingegangen wird. Weiterhin ist hierbei wesentlich, dass die geplanten Ressourcen in der Realität auch zur Verfügung stehen und nicht nur auf dem Papier existieren. Dies ist in der Regel dann der Fall, wenn Mitarbeiter Aufgaben im Rahmen eines ISMS zusätzlich übernehmen sollen, deren Auslastung mit bisherigen Aufgaben bereits bei 100 % liegt. Zu beachten ist auch, dass für Aufgaben, die regelmäßig kontinuierlich erledigt werden müssen, auch entsprechende Arbeitszeiten zur Verfügung gestellt werden. Ein Mitarbeiter, der pro Monat einmalig für einen Personentag für das ISMS zur Verfügung steht, kann nicht mit einer Aufgabe betraut werden, die täglich oder wöchentlich auszuführen ist – auch wenn die nötige Arbeitszeit im Monat einen Personentag nicht übersteigt.

Die Beantwortung der Frage, wie viele personelle Ressourcen benötigt werden, um die ISMS-Prozesse auszuführen, ist nicht trivial. Hierzu sind verschiedene Faktoren zu berücksichtigen, wie beispielsweise:

- Ziele des ISMS
- Größe und Branche der Organisation
- Anzahl der Liegenschaften
- SOLL- und IST-Reifegrad der ISMS-Prozesse
- Integrationsgrad der Managementsysteme

Der Aufwand zur Steuerung der Informationssicherheit ist von ISMS-Zielen direkt abhängig. Ein ISMS, mit dem ein „Hochsicherheitsniveau" erreicht werden soll (z. B. Verfügbarkeit aller hoch schutzbedüftigen IT-Systeme mindestens 99,9 %), wird, verglichen mit einem ISMS, für das lediglich „normale" Sicherheitsziele (z. B. Verfügbarkeit aller IT-Systeme mindestens 99 %), festgelegt wurden, auch einen höheren Aufwand zur Ausführung der ISMS-Prozesse verursachen. Das wird allein schon deutlich, wenn man Aufwände für die Ausführung der Risikoanalyse und -bewertungsprozesse betrachtet. Geht man von einem angestrebten „Hochsicherheitsniveau" aus, müssen Risikoanalysen wesentlich detaillierter – und damit unter Einsatz von mehr Ressourcen – erfolgen als in einem ISMS, für welches wesentlich niedrigere Sicherheitsziele definiert wurden.

Auch die Größe der Organisation und Anzahl der Liegenschaften beeinflusst die benötigten personellen Ressourcen direkt. Verfügt eine Organisation lediglich über einen Standort mit wenigen Mitarbeitern, ist gegebenenfalls ein Informationssicherheitsbeauftragter ausreichend. In einer Organisation mit mehreren – gegebenenfalls sogar multinationalen – Standorten und einer großen Anzahl an Mitarbeitern pro Standort ist eine mehrstufige Aufbauorganisation bestehend aus einem Informationssicherheitsbeauftragten sowie Standortsicherheitsbeauftragten oder Sicherheitskoordinatoren und gegebenenfalls Bereichssicherheitsbeauftragten nötig.

Die Branche der Organisation beeinflusst die benötigten Ressourcen für den Betrieb des ISMS ebenfalls. Der Betrieb eines ISMS einer Organisation in hochregulierten Branchen, wie Banken und Versicherungen, ist durch Einhaltung und Nachweis der regulativen Anforderungen von Aufsichtsbehörden wesentlich aufwendiger als in Branchen, die nicht so stark reguliert sind.

Der Reifegrad der ISMS-Prozesse ist ein ressourcenbestimmender Faktor, der in der Praxis häufig unterschätzt wird. Grundsätzlich ist festzustellen, dass, je höher der Reifegrad eines betriebenen ISMS-Prozesses ist, desto mehr Ressourcen für den Betrieb des Prozesses benötigt werden. Allein der Sprung von der Reifegradstufe „gesteuert“ zum Reifegrad „definiert“ erfordert die Dokumentation der Prozesse im Rahmen von Vorgabedokumenten. Die Erstellung dieser Vorgabedokumente verbraucht Ressourcen. Gleiches gilt für die Festlegung und Messung von Kennzahlen (Ziel- und Performance-Indikatoren), welche zur Steuerung des Prozesses auf höheren Reifegradstufen als „definiert“ benötigt werden.

Ein weiterer Faktor, der die benötigten Ressourcen zum Betrieb eines ISMS beeinflusst, ist der Integrationsgrad der Managementsysteme. Je höher der Integrationsgrad ist, desto weniger eigene Ressourcen wird der Betrieb eines ISMS benötigen. Verdeutlichen lässt sich dies am Bespiel des Prozesses zur Steuerung von Informationssicherheitsvorfällen. Zur Meldung und Dokumentation von Informationssicherheitsvorfällen ist eine entsprechende Infrastruktur nötig (je nach bereitgestellten Meldewegen eigene E-Mail-Adresse, Telefon-Hotline, Software). Wird jedoch der Prozess zur Steuerung von Informationssicherheitsvorfällen in das allgemeine Vorfallmanagement integriert, können hinsichtlich der benötigten Infrastruktur aber auch der personellen Ressourcen Synergieeffekte genutzt werden. Ähnliche Synergieeffekte können bei der Durchführung interner Audits genutzt werden, wenn diese nicht autark durch das ISMS durchgeführt, sondern mit einer gegebenenfalls vorhandenen Innenrevision oder dem Datenschutzbeauftragten abgestimmt werden.

Da die Ziele, benötigten Reifegrade der ISMS-Prozesse, der Integrationsgrad des Managementsystems und sonstigen Rahmenbedingungen für jede Organisation individuell sind, lässt sich die Frage nach der Höhe der benötigten Ressourcen für den ISMS-Betrieb nicht pauschal beantworten.

Die benötigten Ressourcen müssen entweder auf Grundlage der relevanten Faktoren und anhand der Tätigkeiten zur Ausführung der ISMS-Prozesse individuell kalkuliert oder unter Annahmen geschätzt werden. So kann für jeden Prozessschritt die benötigte Arbeitszeit erhoben und unter Berücksichtigung der geschätzten Anzahl der Prozessdurchläufe pro Planungsperiode ein erster Näherungswert für die benötigten personellen Ressourcen gebildet werden.

Unter personelle Ressourcen zum Betrieb eines ISMS fallen neben organisationsinternen Mitarbeitern auch externe personelle Ressourcen. Beispiele hierfür sind:

- externer Informationssicherheitsbeauftragter
- externe Berater und Prüfer, welche Teilaufgaben im Rahmen der Durchführung der ISMS-Prozesse übernehmen.

Die Auslagerung der Funktion des Informationssicherheitsbeauftragten auf einen externen Mitarbeiter wird häufig realisiert, wenn internes Personal nicht oder nicht mit der benötigten Qualifikation zur Verfügung steht. Teilweise wird die Funktion des Informationssicherheitsbeauftragten auch nur temporär extern besetzt, so lange, bis die benötigte Qualifikation eines internen Nachfolgers per Know-how-Transfer vom externen Informationssicherheitsbeauftragten realisiert ist. Auch wenn die Schaffung einer internen Stelle strategisch oder politisch nicht machbar ist, wird die Funktion des Informationssicherheitsbeauftragten häufig extern realisiert.

Neben den genannten Vorteilen sind bei der Nutzung eines externen Informationssicherheitsbeauftragten jedoch folgende Aspekte zu beachten:

- Ein externer Informationssicherheitsbeauftragter ist durch die höheren Personalkosten grundsätzlich teurer als ein gleichwertiger interner Informationssicherheitsbeauftragter. Dafür ist ein externer Informationssicherheitsbeauftragter in der Regel unmittelbar einsetzbar, kennt die Praxis infolge mehrerer Mandate umfassender und benötigt keine Qualifizierungskosten, was dagegen bei internen Informationssicherheitsbeauftragten als Gestehungsaufwand zusätzlich anfällt.
- Bei gleicher Qualifikation ist ein externer Informationssicherheitsbeauftragter aufgrund der initialen Unkenntnis der Organisation und damit verbundener Einarbeitungsaufwände ineffizienter als ein interner Informationssicherheitsbeauftragter, der die Organisation häufig bereits mehrere Jahre kennt.

- Häufig wird die verfügbare Arbeitszeit eines externen Informationssicherheitsbeauftragten ohne Berücksichtigung der Anforderungen zu stark reglementiert – beispielsweise x Personentage pro Monat. Aufgrund der im Vergleich mit einem internen Informationssicherheitsbeauftragten höheren Personalkosten ist dies zwar nachvollziehbar, es gibt dann allerdings das Risiko, dass dem Informationssicherheitsbeauftragten nicht genügend zeitliche Ressourcen zur Verfügung stehen, was zu einem ineffektiv gesteuerten ISMS führen kann.
- Durch die hohe Bedeutung einer angemessen sicheren Informationsverarbeitung für die meisten Organisationen entsteht eine nicht zu unterschätzende Abhängigkeit vom externen Informationssicherheitsbeauftragten. Auch vor dem Hintergrund der in der Regel nötigen Weisungsrechte und Einblicke in alle Organisationsbereiche und organisationsinternen Informationen sollte der Einsatz eines externen Informationssicherheitsbeauftragen sorgfältig abgewogen werden.
- Grundsätzlich verbleibt – wie bei jedem Outsourcing – die Verantwortung für eine angemessene Informationssicherheit auch bei Nutzung eines externen Informationssicherheitsbeauftragten in der auslagernden Organisation.

Hinweis

Der Einsatz eines externen Informationssicherheitsbeauftragen sollte grundsätzlich schon allein aus Effizienzüberlegungen hinsichtlich der damit verbundenen Kosten im Vergleich zu einem gleichwertigen internen Informationssicherheitsbeauftragten lediglich temporär genutzt werden.

Teilaufgaben, die externe Berater und Prüfer im Rahmen des Betriebes eines ISMS übernehmen können, sind vielfältig. Beispiele hierfür sind:

- Unterstützung bei der Durchführung von Risikoanalysen und -bewertungen durch Fachexperten
- Prüfung der Effizienz und Effektivität von Maßnahmen, aber insbesondere auch des ISMS, da dies aufgrund mangelnder Unabhängigkeit nicht selbst durch den Informationssicherheitsbeauftragten bewertet werden kann
- Prüfung der angemessen sicheren Verarbeitung von Informationen durch Dienstleister (Dienstleisteraudits)
- Durchführung von Sensibilisierungsmaßnahmen der Mitarbeiter und insbesondere der Entscheidungsträger/Managementebene für Informationssicherheit
- Durchführung von Zertifizierungsprüfungen, falls der unabhängige Nachweis eines angemessenen ISMS oder die Konformität zu einer Norm durch Zertifikate notwendig ist

Insbesondere im Rahmen der Planungs- und Aufbauphase eines ISMS wird häufig verstärkt auf externe Ressourcen wie Berater zurückgegriffen, um durch Expertenwissen Aufwände für eigene Recherchen zu minimieren und Erfahrungswerte beziehungsweise Best Practices von Experten nutzen zu können. Im Unterschied zur Aufbauphase bedingt der ISMS-Betrieb grundsätzlich weniger personelle Ressourcen, jedoch muss bei dem Übergang von Planung und Aufbau zum Betrieb darauf geachtet werden, dass das benötigte Know-how bei den betreibenden Personen auch vorhanden ist.

Nach Projektabschluss zum Aufbau des ISMS stehen die damit betrauten Berater in der Regel nicht mehr zur Verfügung. Häufig ist dabei in der Praxis das Phänomen zu beobachten, dass der Know-how-Transfer mittels Training und Einweisung in betriebliche Aufgaben von den externen an die internen Mitarbeiter nur unzureichend stattgefunden hat. Auf diese Weise wird ein grundsätzlich gut konzipiertes ISMS schnell zu einem Papiertiger beziehungsweise reiner Schrankware, die nicht gelebt wird, weil das nötige Wissen dazu bei den nicht mehr verfügbaren Beratern verblieben ist.

Merksatz

Beim Einsatz externer Berater sollte immer auf einen kontinuierlichen Know-how-Transfer sowie strukturierte Übergaben und Einweisungen in betriebliche Aufgaben Wert gelegt werden, auch wenn dies die Projektkosten für die Planung und den Aufbau des ISMS spürbar erhöht.

Weitere finanzielle Ressourcen für den Betrieb der ISMS-Prozesse können beispielsweise für Weiterbildungen – zur Gewährleistung der Kompetenz der Personen, die Rollen im ISMS wahrnehmen – oder für Werkzeuge für den ISMS-Betrieb nötig sein.

Merksatz

Eine regelmäßige Weiterbildung des ISMS-Teams ist nötig, um sicherzustellen, dass das Wissen über Best Practices und relevante sonstige Informationen zur Informationssicherheit im ISMS-Team in angemessenem Umfang und auf einem aktuellen Stand zur Verfügung steht (siehe DIN EN ISO/IEC 27002, Abschnitt 5.2 und DIN EN ISO/IEC 27001Abschnitt 7.2.

Das Thema Weiterbildung und Kompetenz wird im folgenden Kapitel weiter vertieft.

7.1.3 Ressourcenmanagement als Prozess

ISMS-Ressourcenmanagement ist der Prozess zur Identifikation, Bereitstellung und Überwachung benötigter Ressourcen zum Betrieb der ISMS-Kernprozesse und der vom ISMS initiierten Sicherheitsmaßnahmen. Der Ressourcenmanagementprozess ermöglicht die Steuerung der Kosten für Informationssicherheit und ist daher der Schlüssel zur effizienten Nutzung begrenzter Ressourcen als Teil der Governance der Kosten für Informationssicherheit. Der Prozess zum Management der ISMS-Ressourcen ist ebenfalls Bestandteil des ISMS-Planungsprozesses. Im Folgenden wird jedoch auf den Teil des ISMS-Ressourcenmanagementprozesses fokussiert, der im Rahmen des Betriebes des ISMS benötigt wird. Ressourcenmanagement muss dabei als Bestandteil des ISMS regelmäßig durchgeführt werden, da Ergebnisse dieses Prozesses in weiteren ISMS-Kernprozessen benötigt werden. Es handelt sich daher nicht um eine einmalige Aufgabe.

Tabelle 4 und Bild 22 enthalten einen generischen Muster-Prozess-Steckbrief für einen ISMS-Ressourcenmanagementprozess sowie ein entsprechendes Prozessablaufdiagramm in Anlehnung an den in ISO/IEC TS 27022, Abschnitt 8.3, vorgeschlagenen Prozess zur Ressourcensteuerung. Dieser ist im Rahmen der Konzeption und Umsetzung in einer Organisation – wie alle ISMS-Prozesse – an die individuellen Anforderungen und Rahmenbedingungen der jeweiligen Organisation anzupassen.

Tabelle 4: Prozesssteckbrief – ISMS-Ressourcenmanagementprozess

Eigenschaften/ Prozess-Name	ISMS-Ressourcenmanagementprozess (siehe DIN EN ISO/ IEC 27001, Abschnitt 7.1 und ISO/IEC TS 27022, Abschnitt 8.3)
Prozess-kategorie	ISMS-Unterstützungsprozess
Kurzbeschreibung des Prozesses	ISMS-Ressourcenmanagement ist der Prozess zur Identifikation, Bereitstellung und Überwachung benötigter Ressourcen zum Betrieb der ISMS-Kernprozesse und der vom ISMS initiierten Sicherheitsmaßnahmen. Der Ressourcenmanagementprozess ermöglicht die Steuerung der Kosten für Informationssicherheit.
Prozessziele	Gewährleistung, dass benötigte Ressourcen für den Betrieb des ISMS zur Verfügung stehen. Sicherstellung einer angemessenen Ressourcennutzung im ISMS. Bereitstellung von Ressourcenschätzungen für Sicherheitsmaßnahmen.

Eigenschaften/ Prozess-Name	ISMS-Ressourcenmanagementprozess (siehe DIN EN ISO/ IEC 27001, Abschnitt 7.1 und ISO/IEC TS 27022, Abschnitt 8.3)
Input	Vom Risikobehandlungsprozess: Listen mit geplanten und freigegebenen Maßnahmen zur Behandlung von Risiken. Vom ISMS-Planungsprozess: Zustimmung des Managements zum Aufbau und Betrieb des ISMS sowie dokumentierte Wirtschaftlichkeitsanalyse für das ISMS. Vom Einkaufs- und Personalmanagementprozess: Liste der Zulieferer, Rahmenverträge, Einkaufsbedingungen sowie Überblick über verfügbare und geplante Personalressourcen etc.
Output	Geplante und dokumentierte Ressourcen für die Umsetzung von Sicherheitsmaßnahmen. Geplante und dokumentierte Ressourcen für den Betrieb der ISMS-Kernprozesse. Kategorisierung aller Tätigkeiten hinsichtlich der Zugehörigkeit zu ISMS-Kernprozessen oder Sicherheitsmaßnahmen. Berichte zur Ressourcennutzung für die ISMS-Kernprozesse.
Prozess-aktivitäten	Initiale Planung notwendiger Ressourcen für die Umsetzung von sicherheitsrelevanten Tätigkeiten. Kategorisierung der sicherheitsrelevanten Tätigkeiten in Sicherheitsmaßnahmen und Tätigkeiten im Rahmen des Betriebes der ISMS-Prozesse. Kommunikation notwendiger Ressourcen für die Umsetzung und den Betrieb von Sicherheitsmaßnahmen an den Risikobehandlungsprozess. Beschaffung notwendiger Ressourcen für den Betrieb der ISMS-Prozesse. Überwachung der Ressourcennutzung im ISMS und falls nötig Anpassung der bereitgestellten Ressourcen/Budgets. Erstellung und Kommunikation von Berichten zur Nutzung von Ressourcen im ISMS.
Beispielkenn-zahlen	Höhe der benötigten Ressourcen für Sicherheitsmaßnahmen (Personal, finanzielle Mittel, Infrastrukturen). Höhe der benötigten Ressourcen für den Betrieb des ISMS beziehungsweise der einzelnen ISMS-Kernprozesse (Personal, finanzielle Mittel, Infrastrukturen).

Eigenschaften/ Prozess-Name	ISMS-Ressourcenmanagementprozess (siehe DIN EN ISO/ IEC 27001, Abschnitt 7.1 und ISO/IEC TS 27022, Abschnitt 8.3)
	Prozentsatz der tatsächlich genutzten Ressourcen bezogen auf die geplanten Ressourcen. Anzahl an Sicherheitsmaßnahmen mit Budgetüberschreitungen. Verhältnis der Ressourcen für den ISMS-Betrieb und die Umsetzung von Sicherheitsmaßnahmen. Zeit für die Bearbeitung einer Anfrage zur Ressourcenschätzung aus dem Risikobehandlungsprozess.
Prozesseigner	Informationssicherheitsbeauftragter
Prozess-manager	Informationssicherheitsbeauftragter oder eine dedizierte Rolle (beispielsweise Ressourcenmanager).
In den Prozess involvierte Rollen	Informationssicherheitsbeauftragter oder eine dedizierte Rolle (beispielsweise Ressourcenmanager). Abteilungen: Beschaffung und Personalmanagement. Gegebenenfalls Berater und Spezialisten für die Kostenschätzung von Sicherheitsmaßnahmen.
Schnittstellen	Dieser Prozess hat primär Schnittstellen zu den Prozessen: – Risikobehandlungsprozess – Prozesse des Beschaffungs- und Personalmanagements – Kommunikationsprozess – ISMS-Planungsprozess

Kernbestandteil des vorgeschlagenen Prozesses zum ISMS-Ressourcenmanagement ist die Unterscheidung der Tätigkeiten in

- ISMS-Kernprozesse, deren benötigte Ressourcen aus dem Budget des ISMS bereitgestellt werden, und
- Sicherheitsmaßnahmen, deren benötigte Ressourcen durch den oder die Informationseigentümer bereitgestellt werden, die die Sicherheitsmaßnahme benötigen.

Die Idee der verursachungsgerechten Verrechnung von Kosten ist dabei nicht neu, sondern ist in anerkannten Best-Practice-Standards wie ISO/IEC 20000 beziehungsweise in ITIL bereits integriert. Vor diesem Hintergrund liegt es auf der Hand, diese Idee auch im Rahmen des Informationssicherheitsmanagements zu adaptieren. Im Ergebnis können auf diese Weise überzogene

Vorstellungen vom angestrebten Sicherheitsniveau bei den Informationseigentümern durch eine Transparenz und Verrechnung der Kosten vermieden werden, was letztendlich zur Effizienzsteigerung führt.

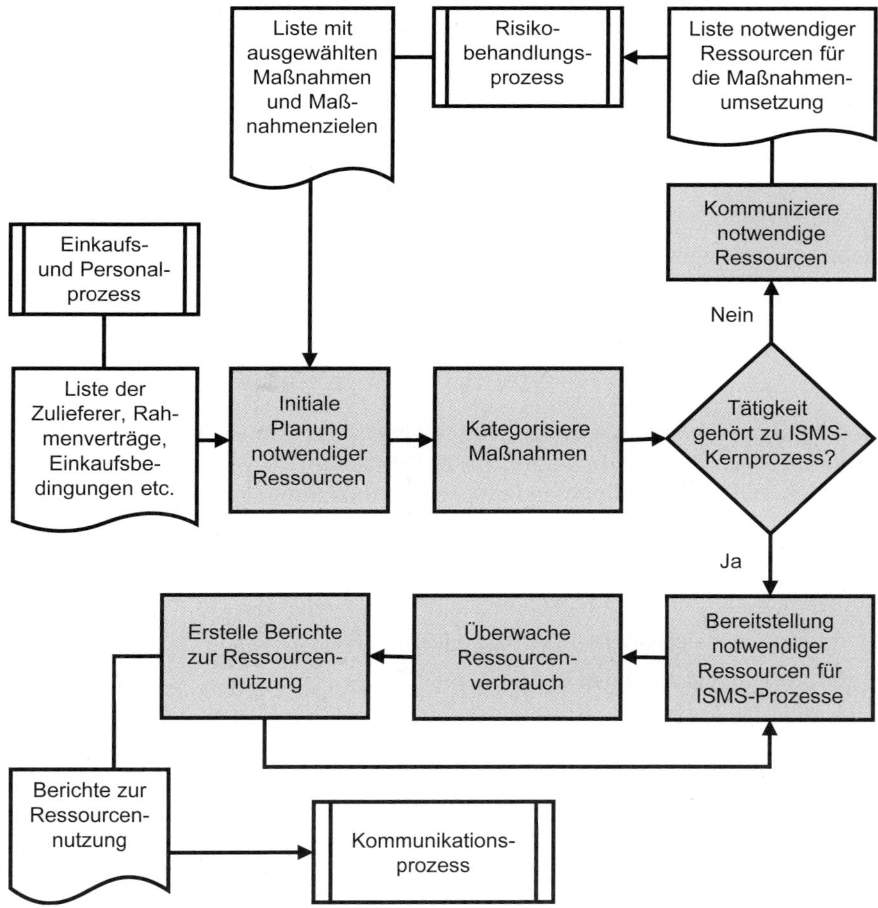

Quelle: eigene Darstellung, Knut Haufe

Bild 22: Prozessablaufdiagramm – ISMS-Ressourcenmanagementprozess

7.2 Kompetenz gewährleisten

Wie bereits im Kapitel 7.1.2 thematisiert, ist eine Dimension der personellen Ressourcen auch die Qualität der personellen Ressourcen. Die Qualität der personellen Ressourcen kann mit Hilfe des Begriffes der „Kompetenz“ beschrieben werden, wobei die Kompetenz einer Person zu den Rollen passen muss, die die Person wahrnimmt.

Gemäß DIN EN ISO/IEC 27001, Abschnitt 7.2, muss die notwendige Kompetenz von Personen, die Tätigkeiten ausführen, welche Auswirkungen auf die Performance der Informationssicherheit haben, festgestellt werden. Es muss weiterhin sichergestellt sein, dass diese Personen auf der Basis von Ausbildung, Training oder Erfahrung kompetent sind. Nachweise über die angemessene Kompetenz dieser Personen sind zu dokumentieren.

Kompetenz ist gemäß DIN EN ISO/IEC 17024, Abschnitt 3.6, die

> „Fähigkeit, Wissen und Fertigkeiten anzuwenden, um beabsichtigte Ergebnisse zu erzielen“

In den folgenden Kapiteln werden daher wesentliche Rollen im ISMS und deren Anforderungen an die Kompetenz des Rolleninhabers sowie Nachweismöglichkeiten mithilfe von anerkannten Personen-Zertifizierungen dargestellt.

7.2.1 Anforderungen an das Personal – je nach Rolle

Folgende Rollen sind im Rahmen des ISMS-Betriebes wesentlich:

- Informationssicherheitsbeauftragte (ISB)
- Informationssicherheitskoordinatoren (ISK)
- Informationssicherheitsauditoren (ISA)

Die Anforderungen an einen Informationssicherheitsbeauftragten sind Gegenstand der Norm ISO/IEC 27021. Weitere Anforderungen an einen ISB sind ausführlich beschrieben in der Maßnahme ISMS.1.M4 des IT-Grundschutz-Kompendiums des BSI.[53]

Die Rollen ISB, ISK und ISA sind hierbei nur als ein Grundgerüst zu verstehen, welches gegebenenfalls durch weitere Rollen wie beispielsweise einzelne

53 Vgl. Bundesamt für Sicherheit in der Informationstechnik (2023): IT-Grundschutz-Kompendium (Edition 2023). URL: https://www.bsi.bund.de/DE/Themen/Unternehmen-und-Organisationen/Standards-und-Zertifizierung/IT-Grundschutz/IT-Grundschutz-Kompendium/it-grundschutz-kompendium_node.html [Stand 22.04.2024].

Manager für ISMS-Kernprozesse unterstützt werden muss. Die Angemessenheit der Aufbauorganisation für Informationssicherheit ist – wie die Informationssicherheit selbst – von vielen Faktoren abhängig, die im Einzelfall zu bewerten sind und anhand derer eine individuelle Aufbauorganisation für das Informationssicherheitsmanagement abzuleiten ist.

7.2.1.1 Der Informationssicherheitsbeauftragte

Es ist Hauptaufgabe des Informationssicherheitsbeauftragten (ISB), ein angemessenes ISMS zur Gewährleistung eines angemessenen Sicherheitsniveaus zu planen und umzusetzen.

Die steuernde und prüfende Funktion des ISB erfordert eine Unabhängigkeit gegenüber Linienfunktionen, insbesondere von der IT. Die Position des ISB sollte deshalb organisatorisch als Stabsstelle zur obersten Leitungsebene eingerichtet werden.

Der ISB sollte in Anwendung seiner Fachkunde von allen anderen Organisationsbereichen weisungsfrei sein. Gegenüber der obersten Leitungsebene muss der ISB ein direktes Vortragsrecht haben. Wesentliche Aufgaben des ISB sind:

- Erstellung von Vorgaben im Bereich der Informationssicherheit für alle Bereiche, Abteilungen und Standorte
- Kontrolle der Einhaltung der Vorgaben, beispielsweise in Form von internen Audits
- Steuerung der Prozess des ISMS
- Steuerung der kontinuierlichen Verbesserung des ISMS und der Sicherheitsmaßnahmen
- Definition bzw. Anweisung von Abstell-/Präventivmaßnahmen nach Sicherheitsvorfällen
- Sensibilisierung der Mitarbeiter hinsichtlich Informationssicherheit
- regelmäßige Berichterstattung an die Organisationsleitung

Im Rahmen konkreter Sicherheitsvorfälle sollte der ISB ermächtigt sein, notwendige Sofortmaßnahmen anzuweisen, die ein angemessenes Sicherheitsniveau wiederherstellen und/oder aufrechterhalten.

Generelle Anforderungen an eine Person, welche die Rolle des ISB wahrnimmt, sind:

- Führungsfähigkeit – der ISB steuert als Manager das ISMS
- Identifikation mit den Zielsetzungen der Informationssicherheit, Überblick über Aufgaben und Ziele der Organisation und Einsicht in die Notwendigkeit einer angemessenen Informationssicherheit

- Verständnis der Elemente eines ISMS – Verständnis von Prozessen und Abläufen sowie Fähigkeit, Prozesse zu steuern
- Kooperations- und Teamfähigkeit sowie Durchsetzungsvermögen mit einem hohen Maß an Zuverlässigkeit, Engagement, Flexibilität und sozialer Kompetenz
- Fachkenntnisse über national und international relevante und gängige Normen, Richtlinien und Standards
- Erkenntnisse und Erfahrungen mit den Methoden des Projektmanagements sowie Schnittstellen zum Wissensmanagement
- Kommunikation mit allen Ebenen der Organisationshierarchie – Entscheidungen müssen eingefordert und die Mitarbeiter in den Sicherheitsprozess mit eingebunden werden
- Entwicklungen in der Informationssicherheit selbständig zu verfolgen und diese zu analysieren und bewerten zu können
- Bereitschaft, sich in neue Gebiete einzuarbeiten und sich kontinuierlich weiterzubilden
- betriebswirtschaftliches Verständnis und analytische Fähigkeiten zur Bewertung der Angemessenheit von Sicherheitsmaßnahmen sowie Lösungsorientiertheit
- grundlegendes Verständnis vertraglicher und rechtlicher Anforderungen an die Informationssicherheit
- Fähigkeit zur Erstellung von Anforderungsdokumenten (Richtlinien, Arbeitsanweisungen etc.)

Der ISB sollte gemäß DIN EN ISO/IEC 27002, Abschnitt 5.6, regelmäßig seine Kompetenz durch Kontakte mit anderen ISB (beispielsweise durch lokale Sicherheitsbeauftragtenstammtische) und relevanten Interessengruppen oder in speziellen Foren verbessern und auf dem aktuellen Stand halten.

7.2.1.2 Die Informationssicherheitskoordinatoren

Sollte die alleinige Bestellung eines ISB nicht ausreichend sein, beispielsweise, weil die Rahmenbedingungen der Organisation größere personelle Ressourcen im ISMS erfordern, sollten für die einzelnen Organisationsbereiche oder Liegenschaften Informationssicherheitskoordinatoren (ISK) benannt werden.

Der ISK übernimmt als erster Ansprechpartner vor Ort eine Schnittstellenfunktion zwischen einer oder mehreren Fachabteilungen/Referaten/Bereichen oder Liegenschaften der Organisation und dem ISB. Als Mitarbeiter einer Fachabteilung, eines Referates/Bereiches oder einer Liegenschaft kennt der ISK die jeweiligen Ansprechpartner und die vorhandenen Geschäftsprozesse/Fachverfahren. Darüber hinaus ist er frühzeitig über Neuerungen informiert und kann relevante Fragestellungen zur Informationssicherheit an den ISB adressieren.

Zur Erfüllung dieser Aufgaben sollte er über die notwendige Fachkunde hinsichtlich Informationstechnik und Informationssicherheit verfügen, welche für die praktische Anwendung relevanter Normen und Standards im Rahmen der Zusammenarbeit mit dem ISB erforderlich ist. Der ISK fungiert als Ansprechpartner des ISB und unterstützt diesen insbesondere mit der Erfüllung folgender Aufgaben:

- Hinwirkung auf die Umsetzung von internen Regelungen zur Informationssicherheit in der jeweiligen Fachabteilung, dem Referat, Bereich oder der Liegenschaft durch
  - Klärung von Rückfragen zur Umsetzung/Umsetzbarkeit von Regelungen zur Informationssicherheit (direkt oder nach Rücksprache mit dem ISB)
  - Annahme und Vorqualifizierung von Hinweisen und Verbesserungsvorschlägen zu Regelungen zur Informationssicherheit
  - regelmäßige Sensibilisierung der Mitarbeiter in der jeweiligen Fachabteilung, dem Referat, Bereich oder der Liegenschaft
  - stichprobenartige Kontrolle der Einhaltung von internen Regelungen zur Informationssicherheit in der jeweiligen Fachabteilung, dem Referat, Bereich oder der Liegenschaft sowie Bericht der Kontrollergebnisse an den ISB
- Koordination zwischen der jeweiligen Fachabteilung, dem Referat, Bereich oder der Liegenschaft und dem ISB durch
  - Herstellen von Kontakten zwischen ISB und lokalen/fachlichen Ansprechpartnern
  - Hinweis des ISB auf erforderliche Kontrollen/Prüfungen und mögliche Risiken/Sicherheitsvorfälle
  - Meldung von Änderungen an den technischen und organisatorischen Maßnahmen, insbesondere Mitteilung von internen Regelungen in der jeweiligen Fachabteilung, dem Referat, Bereich oder der Liegenschaft
  - Weiterleitung von qualifizierten Hinweisen und Verbesserungsvorschlägen zu Regelungen zur Informationssicherheit an den ISB
  - Aufbereitung des Sachverhalts bei der Auslagerung/Planung von informationssicherheitsrelevanten Dienstleistungen
- regelmäßige Berichterstattung zum Informationssicherheitsniveau und aktuellen/geplanten Änderungen an den ISB sowie Teilnahme an regelmäßigen Meetings der ISK und dem ISB

- Pflege der Dokumentation hinsichtlich notwendiger Basisdaten/Stammdaten im gegebenenfalls eingesetzten Werkzeug zur Steuerung des ISMS und von Informationssicherheitsmaßnahmen

Aus diesen Aufgaben ergeben sich folgende Anforderungen an einen ISK:

- Identifikation mit den Zielsetzungen der Informationssicherheit, Überblick über Aufgaben und Ziele der Fachabteilung, des Referats, Bereichs oder der Liegenschaft und Einsicht in die Notwendigkeit einer angemessenen Informationssicherheit
- Kooperations- und Teamfähigkeit sowie ein hohes Maß an Zuverlässigkeit, Engagement, Flexibilität und sozialer Kompetenz
- gute persönliche Vernetzung in der Fachabteilung, dem Referat, Bereich oder der Liegenschaft
- Bereitschaft, sich in neue Gebiete einzuarbeiten und sich kontinuierlich weiterzubilden
- betriebswirtschaftliches Verständnis und analytische Fähigkeiten zur Bewertung der Angemessenheit von Sicherheitsmaßnahmen sowie Lösungsorientiertheit

7.2.1.3 Die Informationssicherheitsauditoren

Die Aufgabe von Informationssicherheitsauditoren (ISA) ist es, Prüfungen der Informationssicherheit hinsichtlich folgender Kriterien durchzuführen:

- Einhaltung der Vorgaben zur Informationssicherheit
- Prüfung der Effektivität (und Effizienz) von Sicherheitsmaßnahmen (wobei die Prüfung der Einhaltung der Vorgaben zur Informationssicherheit streng genommen auch nur eine Prüfung der Effektivität der Vorgaben zur Informationssicherheit ist)
- Prüfung der Effektivität (und Effizienz) der ISMS-Prozesse

Hierbei ist darauf zu achten, dass die ISA von der zu prüfenden Fachabteilung, dem Referat, Bereich oder der Liegenschaft unabhängig sind. Ein Mitarbeiter der IT-Abteilung kann daher aus Gründen mangelnder Unabhängigkeit nicht die Einhaltung von Sicherheitsvorgaben in der IT-Abteilung prüfen.

Genauso wenig kann die Effizienz und Effektivität des ISMS vom ISB oder den ISK geprüft werden, da sie selbst Bestandteil des ISMS sind beziehungsweise dessen Effizienz und Effektivität im Fall des ISB gegenüber der obersten Leitungsebene verantworten.

Anforderungen an ISA sind neben der erforderlichen Fachkunde – wie Kenntnis relevanter Standards, Methoden – die Einhaltung von Auditprinzipien wie:

- ethisches Verhalten hinsichtlich Vertrauen, Integrität, Diskretion
- sachliche Darstellung (plicht-/wahrheitsgemäß und akkurat) von Auditergebnissen und Auditschlussfolgerungen in Berichten
- angemessene berufliche Sorgfalt im Sinne von Gewissenhaftigkeit und ausgeprägter Urteilsfähigkeit beim Prüfen, Unabhängigkeit und Unbefangenheit des Auditors sowie Objektivität der Auditschlussfolgerungen
- Systematische Vorgehensweise durch Anwendung einer erprobten Methode zum Erreichen von glaubwürdigen (belegbaren) und reproduzierbaren Auditschlussfolgerungen

Weitere wesentliche persönliche Anforderungen an ISA sind:

- ethisches Verhalten, beispielsweise fair, ehrlich, vertrauenswürdig und diskret
- Aufgeschlossenheit, beispielsweise offen für Alternativvorschläge oder Standpunkte
- diplomatisches Geschick, beispielweise taktvoller Umgang mit Menschen
- Teamfähigkeit
- Aufmerksamkeit
- Aufnahmefähigkeit
- Flexibilität und Offenheit für Verbesserungen
- Hartnäckigkeit
- Entschlussfreudigkeit/Entscheidungsfähigkeit
- Selbständigkeit/Selbstsicherheit
- Professionelles und kulturell sensibles Auftreten
- moralische Integrität – Treffen von manchmal auch unpopulären Entscheidungen
- Organisationstalent

Weitere Anforderungen an die Fachkunde von Auditoren sind beschrieben in:

- ISO/IEC 17021-1, Anhang D | DIN EN ISO 19011, Abschnitt 7.2.2 – Persönliche Eigenschaften und Verhalten
- DIN EN ISO/IEC 27006, Abschnitt 7.2.1 | DIN EN ISO 19011, Abschnitt 7.2.4 und 7.2.5 – Anforderungen an Ausbildung, Arbeitserfahrung, Auditorenschulung und Auditerfahrung

- ISO/IEC 17021-1, Anhang A | DIN EN ISO 19011, Abschnitt 7.2.3.2 und 7.2.3.4 – Allgemeine Kenntnisse und Fähigkeiten
- DIN EN ISO/IEC 27006, Abschnitt 7.2.1 und Anhang B | DIN EN ISO 19011, Abschnitt 7.2.3.3. – ISMS-spezifische Kenntnisse und Fähigkeiten

ISA können grundsätzlich interne Mitarbeiter (zum Beispiel aus der Innenrevision oder einer Compliance-Abteilung) oder extern eingekaufte Spezialisten sein.

7.2.2 Weiterbildungsmöglichkeiten – Zertifizierungen

Nachweismöglichkeiten hinsichtlich der Kompetenz der Personen für Rollen im ISMS bestehen grundsätzlich in Form von

- Arbeitszeugnissen vorheriger Arbeitgeber, die eine entsprechende Berufserfahrung belegen oder Referenzprojekte bei externen Mitarbeitern
- Teilnahmezertifikaten an Fort- und Weiterbildungen
- Eigennachweise bei Selbststudium (Lesen von Fachliteratur)
- Teilnahme an relevanten Veranstaltungen (Workshops, Messen, Symposien etc.)
- anerkannte Personenzertifikate

Im Folgenden sollen kurz wesentliche international anerkannte Personenzertifikate vorgestellt werden. Dies ist nur ein grundsätzlicher Überblick. Es gibt viele weitere themenspezifische oder national anerkannte Zertifikate, mit denen man diese Auflistung sinnvoll ergänzen kann:

- CISSP – Certified Information System Security Professional: Hierbei handelt es sich um ein Personenzertifikat des International Information Systems Security Certification Consortium, Inc (ISC²), für dessen Erhalt Wissen aus aktuell acht Domänen (Sicherheits- und Risikomanagement, Sicherheit von Werten, Planung von Sicherheit, Kommunikations- und Netzwerksicherheit, Identitäts- und Zugangs-/Zugriffs-/Zutritts-Management, Bewertung und Testen von Sicherheit, Betrieb der Sicherheit und sichere Softwareentwicklung) abgefragt wird. Früher waren die Inhalte des CISSP eher technisch orientiert, wobei hier mittlerweile auch Managementthemen Einzug gehalten haben. ISC² ist eine internationale Non-profit-Organisation mit dem Ziel einer sicheren Cyber-Welt.
- CISA – Certified Information System Auditor: Hierbei handelt es sich um das älteste Personenzertifikat des internationalen Berufsverbandes der IT-Prüfer (Information Systems Audit and Control Association) mit dem Fokus auf Infor-

mationssicherheitsprüfer. Das erforderliche Wissen ist hierbei verteilt auf die Domänen IT-Audit-Prozess, IT-Governance, IT-Management sowie Business Continuity Management (BCM), Beschaffung, Entwicklung und Implementierung von Informationssystemen, Betrieb, Wartung und Support von Informationssystemen und Informationssicherheit.

- CISM – Certified Information Security Manager: Hierbei handelt es sich um das zweitälteste Personenzertifikat des internationalen Berufsverbandes der IT-Prüfer (Information Systems Audit and Control Association) mit dem Fokus auf Informationssicherheitsmanager. Das erforderliche Wissen ist hierbei verteilt auf die Domänen Governance von Informationssicherheit, Informationssicherheits-Risikomanagement und Compliance, Entwicklung und Management von Programmen zur Informationssicherheit und Management von Informationssicherheitsvorfällen.
- CGEIT – Certified in the Governance of Enterprise Information Technology: Hierbei handelt es sich um ein Personenzertifikat des internationalen Berufsverbandes der IT-Prüfer (Information Systems Audit and Control Association) mit dem Fokus auf Governance von IT. Das erforderliche Wissen ist hierbei verteilt auf die Domänen Rahmenwerk für die Governance der IT, strategisches Management, Realisierung von Nutzen, Risikooptimierung und Ressourcenoptimierung.
- CRISC – Certified in Risk and Information Systems Control: Hierbei handelt es sich um ein Personenzertifikat des internationalen Berufsverbandes der IT-Prüfer (Information Systems Audit and Control Association) mit dem Fokus auf IT-Risikomanagement. Das erforderliche Wissen ist hierbei verteilt auf die Domänen Identifizierung, Beurteilung und Bewertung von Risiken, Risikobehandlung, Risikoüberwachung, Design und Implementierung von internen Kontrollsystemen in der IT, Überwachung und Pflege von IT-Kontrollsystemen.
- PMP – Project Management Professional ist ein Personenzertifikat auf dem Gebiet des Projektmanagements des Project Management Institute mit den Wissensdomänen Initiierung, Planung, Ausführung, Überwachung und Kontrolle, Abschluss von Projekten.
- ISO/IEC 27001-(Lead)-Auditor: Ein ISO/IEC 27001-Auditor ist ein bei einer akkreditierten Zertifizierungsstelle berufener Auditor für die Norm ISO/IEC 27001. Ein Lead-Auditor ist einer der führenden Auditoren einer Zertifizierungsstelle für diese Norm. An dieser Stelle sei darauf hingewiesen, dass in vielen Kursen den Teilnehmern suggeriert wird, dass mit Teilnahme an einem Kurs und Bestehen einer Prüfung der Teilnehmer ein ISO/IEC 27001-Auditor wird. Ein Kurs mit einem Leistungsnachweis ist jedoch nur eine der Anforderungen an einen ISO/IEC 27001-Auditor. Einen „echten" ISO/IEC

27001-(Lead)-Auditor kann man sehr einfach daran erkennen, dass er auf die Frage, bei welcher Zertifizierungsstelle er gelistet ist, eine Antwort hat. Zertifizierungsstellen für ISO/IEC 27001 werden in Deutschland ausschließlich von der Deutsche Akkreditierungsstelle GmbH (DAkkS) akkreditiert. Die Anzahl der zugelassenen Zertifizierungsstellen für ISO/IEC 27001 beläuft sich im Mai 2023 auf 128 Stellen. Dennoch ist ein ISO/IEC 27001-Auditorenkurs auch für interne Auditoren sinnvoll.

Kriterien zur Auswahl von Personenzertifikaten sind:

- Passt die Personenzertifizierung zur Rolle, die man anstrebt oder bereits wahrnimmt (Inhalte)?
- Ist das Zertifikat anerkannt? – Vorsicht vor unbekannten, anbieterspezifischen Zertifikaten im Sinne von „Schulungsanbieter xy zertifizierter Sicherheitsbeauftragter“!
- Kann ich den Aufwand zur Zertifizierung leisten? Hierbei sollten eigene Vorkenntnisse und zur Verfügung stehende Zeit beachtet werden. Manchmal sind umfangreiche praktische Vorkenntnisse von Vorteil, oft bestehen jedoch grade langjährig erfahrene Praktiker die Prüfungen nicht, da es bei einigen Zertifikatsprüfungen durchaus Diskrepanzen zwischen Praxis und Lehrbuch gibt.
- Was kostet die Personenzertifizierung? Prüfungskosten, Kosten für Schulungen und Lehrbücher, Kosten für die Aufrechterhaltung des Zertifizierungsstatus.
- Welche Anforderungen müssen zusätzlich zu einer bestandenen Prüfung erfüllt werden? Bei den oben genannten Zertifikaten müssen beispielsweise zusätzlich mehrere Jahre einschlägige Berufserfahrung nachgewiesen werden. Diese Zertifikate sind daher in der Regel nicht für Berufseinsteiger realisierbar.

Da sich insbesondere die Kosten und die Anforderungen an die Berufserfahrung ändern können, werden diese hier nicht explizit aufgeführt, sondern lediglich eine Zuordnung zu den Rollen dargestellt.

In Tabelle 5: Übersicht grundsätzliche Eignung der Personenzertifizierungen für die ISMS-Rollen wird eine Übersicht über die Eignung der Personenzertifizierungen für die wesentlichen Rollen im ISMS dargestellt.

Tabelle 5: Übersicht grundsätzliche Eignung der Personenzertifizierungen für die ISMS-Rollen

Zertifikat / Rolle	ISB	ISK	ISA
CISSP	X	X	X
CISA	(X)		X
CISM	X	(X)	(X)
CGEIT	(X)		(X)
CRISC		X	(X)
PMP	X		(X)
ISO/IEC 27001 Auditor	(X)		X
ISO/IEC 27001 Lead Auditor	X		X

8 Bewusstsein schaffen und Kommunikation verbessern

Die Implementierung eines ISMS erfolgt häufig projekthaft. Während der Einführung werden zusätzliche Ressourcen bereitgestellt, durch regelmäßige Projektaktivitäten ist ein Mindestmaß an Kommunikation und Sichtbarkeit gewährleistet. Diese entsteht weniger aus dem ISMS selbst heraus als durch die Kommunikationsmaßnahmen, die ein normales Projektmanagement hervorruft.

Ein Projekt signalisiert immer auch eine gewisse Wichtigkeit einer Sache für die Organisation, die das Projekt durchführt. Handelt es sich – wie im Falle eines ISMS – beim Projektziel um die Einführung eines prozesshaften Vorgehens, besteht nach Abschluss des Projekts die Gefahr, dass die anfängliche Motivation und Wichtigkeit schnell wieder abebbt oder mit den abgezogenen externen Ressourcen sogar verloren geht. Ist das Projekt erst erfolgreich abgeschlossen, wandert die Aufmerksamkeit zu neuen Projekten. Hat man dem Projekt zuletzt (formal) den erfolgreichen Abschluss bescheinigt, beginnt die Phase, in der sich entscheidet, ob das Projekt (tatsächlich) erfolgreich und die gesteckten Ziele nicht in Vergessenheit geraten.

Was im Projekt mit besonderer Aufmerksamkeit verfolgt wurde, muss nun als Teil des normalen Tagesgeschäfts abgewickelt werden. In den meisten Fällen stehen dafür die gleichen Ressourcen zur Verfügung wie vor dem Implementierungsprojekt.

Im Falle des Sicherheitsbewusstseins bezieht sich das nicht nur auf finanzielle und personelle Ressourcen. Es geht vor allem um die Sichtbarkeit: Die gesamte Wahrnehmung des ISMS und seiner Ziele geht nach dem Projekt unweigerlich zurück, schon allein dadurch, dass man weniger Aktivitäten im Kollegenkreis wahrnimmt. Der Fokus wird auf neue Projekte gerichtet und nach und nach gerät in Vergessenheit, was mit viel Aufwand ins Bewusstsein gerufen wurde. Dadurch kann eines der großen Missverständnisse zur Implementierung eines ISMS hervorgerufen werden: dass man nämlich nach der Einführung des ISMS ein zuvor festgelegtes Sicherheitslevel erreicht habe, auf dem man sich doch wenigstens für kurze Zeit ausruhen könne. Das wird jedoch niemals der Fall sein. Das ISMS ist nur das Werkzeug, für die Qualität des Werkstücks muss jeden Tag aufs Neue gesorgt werden.

So zeigt sich beim ISMS erst nach einigen Monaten, welche Dinge dauerhaft im Bewusstsein bleiben und die Sicherheitskultur der Organisation übergehen und welche nur kurzfristig von Erfolg gekrönt waren.

8.1 Bewusstsein

Will man sich mit Awareness auseinandersetzen, sollte man zunächst den Begriff besser verstehen. Fragen wir uns also zunächst, was mit „Bewusstsein“ bzw. „Awareness“ gemeint ist. Was genau soll da im Zuge des ISMS-Betriebes aufrechterhalten werden? Die ISO/IEC 27001 verwendet im englischen Original den Begriff „Awareness“, der dann in der deutschen Fassung DIN EN ISO/IEC 27001 mit „Bewusstsein“ übersetzt .

Der deutsche Begriff „Bewusstsein“ ist weiter gefasst als der englische Begriff „Awareness“. Damit ist nicht das Bewusstsein im philosophischen Sinne gemeint, auch nicht das Bewusstsein als Gegenteil der Bewusstlosigkeit. Im Englischen spricht man in diesen Fällen von „Consciousness“. Die ISO/IEC 27001 meint mit „Awareness“ (und damit die Übersetzung mit „Bewusstsein“) das sogenannte Situationsbewusstsein. Diese Präzisierung macht die Sache nicht unbedingt einfacher und ist der Grund dafür, warum „Awareness“ für viele so schwer zu fassen ist.

Die gebräuchlichste Definition von „Situationsbewusstsein“ wurde in den 1990er-Jahren von Mica R. Endsley eingeführt[54]. Sie lässt jedoch die Frage offen, ob es sich dabei eher um einen Prozess oder einen Zustand handelt. Diese Frage wird auch aktuell noch diskutiert.[55] Nach der ursprünglichen Definition Endsleys wird Situationsbewusstsein mit den drei Prozessen Perception, Comprehension und Projection gleichgesetzt.

1) Perception (Wahrnehmung): Die Objekte in der Umgebung werden wahrgenommen.
2) Comprehension (Verständnis): Die Bedeutung der Objekte wird verstanden.
3) Projection (Vorausschau): Für eine ausreichende Zeitspanne werden die Veränderungen in der Umgebung und der zukünftige Zustand dieser Objekte richtig vorhergesagt.

Die vom Situationsbewusstsein getrennten Prozesse Entscheidung, Ausführungsplanung und Handlung kommen erst danach. Endsley selbst verwendet den Begriff einige Jahre später jedoch abweichend[56] als einen Zustand des

54 Vgl. Endsley, M. R. (1995): Toward a Theory of Situation Awareness in Dynamic Systems. In: Human Factors: The Journal of the Human Factors and Ergonomics Society, Vol. 37, Nr. 1, S. 32–64.

55 Vgl. Wittbrodt, N./Hillebrand, A./Drewitz, U./Schulz-Rückert, D./Thüring, M. (2009): Situation Awareness: eine kognitionspsychologische Erweiterung und Präzisierung. Tagungsband 8. Berliner Werkstatt Mensch-Maschine-Systeme, S. 351–354.

56 Vgl. Endsley, M. R. (2000): Theoretical Underpinnings of Situation Awareness: A Critical Review. In: Endsley, M. R./Garland, D. J. (Hrsg.) (2000): Situation Awareness Analysis and Measurement. Lawrence Erlbaum Associates, Mahwah (NJ), S. 3–32.

Wissens zu einer sich stetig verändernden Umgebung und grenzt ihn bewusst vom Prozess ab, mit dem man dieses Wissen erlangt. Das es ist einigermaßen folgerichtig, geht es in der zweiten Veröffentlichung doch um die Messung des Situationsbewusstseins – ein Zustand lässt sich einfach besser messen als ein Prozess. Sicher ist Ihnen in der Praxis auch schon die Aufgabenstellung begegnet, den Erfolg von Awareness-Maßnahmen zu messen, was nicht ganz einfach ist. Das hängt zum Teil mit der hier gestellten Frage zusammen, ob Awareness nun ein Prozess oder ein Zustand ist.

Vor dem Hintergrund, dass die DIN EN ISO/IEC 27001 insgesamt einen prozesshaften Ansatz verfolgt und nicht ein bestimmtes Maß an Sicherheit erreichen will, darf so interpretiert werden, dass es auch bei der Awareness um den Prozess geht und nicht nur um einen bestimmten Zustand. Auch wenn diese Festlegung eben genau mit der Schwierigkeit verbunden ist, dass sich der Erfolg der Awareness-Maßnahmen nicht ganz einfach messen lässt.

Weitere Anhaltspunkt dafür, dass diese Entscheidung nicht ganz einfach zu treffen ist und immer auch beide Aspekte betrifft, liefert die DIN EN ISO/IEC 27007[57], die Vorgaben für die Durchführung von Audits zur Verfügung stellt. Während die hier geforderten Nachweise sich im Wesentlichen auf den Prozess beziehen, lautet die Empfehlung zur Praxis, dass man mit den Menschen sprechen und Interviews führen soll, um sich vom Zustand der Awareness zu überzeugen. Der Leitfaden DIN EN ISO/IEC 27007 empfiehlt also, sich als Nachweis die Prozessgrundlagen anzuschauen, um dann zu prüfen, ob sich auch in den Köpfen etwas bewegt hat.

Fassen wir kurz zusammen, welche der bisherigen Aspekte für unsere Zwecke besonders wichtig sind:

Merksatz

Awareness oder Bewusstsein (genauer: Situationsbewusstsein) besteht aus den Prozessen Perception (Wahrnehmung), Comprehension (Verständnis) und Projection (Vorausschau). Sie gehen den auf das Individuum bezogenen Prozessen Entscheidung, Ausführungsplanung und Handlung voran (hier ist nicht der P-D-C-A-Zyklus des ISMS gemeint).

57 Siehe DIN EN ISO/IEC 27007: Informationssicherheit, Cybersicherheit und Datenschutz – Leitfaden für das Auditieren von Informationssicherheitsmanagementsystemen, Anhang A, Tabelle A.2 – Leitfaden für das Auditieren nach ISO/IEC 27001, Abschnitt A.4.3 Bewusstsein (ISO/IEC 27001:2013, 7.3), S. 39.

Will man also ein individuelles Bewusstsein für Informationssicherheit innerhalb des ISMS schaffen, sind drei Dinge wichtig. Es gilt zunächst, die Wahrnehmung aller relevanten Aspekte zu steigern und für ein angemessenes Verständnis dieser Aspekte zu sorgen. Neben diesen zwei Anforderungen muss jede Person dazu befähigt werden, in ihrem individuellen Aufgabenbereich die Veränderungen in der Umgebung und die zukünftigen Zustände der Objekte für eine ausreichende Zeitspanne richtig vorherzusagen. Alles dreht sich um:

- Perception (Wahrnehmung)
- Comprehension (Verständnis)
- Projection (Vorausschau)

Aber was soll überhaupt im Bewusstsein bleiben? Was soll wahrgenommen und verstanden werden und welche zukünftigen Ereignisse sollen richtig vorhergesehen werden? Inhalte der Policy? Prozessdiagramme? Verhaltensweisen? Aus den Forderungen der ISO/IEC 27001 und den drei Aspekten der Awareness ergibt sich die folgende Matrix:

Tabelle 6: 3×3-Matrix der Awareness nach ISO/IEC 27001

Aspekt der Awareness	Policy zur Informationssicherheit	Eigener Beitrag zur Wirksamkeit des ISMS, einschließlich der Vorteile	Folgen einer Nichterfüllung der Anforderungen des ISMS
Perception (Wahrnehmung)	Wahrnehmung der Policy	Wahrnehmung des Ganzen und der eigenen Rolle in diesem Ganzen	Kenntnis über mögliche Folgen einer Nichterfüllung von Anforderungen
Comprehension (Verständnis)	Verständnis der Inhalte der Policy	Verständnis des eigenen Beitrags als Teil der Gesamtleistung	Kein bloßes Auswendiglernen von Szenarien, sondern Verständnis der Zusammenhänge
Projection (Vorausschau)	Richtige Vorausschau durch Wahrnehmung und Verständnis der Policy	Richtige Einschätzung des eigenen Einflusses auf zukünftige Ereignisse	Eigene Abweichungen von Anforderungen werden direkt mit möglichen Schadensszenarien verknüpft.

Wird eine der Zellen dieser 3×3-Matrix vernachlässigt, hat das Auswirkungen auf die gesamte Matrix und kann in der Folge durch eine falsche Vorausschau in einer gegebenen Umgebung zum Zusammenbruch der gesamten Sicherheitsarchitektur führen – allen technischen Sicherheitsmaßnahmen zum Trotz. Alle Schadensszenarien und Angriffsmuster, bei denen Menschen beteiligt sind, fangen mit einem Fehler in einer dieser Matrix-Zellen an.

8.2 Kommunikation

Dieser im vorigen Abschnitt entworfenen Matrix gilt es nun, immer wieder neu „Leben einzuhauchen" und jede Person, die unter Aufsicht der Organisation Tätigkeiten verrichtet, einzubeziehen. In der Praxis erfolgt das durch Kommunikation. Hierunter versteht man in einem einfachen Modell das Senden und Empfangen einer Nachricht. Für jede Zelle der Matrix muss also innerhalb des ISMS sichergestellt werden, dass die dahinterstehenden Inhalte zunächst gesendet und in der Folge auch von den adressierten Personen empfangen werden. Im Gegensatz zur protokollbasierten Kommunikation zwischen IT-Systemen ist die Kommunikation zwischen Menschen wesentlich komplexer und deren Verlauf ungleich schwerer vorherzusehen. Wer hier dauerhaft erfolgreich sein will, kommt nicht umhin, sich intensiv mit zwischenmenschlicher Kommunikation auseinanderzusetzen.

In den folgenden vier Abschnitten lernen wir jeweils theoretische Modelle kennen, die im Bereich der Kommunikationspsychologie weit verbreitet sind und dabei helfen, die besondere Kommunikationssituation innerhalb eines ISMS besser einzuordnen. Dadurch wird der Grundstein gelegt, die Kommunikation des ISMS-Teams kontinuierlich zu verbessern.

8.2.1 Kommunikation: Senden und Empfangen von Nachrichten

Zur Beschreibung einer Kommunikation zwischen zwei oder mehreren Menschen gibt es eine ganze Reihe von Kommunikationsmodellen, deren verbindender Aspekt das Senden und Empfangen einer Nachricht ist (manchmal auch als Botschaft bezeichnet). Einige Modelle nehmen darüber hinaus Bezug auf das Medium, mit dem die Nachricht übertragen wird, und beschreiben mögliche Störfaktoren, denen dieses Medium unterliegt. Was hilft die schönste Nachricht, wenn sie nicht ankommt? Im Bereich der Informationssicherheit ist das klassische Beispiel für Nachrichten, die nicht ankommen, der Aktenschrank voller Sicherheitsanweisungen, -richtlinien und -policies, die keiner kennt, obwohl die Sicherheitsverantwortlichen sie alle im Intranet veröffentlicht haben. Es geht also darum, die Nachricht nicht nur loszuwerden, sondern auch darum, wie sie ausgedrückt wird und ob bzw. wie sie gehört wird. Ein Kommunikationsmodell, das sich mit dieser Sichtweise auf zwischenmenschliche Kommunikation befasst, ist das **Vier-Seiten-Modell von Friedemann Schulz von Thun.**[58]

Die meisten Sicherheitsverantwortlichen würden mir wohl zunächst zustimmen, wenn ich sagen würde, es ginge bei der Informationssicherheit um die Sache – also den eigentlichen Inhalt der Nachricht –. Wenn es aber um den eigentlichen Inhalt der Sache geht, was ist dann der „uneigentliche" Inhalt? Gibt es in Bezug auf eine Nachricht mehr als nur den Sachaspekt?

Denken Sie an König und Königin, die zu ihren Untertanen sprechen. Beide werden durch die Verwendung des Pluralis Majestatis ihre Macht demonstrieren, was den Untertanen vielleicht missfällt – zum Sachaspekt kommt also noch ein Beziehungsaspekt hinzu. Legen beide vielleicht übersteigerten Wert auf ihre Machtposition und offenbaren sie gerade dadurch ihre Schwäche? In der Nachricht würde dann eine interessante Selbstaussage mitschwingen – die berühmten Botschaften zwischen den Zeilen. Ein weiterer Aspekt einer Nachricht wird deutlich, wenn man sich in einem Gespräch einmal fragt: „Und was soll ich da jetzt machen? Soll ich da jetzt etwas machen?" In diesem Fall hat Ihr Gegenüber der Nachricht einen Appell beigemischt, der ebenfalls Teil der Nachricht ist.

Friedemann Schulz von Thun hat diese zusätzlichen Aspekte in seinem Vier-Seiten-Modell systematisiert, nach dem jede Nachricht vier Seiten hat (siehe Bild 23).

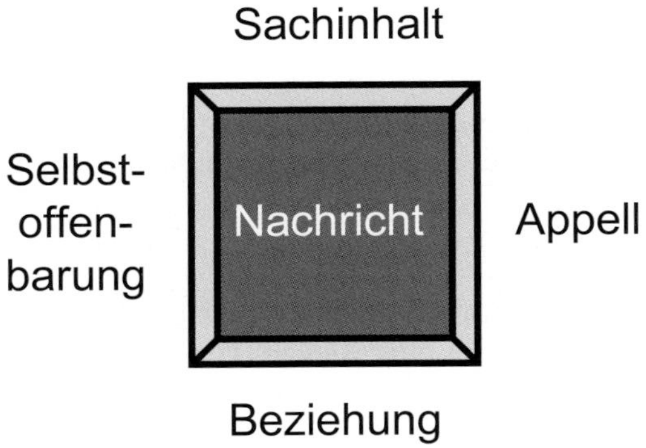

Sachinhalt

Selbst-
offen-
barung

Nachricht

Appell

Beziehung

Quelle: eigene Darstellung, Sebastian Klipper, nach Schulz von Thun (2009)[59]

Bild 23: Vier-Seiten-Modell einer Nachricht

58 Zuerst veröffentlicht in: Schulz von Thun, F. (1981): Miteinander reden. Band 1: Störungen und Klärungen. Psychologie der zwischenmenschlichen Kommunikation. Rowohlt, Reinbek.

59 Schulz von Thun, F. (2009): Miteinander reden. Band 1: Störungen und Klärungen. Reinbek: rororo.

Sachaspekt:

Die einfachste Seite in diesem Modell ist der Sachinhalt. Dabei handelt es sich um grundsätzlich nachprüfbare Informationen zu einem Thema, z. B.: „Im letzten Jahr kam es konzernweit zu zwölf erfolgreichen Malware-Angriffen“, oder: „Frau Müller ist CISO der ExAmple AG.“ Dieser Aspekt macht aber nur einen Teil einer Nachricht aus.

Selbstoffenbarungsaspekt:

Nachrichten enthalten darüber hinaus auch Informationen über die sendenden Personen. Ein Aspekt, der sich nicht vermeiden lässt, auch wenn die Nachricht noch so sachbezogen vorgebracht wird. Nehmen wir die beiden Beispielsätze: Wir erfahren, dass die Person deutsch spricht, die ExAmple AG und deren CISO kennt und so weiter.

Beziehungsaspekt:

Der Beziehungsaspekt enthält Informationen darüber, wie die Personen zueinander stehen. So kann aus dem Satz „Im letzten Jahr kam es konzernweit zu zwölf Security-Incidents“ ohne Änderung des Sachinhalts auch der folgende Satz werden: „Zwölfmal haben Kriminelle unseren Konzern letztes Jahr aufgemacht.“ Die miteinander kommunizierenden Personen scheinen im zweiten Fall ein informelleres Verhältnis zueinander zu haben. Eine Aussage kann an sich Zustimmung hervorrufen, aber wegen der enthaltenen Beziehungsbotschaft auf Ablehnung stoßen. Stellen Sie sich vor, der CISO sagt dem neuen Vorstandsmitglied beim ersten Status-Meeting, dass es völlig ahnungslos sei und bereits mit einem Bein im Knast stünde. Selbst wenn der Sachaspekt richtig ist: Auf diese Art wird sich die neue Führungskraft in ihrer Position bedroht fühlen und auf Konfrontation gehen.

Appellaspekt:

Der vierte Aspekt spricht an, was die Nachricht bewirken soll. Welche Reaktion wird erwartet? Sollen es im nächsten Jahr mehr oder weniger Angriffe werden? Sie meinen, das läge doch auf der Hand: natürlich weniger! So einfach ist es aber nicht. Sie denken vielleicht an ein Gespräch zwischen CISO und dem Topmanagement der betroffenen Organisation. Wie sähe es aber aus, wenn der Sender der Nachricht ein frustrierter Mitarbeiter und die Empfängerin eine kriminelle Hackerin ist? Überlegen Sie selbst. Die gleiche Nachricht enthält durch den Austausch der jeweils beteiligten Personen implizit einen anderen Appellaspekt.

Die Nachricht und ihre Leidtragenden:

Der Nachricht mit ihren vier Aspekten kommt also eine zentrale Bedeutung zu – allerdings nicht die einzige. Wie wir gesehen haben, hängt die Nachricht auch davon ab, wer mit wem kommuniziert. Die an der Kommunikation beteiligten Menschen gehören also untrennbar zur Nachricht dazu. Nehmen wir als Beispiel das ISMS-Team, das eine feste Nachricht, z. B. eine Warn-E-Mail gegen Phishing, an eine größere Anzahl verschiedener Personen senden möchte, z. B. die Mitarbeitenden des Unternehmens. Dann gibt es so viele Nachrichten, wie es Mitarbeitende gibt. Der eine fühlt sich bevormundet, die andere für dumm verkauft und wieder andere finden die E-Mail sehr hilfreich.

Eine Nachricht kann daher nicht „an sich" beurteilt werden. Es gibt immer eine Person, die die Nachricht sendet, und eine, die sie empfängt. Meistens kann man sich beim Empfangen einer Nachricht nicht einmal wehren. Auf der Empfangsseite hat man es also gewissermaßen mit den Leidtragenden der Nachricht zu tun, die beim Empfangen entscheiden müssen, wie die Nachricht denn eigentlich zu verstehen ist.

Senden:

Initiiert wird eine Nachricht durch das Senden. Hierbei kann die Aussage selbst beeinflusst werden und es können alle vier Aspekte der Nachricht nach Belieben gestaltet werden.

Empfangen:

Beim Empfangen einer Nachricht ist man meist in einer passiven Rolle. Der Einfluss auf die vier Aspekte der Nachricht ist hier deutlich geringer. Der größte Unterschied ist, dass man sich auf das Empfangen einer Nachricht deutlich schlechter vorbereiten kann. Das gelingt meist nur in bekannten Kommunikationssituationen, in denen man schon in etwa weiß, was auf einen zukommt. Denken Sie zum Beispiel an die Zeugnisvergabe in Ihrer Schulzeit: Am Tag der Zeugnisvergabe wissen Eltern und Kinder, was auf sie zukommt, und sie können sich auf die zu empfangende Nachricht vorbereiten. Gerade bei schlechten Noten zeigt sich dann, wie gut die Eltern auf die Nachricht vorbereitet waren. Je schlechter sie vorbereitet waren, umso mehr enthält die Nachricht neben dem Sachinhalt auch Selbstoffenbarungen, Beziehungsaussagen und Appelle.

Vor jedem Absenden einer Nachricht gilt es daher, den Empfang der Nachricht vorzubereiten und so weit als irgend möglich vorherzusehen, wie die Nachricht in allen vier Aspekten verstanden wird oder missverstanden werden kann (siehe Bild 24).

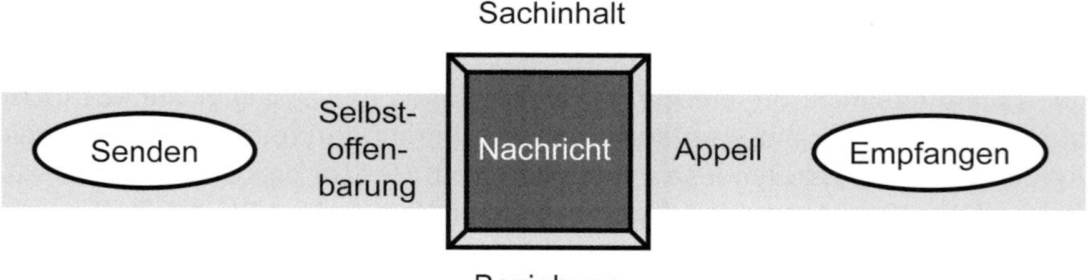

Quelle: eigene Darstellung, Sebastian Klipper, nach Schulz von Thun

Bild 24: Senden, Nachricht, Empfangen

Bereits bei der Implementierung eines ISMS, aber vor allem auch bei dessen Betrieb und Verbesserung gibt es reichlich Kommunikationsbedarf – insbesondere beim Senden von Nachrichten an eine große Anzahl von Personen bzw. große Zielgruppen.

Zielgruppenorientierte Nachrichten

In den meisten Fällen werden die in einem ISMS zu übermittelnden Nachrichten nicht zielgruppenorientiert, sondern mit der Gießkanne verteilt – mit der Folge, dass sie nicht richtig ankommen oder falsch verstanden werden. Das ist unnötig, da man im ISMS meist auf der Sendeseite der Kommunikation sitzt und die Dinge selbst in der Hand hat. Man kann sich also gut vorbereiten. Hierzu gehört es, die Zielgruppe so anzusprechen, dass sie nicht nur auf einem Ohr zuhört, sondern auf allen vier Ohren.

Die vier Ohren

Wenn eine Nachricht vier Seiten hat, ergibt sich fast von selbst, dass diese auch mit vier Ohren gehört werden kann. Diese gilt es, geschickt anzusprechen.

„Wie ist der Sachverhalt zu verstehen?“ – Das Sach-Ohr: Wer das Sach-Ohr anspricht, konzentriert sich auf die Sachseite der Nachricht. Lösungsorientiert denkende Menschen neigen dazu, hier ihren Schwerpunkt zu setzen, ohne darüber nachzudenken, was sie den anderen drei Ohren ungewollt mitteilen.

„Wie reden die eigentlich mit mir? Wen glauben die, vor sich zu haben?“ – Das Beziehungs-Ohr: Diese Fragen stellen sich Personen, die den Schwerpunkt auf das Beziehungs-Ohr legen. Manche tun das so intensiv, dass Sachthemen, Appelle oder gar Selbstoffenbarungen völlig untergehen. Das Beziehungs-Ohr neigt zu Überempfindlichkeit, nimmt alles persönlich und fühlt sich schnell beschuldigt. Da Sie mit Ihrem ISMS-Team immer auch Veränderungen anstoßen, müssen Sie hier stets aufpassen, keine negativen Inhalte an das Beziehungs-Ohr zu senden.

„Was ist das für eine Truppe? Was ist denn mit denen?“ – Das Selbstoffenbarungs-Ohr: Die auf der Beziehungsseite der Nachricht enthaltenen Anteile können durch das Selbstoffenbarungs-Ohr in den richtigen Zusammenhang gestellt werden. „Warum muss ich so mit mir reden lassen?“ Wenn diese Frage eine befriedigende Antwort erhalten soll, muss man für Informationen sorgen, die dabei hilfreich sind, eine solche zu finden. Hier sind viele Sicherheitsverantwortliche viel zu schweigsam. Die angesprochenen Personen müssen dann zwischen den Zeilen suchen und interpretieren oft genug falsch. So wird man als ISMS-Team schnell besserwisserisch und arbeitsverhindernd wahrgenommen, weil man nicht verdeutlicht, wie man eigentlich gesehen werden möchte.

„Was soll ich aufgrund der Nachricht tun?“ – Das Appell-Ohr: Beim Appell-Ohr wiederum übertreiben es die meisten Sicherheitsverantwortlichen. Sie senden eher Befehle als Appelle und lassen für die Umsetzung keinerlei Handlungsspielraum.[60] Zusätzlich bleibt es ja nicht bei einem Appell. Im Gegenteil: CISOs und Co. sind Profis darin, endlose Listen und seitenlange Dokumente zu verfassen, die so viele Appelle enthalten, dass der Überblick schnell verloren geht und auch in Vergessenheit gerät, warum man diese ganzen Appelle überhaupt umsetzen sollte. Stichwort: Sach-Ohr.

Gerade in der Ansprache des Appell-Ohrs neigen wir im ISMS dazu, die Sache zu übertreiben, um uns damit den Rücken freizuhalten: „Steht alles in der Sicherheitsrichtlinie. Den Link hatte ich allen gemailt.“ Was bei der Implementierung eines ISMS eventuell gerade noch ausreicht, ist im Regelbetrieb der Todesstoß. Wer hier darauf hofft, dass beim Appell-Ohr ankommt, was in Masse an das Sach-Ohr gesendet wurde, muss verwundert feststellen: Die Nachrichten gleichen eher einem Denial of Service als einer effizienten Kommunikation, deren Inhalte verstanden und umgesetzt werden.

Diese Abweichung zwischen der Intention einer Kommunikation und deren Aufnahme wird im Volksmund mit dem Sprichwort „der Ton macht die Musik“ umschrieben.

8.2.2 Systemische Kommunikation

Im Kapitel über das Vier-Seiten-Modell wurde unterstellt, man hätte es beim Senden einer Nachricht in der Hand, wie Nachrichten gehört werden. Die Richtschnur, nach der wir eine Kommunikation planen, folgt dem Grundsatz: Die Nachricht bekommt ihren Inhalt beim Empfangen. Was aber, wenn dort auf dem Beziehungs-Ohr gar nicht richtig hingehört wird? Was, wenn dort bereits eine

60 Der geringe Handlungsspielraum ist ein wichtiger Konfliktfaktor, mit dem wir uns weiter unten beschäftigen.

vorgefertigte Meinung vorliegt? Was, wenn die Zielgruppe die Verantwortlichen für das ISMS bereits als besserwisserische Spaßbremsen abgestempelt hat? Alles, was diese in Zukunft kommunizieren, wird dann als Beleg für dieses Vorurteil aufgefasst und der eigentlich zu kommunizierende Inhalt gerät ins Hintertreffen.

Ein Modell, das sich mit diesen rollenbasierten Wechselwirkungen innerhalb von Gruppen beschäftigt, ist die systemische Kommunikation.[61] Diese bietet eine Möglichkeit, sich der zwischenmenschlichen Kommunikation aus einem Blickwinkel zu nähern, der nicht nur die unmittelbar kommunizierenden Personen betrachtet, sondern auch deren Zugehörigkeit zu einer Gruppe. Nach diesem Ansatz wird nicht auf der einen Seite etwas verursacht (beim Senden) und auf der anderen Seite eine Wirkung erzielt (beim Empfangen). Vielmehr gibt es immer eine bestimmte Wechselwirkung.

Spielen wir das mal beispielhaft für ein ISMS-Team durch, das von einer Projektgruppe als Bremsklotz wahrgenommen wird: Das ISMS-Team ist demnach nicht die Ursache und die vermeintlich eingebremste Gruppe nicht die Wirkung. Es stellen sich die folgenden Fragen:

- Was leistet das ISMS-Team als „Bremse" innerhalb der Organisation?
- Was haben die Beteiligten davon, das ISMS-Team in seiner unangenehmen Rolle als Bremsklotz festzunageln?
- Wehrt sich die Projektgruppe vielleicht sogar instinktiv dagegen, dass das ISMS-Team eine von allen als wichtig bewertete Aufgabe für die Organisation leistet?
- Findet es die Organisation sogar gut, bei Risiken nicht selbst bremsen zu müssen, da man sich ja darauf verlassen kann, dass die Personen im ISMS-Team aufpassen und bremsen, wenn es brenzlig wird?

Die Welt, die das ISMS-Team zum Bremsen veranlasst, besteht aus Risiken und Sicherheitsmaßnahmen – das löst bei vielen Unbehagen aus. Da kommt es gerade recht, das IT-Sicherheitsbeauftragte, CISOs und Co. diese unschöne Aufgabe übernehmen und man sich selbst auf die angenehmere Position zurückziehen kann, von Risiken nichts zu verstehen. Auch wenn das ISMS-Team in der Rolle der „Bremse" festsitzt: Auf eine verborgene Weise wissen alle, dass diese „Bremse" für die Erhaltung des Gesamtsystems benötigt wird.

Nicht selten verstärken die Betroffenen diesen Effekt, da sie ihre eigentlich negativ behaftete Rolle als eine Art Qualitätssiegel sehen und sich darin wohl-

61 Vgl. Benien, K. (2007): Schwierige Gespräche führen. Modelle für Beratungs-, Kritik- und Konfliktgespräche im Berufsalltag. Rowohlt, Reinbek, S. 112 ff.

fühlen. In einer qualitativen Studie wurden Sicherheitsprofis befragt, denen es ähnlich geht.[62] Sie äußern z. B., dass ein guter CISO keine Freunde haben könne oder zumindest etwas nicht stimme, wenn der CISO die beliebteste Person im Unternehmen sei. Einer der Befragten wird manchmal „Inquisitor" genannt. An seiner Bürotür hängt ein Bild des italienischen Inquisitors Girolamo Savonarolas, der im 15. Jh. de facto Herrscher über Florenz und für viele Hinrichtungen verantwortlich war. Eine solche Situation ist natürlich verheerend, manifestiert sie doch die an sich wenig vorteilhafte Rollenaufteilung in ausschließlich produktive Gruppenmitglieder auf der einen und der angsteinflößenden Inquisition auf der anderen Seite.

Die Nachrichten, die das ISMS an die Organisation sendet, dürfen nicht so missverstanden werden, dass das ISMS nun mal fürs Bremsen zuständig sei. Damit erfüllt sich zwar das Rollenverständnis der Gruppe, die eigentliche Botschaft bleibt dabei aber auf der Strecke. Diese Falle muss in der Kommunikation jeden Tag aufs Neue umschifft werden. Hierzu müssen die Verantwortlichen des ISMS die zu vermittelnden Nachrichten stets von ihrer Sicherheitsrolle trennen. Maßnahmen sind nicht deshalb umzusetzen, weil sie in den Sicherheitsrichtlinien stehen. Sicherheitsmaßnahmen bremsen nicht. Im Gegenteil: Sie sind umzusetzen, damit die Bremsen so lange wie irgend möglich offenbleiben können. Die eigentliche Arbeitserschwernis wird außerhalb der eigenen Organisation verursacht: durch Computerkriminelle, Bot-Nets und Co. Ein Sicherheitsvorfall ist daher auch kein Problem des ISMS-Teams, sondern ein Problem der Organisation. Daran darf in der Kommunikation des ISMS nie ein Zweifel gelassen werden.

8.2.3 Verhaltenskreuz nach Schulz von Thun

Ein weiteres Modell zum besseren Verständnis der Kommunikationssituation in einem ISMS ist das Verhaltenskreuz nach Friedemann Schulz von Thun (siehe Bild 25).[63] Ursprünglich ist es gedacht, um Konfliktsituationen zu beschreiben. Daher eignet es sich hervorragend, um Kommunikationsmaßnahmen im ISMS zu analysieren und zu verbessern, die häufig konfliktbehaftet sind.

62 Vgl. known_sense (Hrsg.) (2008): Aus der Abwehr in den Beichtstuhl – Qualitative Wirkungsanalyse CISO & Co., S. 12, 27, 28.

63 Siehe Schulz von Thun, F. (1981): Miteinander reden. Band 1: Störungen und Klärungen. Psychologie der zwischenmenschlichen Kommunikation. Rowohlt, Reinbek, S. 162 ff.

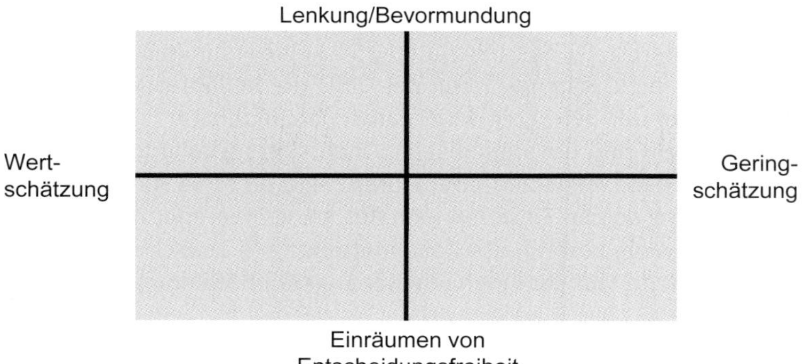

Quelle: eigene Darstellung, Sebastian Klipper, nach Schulz von Thun (1981)

Bild 25: Verhaltenskreuz

Werfen wir einen genaueren Blick auf das Modell: Die zwei Dimensionen des Verhaltenskreuzes bilden zunächst Wertschätzung bzw. Geringschätzung und dann Lenkung/Bevormundung bzw. das Einräumen von Entscheidungsfreiheit. Das Verhaltenskreuz stellt somit die Beziehungsseite der Kommunikation in den Vordergrund, während die inhaltlichen Aspekte in den Hintergrund treten.

Versuchen Sie, die im ISMS zu kommunizierenden Inhalte innerhalb dieses Koordinatensystems zu verorten. In den meisten Fällen geht es darum, gewisse Prozesse und Abläufe fest vorzuschreiben und andere sogar zu verbieten. Um das Einräumen von Entscheidungsfreiheit geht es im ISMS meist nicht. Sicherheitsrichtlinien, wie wir sie im Rahmen eines ISMS implementieren, sollen Entscheidungsspielräume ja bewusst einschränken und Mitarbeitende gezielt auf Kurs bringen. Damit sind wir in den oberen beiden Quadranten des Verhaltenskreuzes. Genau in diesem Bereich ist das Konfliktpotenzial besonders hoch.

Lenkung/Bevormundung bzw. Einräumen von Entscheidungsfreiheit

Lenkung oder Bevormundung wird von Kommunikationsparteien als Verlust von Freiheit empfunden. Die Sprache einer solchen Kommunikation ist durch Anweisungen, Vorschriften und Verbote bestimmt. Wird das erträgliche Maß an Lenkung und Bevormundung überschritten, löst das inneren Widerstand aus. Das Einräumen von Entscheidungsfreiheit hingegen kommt ohne diese Sprachmittel aus und schafft eine kooperative Basis.

Wertschätzung und Geringschätzung

Eine wertschätzende Kommunikation ist geprägt von Höflichkeit, Takt und freundlicher Ermutigung. Die Kommunikation muss in gewisser Weise umkehrbar sein und dem alten Motto folgen: „Was du nicht willst, das man dir tu, das füg auch niemand andrem zu!" Im Gegensatz dazu ist eine geringschätzende Kommunikation emotional kalt, abweisend und von oben herab. Überlegen Sie, wo die im ISMS zu kommunizierenden Inhalte sich in etwa wiederfinden könnten. Meist kann das ISMS-Team mit dem vorhandenen Wissensvorsprung ein Abdriften in den rechten Teil der Grafik nicht verhindern.

Vom Senden zum Empfangen

Das Verhaltenskreuz besteht aus vier Quadranten mit unterschiedlich hohem Konfliktpotenzial. Unten links ist man beim Empfangen unserer Nachrichten in einer wohligen Komfortzone, während unser Thema uns leicht nach oben rechts abdriften lässt. Will man nicht gegen Windmühlen ankämpfen und stattdessen zu einer kontinuierlichen Verbesserung des ISMS kommen, ist es unumgänglich, sich dieser Drift entgegenzustemmen und Kommunikationsmaßnahmen so zu planen, dass man sie im Verhaltenskreuz eher unten links verorten würde. Bevor man das jedoch tut, betrachten wir ein weiteres Modell, das sich mit der „Kundschaft" des ISMS – also der Empfangsseite unserer Nachrichten – befasst:

8.2.4 Normenkreuz nach Gouthier

Für die meisten Dienstleistungen sollte die Kundschaft im Mittelpunkt des Interesses stehen. Dazu gehört es, wertschätzend behandelt zu werden und allerlei Entscheidungsfreiheit zu genießen. So landet man unweigerlich im richtigen Quadranten des Verhaltenskreuzes. Die Personen, die die Dienstleistung beanspruchen, sollen es aber auch nicht übertreiben. Auch sie unterliegen gewissen Regeln. Aber: sie gehen unterschiedlich damit um. Matthias H. J. Gouthier hat zur Einteilung der Kundschaft in Zielgruppen ein Normenkreuz eingeführt.[64] Für uns ist es daher besonders interessant, weil es der Frage nachgeht, inwieweit sich verschiedene Teile einer Kundschaft an vereinbarte Normen halten. Es eignet sich auch, um zu analysieren, mit welchen Gruppen sich das ISMS-Team innerhalb der Organisation auseinanderzusetzen hat.

Das Normenkreuz unterscheidet zwischen Schlüsselnormen (Muss- bzw. Grundnormen) und Randnormen (Soll- bzw. Kann-Normen). In dieses Schema können die Sicherheitsrichtlinien der Organisation eingeordnet werden.

Schlüsselnormen

Die Schlüsselnormen stehen nicht zur Diskussion. Sie bilden den Kern des ISMS und ein Verstoß würde zu arbeitsrechtlichen Konsequenzen führen. Die Weiter-

64 Vgl. Gouthier, M. H. J. (2003): Kundenentwicklung im Dienstleistungsbereich. Deutscher Universitätsverlag Wiesbaden, Wiesbaden, S. 48.

gabe vertraulicher Entwicklungsdaten an die Konkurrenz würde eine solche Schlüsselnorm verletzen.

Randnormen

Randnormen sind hingegen abgeschwächt. Gegen sie zu verstoßen, ist nicht gut, aber auch kein Weltuntergang. Ein Regelverstoß würde hier einer Ordnungswidrigkeit entsprechen, während ein Verstoß gegen eine Schlüsselnorm einer Straftat gleichkäme. Randnormen des ISMS müssen zwar befolgt werden, ein Verstoß würde aber nicht gleich zu einer Kündigung führen. Das Gebot, die Tür beim Verlassen des Büros abzuschließen, könnte z. B. in diese Kategorie fallen.

Unterschiedliche Typen von Personen

Unterschiedliche Personen nehmen es unterschiedlich genau mit der Einhaltung von Sicherheitsrichtlinien. Aufgrund ihrer Normentreue lassen sie sich einzelnen Gruppen zuordnen, um dadurch ein besseres Verständnis für ihr Verhalten zu bekommen. Wie in Bild 26 zu sehen, unterscheidet das Verhaltenskreuz vier Typen von Personen.

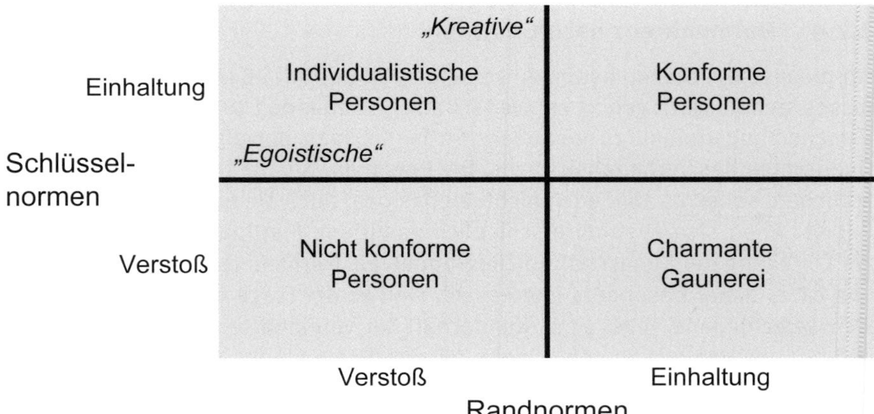

Quelle: eigene Darstellung, Sebastian Klipper, nach Gouthier (2003)

Bild 26: Normenkreuz

Personen, die sich an die Normen halten

Die konformen Personen halten sich sowohl an Schlüssel- als auch an Randnormen. Sie beachten neben den Schlüsselnormen, z. B. ihrer Verschwiegenheitspflicht, auch alle Randnormen wie die regelmäßige Teilnahme an internen Sicherheitsschulungen. Sie sind ebenso unproblematisch wie selten.

Personen, die gegen Normen verstoßen

Bei Verstößen gegen die grundlegenden Schlüsselnormen kann man zwischen nicht konformen Personen und solchen Personen unterscheiden, die sich zwar charmant verhalten, aber gleichzeitig nicht davor zurückschrecken, sich einen eigenen Vorteil zu ergaunern. Für diese beiden Personengruppen fordert Gouthier den Ausschluss aus dem System, auch wenn diese Forderung innerhalb eines ISMS leichter zu fordern als umzusetzen ist. Das weiß jeder, der tatsächlich schon einmal versucht hat, einen Regelverstoß – auch gegen Schlüsselnormen – arbeitsrechtlich ahnden zu lassen. Unabhängig von den Konsequenzen sind die Störungen der Interaktion zwischen den Beteiligten in der unteren Hälfte des Normenkreuzes jedoch sehr groß, führen ggf. zu konkreten Schäden, mindestens jedoch zu Konflikten und Frustration aufseiten des ISMS-Teams.

Individualistische Personen

Die weitaus größte Gruppe von Personen, mit denen wir im ISMS zu tun haben, sind jedoch durch ihren „individualistischen" Umgang mit den Randnormen zu erkennen. Das ist in diesem Zusammenhang durchaus positiv gemeint. Diese Personengruppe ist problemlösungsorientiert, kreativ und dadurch eine wertvolle Stütze der Organisation. Dinge, die den individuellen oder kollektiven Zielen im Weg stehen, werden zügig aus dem Weg geräumt. Genau dafür werden diese Personen ja meist auch bezahlt. Sie werden nicht dafür bezahlt, das Problem zu analysieren, sondern den Lösungsweg zu beschreiten. Diese kreativen Köpfe, die sich an Schlüsselnormen halten, bei den Randnormen aber nicht allzu gewissenhaft sind, sind für die Zielerreichung der Organisation also unter Umständen wichtiger als die Einhaltung von Regeln. Selbst wenn Sie gegen Regeln des ISMS verstoßen, handelt es sich bei ihnen um genau die Personen, deren Wertschöpfung das ISMS beschützen soll.

In der modernen IT-gestützten Arbeitswelt wird das Ziel vorgegeben und nicht (mehr) so sehr der Weg. Daran sind die Menschen heute gewohnt. Die Rollen, aber auch die Policies und Richtlinien, die im Rahmen eines ISMS etabliert werden, laufen dem allerdings oft entgegen. Das ISMS-Team ist genau dafür da, Probleme zu analysieren, z. B. Risikoszenarien, und gibt dann einen konkreten Weg vor – leider häufig genug, ohne dabei das Ziel anzugeben. So zeigt eine Passwortrichtlinie nur einen Weg auf – mit einem Unternehmensziel lässt sie sich selten verknüpfen, es sei denn, man befindet sich im Kreise von Sicherheitsprofis, und selbst da gibt es durchaus kontroverse Debatten zu diesem und vielen anderen Themen.

Von den wertvollen kreativen Köpfen sind die Personen mit egoistischen Motiven abzugrenzen. Sie erlauben sich alles, was nicht direkt bestraft wird. Sie befolgen gerade noch so alle Schlüsselnormen und betrachten die Einhaltung von Randnormen als überflüssig. In den meisten Fällen befinden sie sich außerhalb des Duldungsbereichs der Sicherheitsarchitektur.

Die Unterscheidung fällt schwer

Verlassen wir kurz die Gedankenwelt des ISMS und machen wir einen Ausflug in den Straßenverkehr. Auch hier gibt es Schlüsselnormen und Randnormen sowie Personen, die sich konform verhalten, und solche, die die Regeln eher kreativ auslegen, und natürlich gibt es auch hier kriminelles Verhalten. Es gibt unzählige Verkehrssituationen, in denen Personen gegen Regeln verstoßen, und es gibt unter den eher kreativen Köpfen ein gewisses Grundverständnis dafür, wann man Regeln brechen darf und wann nicht. Die Lichthupe als Signal für die Gewährung der Vorfahrt wäre hier ein Beispiel: Sie ist verboten, viele tun es trotzdem und profitieren davon. Oder die warnende Lichthupe für den Gegenverkehr, der auf eine Radarfalle zufährt. Wer würde sich da nicht freuen und die regelwidrige Nutzung der Lichthupe anzeigen? Die Polizei wird auch nicht gleich jedes Fahrzeug stoppen, das innerorts einer Pfütze vor einer belebten Bushaltestelle ausweicht und dabei die durchgezogene Mittellinie kreuzt, statt mit sehr langsamem Tempo durch die Pfütze hindurchzufahren. Der Spaß hört jedoch auf, sobald man beim Einparken ein anderes Auto berührt – selbst wenn man keinen Schaden sehen kann. Das verstößt gegen eine Schlüsselnorm – zumindest in Deutschland, in anderen Ländern gibt es da freilich ein anderes Grundverständnis zu Schlüssel- und Randnormen. Da darf man schon mal mit Berührung einparken. Wie Sie sehen, ist eine gewisse Individualität durchaus im Sinne des Gesamtsystems, auch wenn die Grenzen dabei im Einzelfall durchaus fließend sind.

Zurück zum ISMS: Das am Beispiel des Straßenverkehrs dargestellte Grundverständnis über Schlüssel- und Randnormen muss nach der Implementierung des ISMS erst geschaffen und stets weiterentwickelt werden. Das ISMS muss also mit Leben gefüllt werden. Ansonsten werden die kreativen Köpfe sozusagen „aus Versehen" gegen Schlüsselnormen verstoßen, weil sie gar nicht wissen, dass es sich um Schlüsselnormen handelt. Die Einschätzung, ob ein Regelverstoß gegen Richtlinien des ISMS einen schweren Schaden nach sich ziehen könnte oder nicht, ist selbst für Fachleute häufig genug schwer zu beurteilen. Hier helfen Kommunikationsmaßnahmen wie etwa die „10 Goldenen Regeln der Informationssicherheit" oder ähnliche Hilfestellungen, die klarmachen, worauf es wirklich ankommt.

Wenn in der Organisation eine offene Kultur herrscht und Bürotüren üblicherweise offenstehen, wird man nicht auf Verständnis stoßen, wenn man das Abschließen der Bürotüren plötzlich in den Bereich der Schlüsselnormen rücken und am besten gleich ein Exempel statuieren möchte. Wir kommen auf diesen kulturellen Aspekt von Sicherheitsrichtlinien weiter unten im Detail zu sprechen.

8.2.5 Kombination von Verhaltens- und Normenkreuz

Das Verhaltenskreuz zeigt auf, dass man mit wertschätzendem Verhalten und der Gewährung von Entscheidungsfreiheit das Konfliktpotenzial einer Kommunikation reduzieren kann. Allerdings bewegen wir uns im ISMS mit Policies und Richtlinien eher im Bereich der Bevormundung. Das Normenkreuz legt uns daher nahe, besonders die kreativen Köpfe als Freundeskreis des ISMS zu verstehen und uns mit unserer „Kundschaft" differenzierter auseinanderzusetzen. Kombiniert man nun die beiden Modelle wie in Tabelle 7, lässt sich eine Empfehlung ableiten, wie man welcher Personengruppe begegnen sollte:

Tabelle 7: Kombination von Verhaltenskreuz und Normenkreuz[65]

		Verhaltenskreuz		
		wertschätzend/ entscheidungsfrei	**wertschätzend/ lenkend**	**geringschätzend/lenkend**
Normenkreuz	Nicht konforme Personen			X
	Charmante Gaunerei			X
	Egoistische Personen		X	X
	Konforme Personen		X	
	Kreative Köpfe	X	X	

In Tabelle 7 wird die Kombination von Verhaltenskreuz und Normenkreuz dargestellt. Aus dem Verhaltenskreuz werden allerdings nicht alle Verhaltenskombinationen übernommen, da der Kombination geringschätzend und entscheidungsfrei nichts Positives abgewonnen werden konnte.

Bei den nicht konformen Personen und im Fall der charmanten Gaunerei steht außer Frage, dass weitere Entscheidungsspielräume nicht angezeigt sind und klargemacht werden muss, dass das gezeigte Verhalten nicht akzeptiert wird.

65 Tabelle nach Klipper, S. (2015): Konfliktmanagement für Sicherheitsprofis. Springer Vieweg, Wiesbaden.

Den egoistisch motivierten Personen hingegen kann man schon mit etwas mehr Verständnis begegnen, wenn es die Situation zulässt. Aber auch hier muss deutlich werden, welche Regeln verbindlich sind.

Man muss sich an dieser Stelle in Erinnerung rufen, dass die überwiegende Anzahl der Personen nur deshalb gegen Regeln verstößt, weil sie entweder deren Bedeutung falsch einschätzen, konkurrierende Vorgaben priorisieren oder die Regel gar nicht kennen. Genau hier setzt auch die 3×3-Matrix der Awareness nach ISO/IEC 27001 aus Tabelle 6 an.

Boshaftigkeit oder Vorsatz sind in den wenigsten Fällen Gründe für Regelverstöße. Menschen können also durchaus fahrlässig in den Verdacht der charmanten Gaunerei geraten. Hier gilt es, Klarheit zu schaffen und die Organisation bestärkend in die richtige Richtung zu lenken. In Einzelfällen gibt es aber durchaus auch die bewusste Missachtung des Systems, bei der gegen jede lästige Regel verstoßen wird, die nicht gleich mit Kündigung bewährt ist. Das kann nicht geduldet werden. Entscheidungsspielräume sind auch hier fehl am Platze.

Erst bei den konformen Personen stellt sich die Frage, welche Entscheidungsspielräume man einräumen kann oder sogar muss. Es geht also um die Frage, wie viel „lange Leine" einzelne Personen vertragen, ohne in die Gaunerei oder noch weiter nach links unten abzurutschen. Die sprichwörtliche „lange Leine" ist allerdings selten Inhalt von Sicherheitsrichtlinien und stets eine Gratwanderung, die reiflich überlegt sein will. Hier steht das ISMS in direkter Wechselwirkung mit der Unternehmenskultur, deren Teilmenge die Sicherheitskultur ist, die im Unternehmen vorherrscht. Das ISMS ohne Berücksichtigung der Unternehmenskultur betreiben zu wollen, wird kaum möglich sein und den im Rahmen der ISMS-Implementierung geschaffenen Strukturen nicht den verdienten Einfluss auf die Organisation verschaffen.

8.2.6 Zusammenfassung

In Abschnitt 8.2 haben wir uns mit einfachen Sende-Empfangs-Modellen der Kommunikation befasst, haben einen kurzen Einblick in die systemische Kommunikation gewonnen und mit dem Verhaltenskreuz bzw. dem Normenkreuz zwei Instrumente kennengelernt, die bei der Einordnung unserer Kommunikationssituation im ISMS unterstützen. Versuchen wir nun, die bisherigen Überlegungen zusammenzufassen.

Das Thema Kommunikation ist weit komplexer, als es zunächst den Anschein macht. Bereits bei den Überlegungen zur Kommunikation zwischen zwei Parteien haben wir gesehen, dass eine Nachricht nicht nur aus sich selbst besteht. Vielmehr wird der Sachinhalt durch weitere Aspekte ergänzt: Beziehungsaspekt, Selbstoffenbarungsaspekt und Appell. Abweichungen zwischen der eigentlichen Intention beim Senden einer Nachricht und dem, was beim Empfangen ankommt, lassen nur einen Schluss zu: Auf der Empfangsseite entsteht die Nachricht.

Im Abschnitt zur systemischen Kommunikation haben wir gesehen, dass die Gruppenstruktur sich darauf auswirkt, wie wir in der Gruppe wahrgenommen werden. Die übermittelte Beziehungsbotschaft, die enthaltene Selbstoffenbarung und die Art, wie der Appellaspekt einer Nachricht aufgenommen wird, liegen daher nur zum Teil in unserem direkten Einfluss. Änderungen dieses extern geprägten Rollenbildes müssen durch geschickte Kommunikationsmaßnahmen mittel- bis langfristig beeinflusst werden.

Die Inhalte des folgenden Abschnitts zur Sicherheitskultur und Awareness werden auf den bisherigen Erläuterungen zu den Begriffen Bewusstsein, Kommunikation und der Kombination aus Verhaltens- und Normenkreuz aufbauen.

8.3 Sicherheitskultur ausbilden und Awareness schaffen

Sollen die Sicherheitskultur und Awareness vorangebracht werden, heißt das für den Betrieb des ISMS: Arbeit an der gelebten Praxis. Entscheidend ist nicht, ob Regeln explizit als Schlüsselnorm benannt wurden oder ob sie objektiv welche sein sollten. Eigenes Fehlverhalten muss überhaupt als solches bemerkt werden können, indem es gegen die gelebte Praxis verstößt. Ansonsten entfaltet das mit hohem Aufwand implementierte ISMS nur im Aktenschrank und ggf. bei Dokumentenaudits seine Wirkung, bleibt ansonsten jedoch weitestgehend ohne Wirkung.

Im Rahmen der Aufgabe, die Sicherheitskultur aufzubauen und dauerhafte Awareness zu schaffen, geht es um nichts Geringeres als um Einfluss auf die Organisation insgesamt. Daraus resultiert die wenig beachtete Erkenntnis, dass der Betrieb eines ISMS nicht nur dauerhaft von Kommunikationsmaßnahmen begleitet werden muss, sondern auch kulturellen Wandel initiiert.

8.3.1 Das Sicherheitsparadoxon

Vertrauen und Sicherheit hängen voneinander ab und man möchte in einem ersten Reflex meinen, dass beide gemeinsam ansteigen. Ein Mehr an Sicherheit bringt auch ein Mehr an Vertrauen. Es ist aber anders.

Man vertraut sich mehr und fühlt sich sicherer. Bedeutet das aber auch, dass man dann sicherer ist? Menschen sehnen sich nach vertrauten Umgebungen und hegen eine instinktive Ablehnung gegen Maßnahmen, die Misstrauen ausdrücken. Vertrauen wird als freundlich und sicher empfunden. In einer von Misstrauen und fehlendem Vertrauen geprägten Umgebung, in der es an Vertrauen fehlt, fühlt man sich unsicher und angreifbar.[66] Nun sind Sicherheitsmaßnahmen allerdings ein sichtbares Zeichen eines vorhandenen Misstrauens, zunächst einmal unabhängig davon, von wem dieses Misstrauen ausgeht und wem es gilt. Vertrauen ist ein Zustand, in dem keine gegensätzlichen Empfindungen, z.B. Misstrauen, vorkommen. Sicherheitsmaßnahmen, insbesondere neu implementierte, können daher leicht missverstanden werden und zu Misstrauen und negativen Auswirkungen auf die Organisationskultur führen. Warum ist das so?

Wie müsste eine Gemeinschaft sein, in der alle sicher sind? In einer solchen Gemeinschaft dürfte von niemandem Gefahr ausgehen. Wenn dem so wäre, gäbe es keinen Grund, sich gegenseitig zu misstrauen. In einer solchen Gemeinschaft wären alle sicher und es würde gegenseitiges Vertrauen herrschen. Was aber, wenn aus dieser gefahrfreien Gemeinschaft Einzelne ausbrächen und zur Gefahr würden? Es gäbe dann einen Grund für Misstrauen und die verlorene Sicherheit würde mit einem Vertrauensverlust einhergehen.

Die meisten Menschen sehnen sich nach Vertrauen. So wünschen sich Kaufleute, dass der Handschlag mehr Gewicht hat als seitenlange Details im schriftlichen Vertrag. Das Eheversprechen vor dem Traualtar soll nicht durch einen Ehevertrag „verwässert“ werden. Im Urlaub will man sich bei der Abholung des Mietwagens nicht in Vertragsklauseln verlieren, sondern hören, dass es bei dieser Leihwagenfirma bisher nie Schwierigkeiten gab. Menschen wollen sich gegenseitig vertrauen. Dabei spielt es oft keine Rolle, ob sie in Wirklichkeit mit hoher Wahrscheinlichkeit enttäuscht werden – egal ob beim Geschäfts-, Ehe- oder Mietvertrag.[67]

Das ist im ISMS nicht anders. Die Betroffenen wissen zwar instinktiv, dass man Sicherheitsrichtlinien braucht und es sie gibt, aber zumindest unterbewusst fühlen sie sich damit unwohler als ohne. Der Instinkt sagt, dass man Sicherheitsmaßnahmen nur braucht, wo Gefahr herrscht. Das Gefühl der Gefahr ist aber nicht nur für das Sicherheitsempfinden schlecht. Es hat ebenso schlechte Auswirkungen auf das gegenseitige Vertrauen in der Organisation. In dieser Situation ist das ISMS in gewisser Weise die Institutionalisierung des Misstrauens und das ISMS-Team die Spionageabteilung dieses Systems.

Diese Wechselbeziehung zwischen Sicherheit und Vertrauen bezeichnet man als Sicherheitsparadoxon (siehe Bild 27). Die echte Sicherheit steigt, wenn mehr Sicherheitsmaßnahmen umgesetzt werden und man sich insgesamt weniger

---

66 Vgl. Lagerspetz, O. (2001): Vertrauen als geistiges Phänomen. In Hartmann, M./Offe, C. (Hrsg.): Vertrauen. Die Grundlage des sozialen Zusammenhalts. Campus Verlag, Frankfurt M./New York, S. 86.

67 Vgl. Klipper, S. (2015): Konfliktmanagement für Sicherheitsprofis. Springer Vieweg, Wiesbaden.

Vertrauen schenkt. Die gefühlte Sicherheit nimmt so jedoch eher ab, da sich Menschen im gegenseitigen Vertrauen und ohne einen Bedarf für Sicherheitsmaßnahmen wohler fühlen. Menschen in allen Organisationen wollen instinktiv ihre Bürotüren offen lassen, ihre Bildschirme nicht sperren und ihr Portemonnaie auf dem Tisch liegen lassen: „Wer mich beklauen will, kommt auch anders an mein Geld."

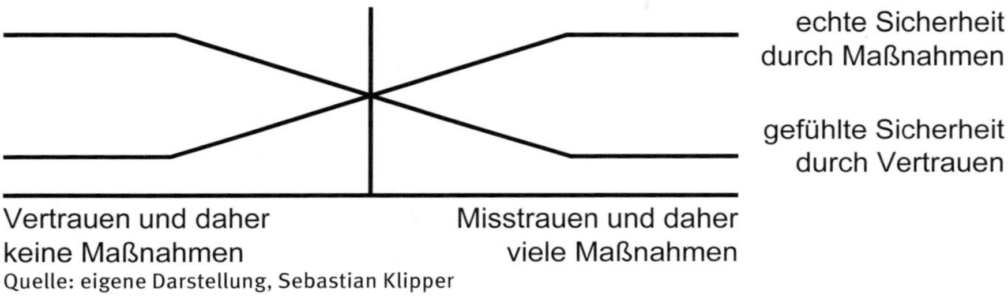

Quelle: eigene Darstellung, Sebastian Klipper

Bild 27: Vertrauen und Sicherheit in Wechselwirkung

Es ist nicht ungewöhnlich, dass wir dabei irrational handeln und versuchen, den vertrauensvollen Zustand wiederherzustellen, indem wir die Sicherheitsmaßnahme für überzogen erklären, ablehnen oder bewusst umgehen, um zu beweisen, wie sinn- und wirkungslos sie sind.

8.3.2 Sicherheitsmaßnahmen sind ein Zeichen von Professionalität

Was bedeutet der aufgezeigte Zusammenhang für ein ISMS? Zunächst einmal muss dieser bekannt sein. Nur so versteht man, warum so viele Sicherheitsmaßnahmen auf Ablehnung stoßen, warum sie also nicht per se Teil des Situationsbewusstseins einzelner Personen sind. Man könnte sogar sagen, dass es eine unbewusste Neigung dazu gibt, den gefühlten Vertrauensverlust durch eine Umgehung der Sicherheitsmaßnahmen kompensieren zu wollen. Für das ISMS bedeutet das, alle Maßnahmen, so weit irgendwie möglich, zu professionalisieren.

Man sperrt den Bildschirm nicht, weil man den anderen Personen auf der Etage misstraut, sondern weil man ihn nun mal sperrt. Weil das für Profis die selbstverständliche Art ist, den Arbeitsplatz zu verlassen. Wer das nicht macht oder nicht versteht, ist 90s, letztes Jahrhundert, eben unprofessionell. Das Gleiche gilt für die Dokumentation von Back-ups oder andere meist als lästig empfundene Pflichten: Profis machen das einfach. Sie machen es nicht, weil ihnen das ISMS-Team misstraut, sondern weil das professionell ist und sie sich so aus der Masse der Digital-Neulinge herausheben möchten.

Merksatz

Die im ISMS erarbeiteten und verwalteten Sicherheitsmaßnahmen sind im Rahmen der Sicherheitskultur als Zeichen von Professionalität zu erklären. Sicherheitsmaßnahmen dürfen nicht als Ergebnis von Angst und Misstrauen wahrgenommen werden. Eine emotionale Entkoppelung ist unumgänglich, wenn man das Sicherheitsparadoxon umgehen will.

Sicherheitsmaßnahmen haben nichts mit gegenseitigem Misstrauen zu tun. Nehmen wir das folgende Beispiel: Der Grund für eine korrekte Rechtschreibung ist ja auch nicht die Vermutung, dass die Zielgruppe einer Nachricht nicht in der Lage wäre, den Text auch mit Rechtschreibfehlern zu verstehen – das funktioniert meist sogar ziemlich gut –, es wirkt einfach unprofessionell, Rechtschreibfehler zu machen.

8.3.3 Die Notwendigkeit eines Kommunikationskonzepts

In Sachen Sicherheitskultur und Awareness werden vor allem starke kommunikative Fähigkeiten benötigt. Ein ISMS beschreibt nach Bild 27 nur die Kurve der echten Sicherheit: Statement of Applicability (SoA), Risikomanagement und Maßnahmen.

Merksatz

Zu den Sicherheitsmaßnahmen wird ein flankierendes Kommunikationskonzept benötigt, das sich mit dem kulturellen Impact auf die gefühlte Sicherheit auseinandersetzt.

Wer Schreckgespenster an die Wand malt, darf die Mitarbeitenden der Organisation nicht mit dem geschürten Misstrauen allein lassen. Maßnahmen werden nicht ergriffen, weil man sich gegenseitig misstraut, sondern weil das professionell ist. Misstrauen muss eine Sache des ISMS-Teams bleiben. Immer wenn eine Maßnahme darauf aufbaut, anderen zu misstrauen, ist damit zu rechnen, dass sie irgendwann umgangen oder nicht umgesetzt wird. Es erfordert im persönlichen Umgang einfach zu viel Kraft, seinem Umfeld dauerhaft zu misstrauen.

Ob man will oder nicht: Das ISMS hat einen großen Einfluss auf die Sicherheitskultur des Unternehmens. Dieser Einfluss wird viel zu häufig vernachlässigt oder gar nicht in Erwägung gezogen. Das bedeutet, dass eine Organisation die eigene Sicherheitskultur ausbildet und diese mit jeder Sicherheitsmaßnahme beeinflusst wird: Auch wenn sie nichts tut, tut sich etwas.

In diesem Sinne wird das Kommunikationskonzept zu einem wichtigen Werkzeug der geforderten fortlaufenden Verbesserung (Continual Improvement) des ISMS. Ziel ist es nicht, alle paar Jahre neue Policies zu verschicken, sondern Sicherheit zu einem ständigen und selbstverständlichen Thema innerhalb von professionellen Organisationen zu machen.

8.3.4 Die Beeinflussung der Sicherheitskultur durch Awareness-Maßnahmen

Das Mittel der Wahl zur Beeinflussung der Sicherheitskultur in Unternehmen sind Awareness-Maßnahmen und deren Bündelung in Kampagnenform. Um alle Mitarbeitenden zu erreichen, sollten dazu möglichst viel Kommunikationskanäle bedient werden. Hierzu sollte die Planung in einem dauerhaften Kommunikationskonzept erfolgen, bei dem ein professionelles und hochwertiges Erscheinungsbild ebenso wichtig ist wie ein an die vorhandene Sicherheitskultur angepasstes Vorgehen. Das Auslegen von DIN-A4-Merkblättern in den Kaffeeküchen, vorgefertigte Plakate an den Gebäudetüren und die Verteilung von Policies per E-Mail können daher nur ein Anfang sein.

Merksatz

Zur fortlaufenden Verbesserung ist die Erstellung eines Kommunikationskonzepts unter Rückgriff auf Wissen aus Marketing und Kommunikationspsychologie angezeigt.

Daher sind vorgefertigte Awareness-Produkte ohne eine individuelle Anpassung auch nur bedingt zu gebrauchen. Jede Organisation hat eine individuelle Ausgangssituation und ebenso individuelle Zielvorstellungen. Auch unterscheidet sich die organisatorische Unterteilung in Zielgruppen einzelner Sicherheitsmaßnahmen. Awareness aus der Standard-Gießkanne wird daher zwar nicht gänzlich erfolglos sein, jedoch längst nicht die Wirkung entfalten, die ein angepasstes Vorgehen erreichen kann. Beispielsweise folgt ein Pharma-Unternehmen anderen Gesetzmäßigkeiten als eine Behörde des Bundes. Die Übertragung einer erfolgreichen Awareness-Kampagne von der einen auf die andere Organisation ist daher nur bedingt möglich. Was in der einen Organisation erfolgreich ist, kann bei anderen Vorbedingungen kläglich scheitern.

Merksatz

Bei der Gestaltung von Awareness-Maßnahmen steht nicht die Technik im Mittelpunkt, sondern die angesprochenen Menschen. Lässt sich die technische Maßnahme nicht vermitteln, ist es oft leichter, die Technik zu bewegen als die betroffenen Menschen.

Auch wenn sich die Server in einem Pharma-Unternehmen und in der öffentlichen Verwaltung kaum unterscheiden, auch wenn die Viren gleich sind, die den PC eines Laboranten oder den einer Beamtin heimsuchen – die betroffenen Menschen sind eben nicht gleich. Und auch innerhalb einer Organisation können nicht alle Personen über einen Kamm geschert werden. Vertriebsmitarbeiterinnen sehen in ihrem Tagesgeschäft andere Chancen und Risiken als Buchhalter. Dementsprechend müssen ihnen auch Informationssicherheitsrisiken unterschiedlich vermittelt und erläutert werden. Diese Unterschiede müssen im Kommunikationskonzept Berücksichtigung finden.

8.3.5 Erfolgsfaktoren von Awareness-Maßnahmen

Nach den bisherigen Überlegungen überrascht es nicht, dass Kommunikation in Sachen Awareness der Erfolgsfaktor Nummer eins ist. Das gilt jedoch nicht nur für die Vermittlung der Botschaft, sondern schon für die Vorbereitung. Bereits in der Planung der Awareness-Maßnahmen sollten möglichst viele der beteiligten Personen involviert sein und deren Meinung berücksichtigt werden. Nur so kann eine ausreichende Bestandsaufnahme der vorhandenen Sicherheitskultur erfolgen. Gerade in größeren Organisationen lohnt sich die Verprobung von Kommunikationsmitteln. Diese sollten nicht nur innerhalb des ISMS-Teams quergelesen und auf Qualität geprüft werden. Wie bereits weiter oben geschildert, entsteht die eigentliche Nachricht auf der Empfangsseite. Sie sollten daher nicht nur Personen um eine Meinung bitten, die üblicherweise auf der Sendeseite der Kommunikation stehen.

Was hilft es, wenn man sich im ISMS-Team einig ist, dass die geplante Awareness-Maßnahme ganz toll ist? Das führt zwar häufig zu einer hohen sachlichen Qualität der zu vermittelnden Inhalte (Sach- und Appell-Ohr), übersieht aber häufig zwischenmenschliche Stolpersteine (Selbstoffenbarungs-, Beziehungs-Ohr).

Es ergeben sich die folgenden Erfolgsfaktoren für eine funktionierende Kampagne:

- professionelles und hochwertiges Erscheinungsbild
- Rückgriff auf Wissen aus Marketing und Kommunikationspsychologie

- Beteiligung aller Betroffenen, insbesondere auf der Empfangsseite der Nachricht
- Berücksichtigung unterschiedlicher Personengruppen durch zielgruppenorientierte Ansprache

8.3.6 Phasen einer Awareness-Kampagne

Der Planungsaufwand für Awareness-Maßnahmen ist leicht zu unterschätzen und kann durchaus den größten Teil einer Kampagne ausmachen – vergleichbar mit der tagelangen Vorbereitung eines Feuerwerks, das dann in nur wenigen Minuten abgefeuert wird.

Wer mit seiner Awareness-Kampagne Menschen zu einem sichereren Verhalten motivieren will, der muss sie anregen, begeistern und für seine Sache gewinnen. Das wird aber nicht funktionieren, wenn es nach der ersten Leuchtrakete zwei Stunden dauert, bis die zweite in den Himmel steigt. Die Begeisterung über den Auftakt verpufft dann schnell und kann nicht für die Wissensvermittlung genutzt werden. Daher sollte die Kampagne als Teil des Kommunikationskonzepts gut vorbereitet und dabei einem Phasenverlauf folgen, der die Sicherheitskultur langfristig verbessert. Insgesamt werden drei Phasen durchlaufen (siehe Bild 28).

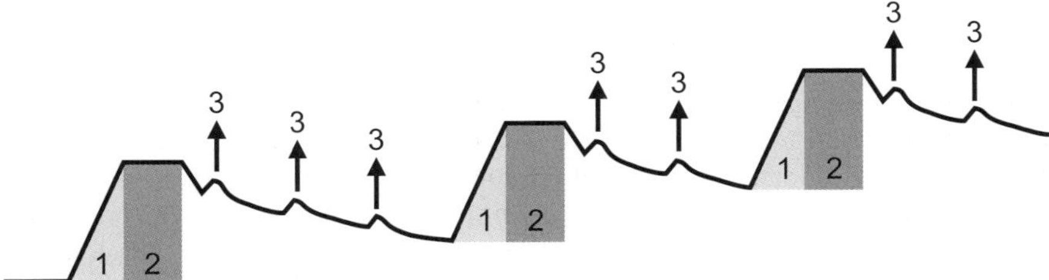

Quelle: eigene Darstellung, Sebastian Klipper

Bild 28: Verbesserung der Sicherheitskultur entlang der drei Phasen einer Awareness-Kampagne

Phase 1:

In der ersten Phase geht es um die Generierung von möglichst viel Aufmerksamkeit. Hierzu gehört auch das Branding der Kampagne, durch das die Kampagne ein professionelles Erscheinungsbild und einen Wiedererkennungswert erhält. Das Management sollte direkt zum Startschuss eingebunden sein und die mit der Kampagne verbundene Zielsetzung erläutern.

Falls es einen Anlass gab, der die Kampagne erforderlich gemacht hat, oder ein konkretes Ziel erreicht werden soll, empfiehlt es sich, diese Rahmenbedingungen direkt zu Beginn zu erläutern und als Aufhänger zu nutzen. Viele Menschen prüfen vor der eigenen Positionierung zunächst die Vorgaben und Standpunkte der Führungskräfte. Die Unterstützung durch das Management der Organisation ist daher ein wichtiger Motivationsfaktor. Die einfachste Möglichkeit hierfür ist ein unterschriftsreif formuliertes Anschreiben an die Mitarbeitenden, das am besten bereits mit den Personal- und Interessenvertretungen abgestimmt ist.

Zum offiziellen Startschuss wird eine ganze Reihe von Materialien veröffentlicht, die der Kampagne ein wiedererkennbares Gesicht verleihen. Ziel ist zunächst nicht die Wissensvermittlung, sondern die Erzeugung von Aufmerksamkeit. Die inhaltliche Arbeit erfolgt erst später.

Phase 2:

Ist die nötige Aufmerksamkeit erreicht, geht es in der zweiten Phase los mit der Wissensvermittlung – dem Schwerpunkt der Kampagne. Das in Phase eins erzeugte Interesse am Thema Security muss nun inhaltlich bedient werden, ohne den Schwung zu verlieren. Die Inhalte müssen dabei auf zuvor identifizierte, unterschiedliche Zielgruppen zugeschnitten werden. Je nach Zielgruppe können webbasierte Trainings, Vor-Ort-Workshops oder gar Einzelcoachings die Mittel der Wahl sein.

Phase 3:

Häufig enden Kampagnen mit dem Ende der zweiten Phase, wenn alle Inhalte vermittelt wurden und die eigentliche Arbeit also getan ist. So lässt der erste Trainingseffekt jedoch sehr schnell wieder nach und es gilt, in einer dritten Phase das erreichte Awareness-Level so lange wie möglich zu konservieren. Nach dem ereignisreichen und thematisch aufgeladenen Mittelteil der Kampagne wird das Interesse in der Zielgruppe eher früher als später nachlassen – da sollte man sich keinen Illusionen hingeben. Das ist nicht verwunderlich, wenn man bedenkt, dass Security für die meisten Menschen nur eines von mehreren Randthemen ist, die sie bei der täglichen Arbeit bewegen.

Es ist schon viel gewonnen, wenn man erreichen kann, dass das Vergessen verlangsamt wird. Dazu sollten von Anfang an regelmäßige Auffrischungen eingeplant werden, um einen Rückfall auf den Status quo ante zu verhindern. Beispiele hierfür wären Security-Newsletter, ein Security Jour fixe, eine Kolumne in der Betriebszeitung oder ein Kalenderblatt mit Sicherheitsvorfällen. Mit erläuternden Broschüren oder FAQs im Design der Kampagne können einzelne Aspekte aufgefrischt oder vertieft werden.

In Tabelle 8 werden entlang der drei Phasen denkbare Bestandteile beispielhaft aufgeführt. Diese können natürlich nur ein Gedankenanstoß sein und erheben keinen Anspruch auf Vollständigkeit.

Tabelle 8: Phasen einer Security-Awareness-Kampagne[68]

Phase 1 Aufmerksamkeit/ Branding	Phase 2 Wissensvermittlung/ Education	Phase 3 Festigung/ Consolidation
Startschuss durch das Management	Vorträge	Newsletter
	Livevorführungen	Security-Jour-fixe
Flyer	Web-Trainings	Betriebszeitung
Plakate	Workshops	Kalenderblatt
Give-aways	Einzelcoachings	Broschüren
Betriebszeitung	Wettbewerbe	Öffentlichkeitsarbeit/PR

8.4 DIN EN ISO/IEC 27001-Checkliste

Bei allen Anstrengungen zum Sicherheitsbewusstsein sollte man regelmäßig die folgende Checkliste durchgehen, um festzustellen, ob man relevante Punkte vernachlässigt. Sie ist nicht als Vollständigkeitsanalyse zu verstehen. Sie dient vielmehr dazu, alle relevanten Bereiche des Standards gleichmäßig abzudecken.

Personen, die unter Aufsicht der Organisation Tätigkeiten verrichten, müssen sich fragen:

- Ist die Information Security Policy allen unter der Aufsicht der Organisation tätigen Personen bekannt? Ist diesen Personen
  - ihr Beitrag zur Wirksamkeit des ISMS bekannt?
  - bekannt, welche Vorteile eine verbesserte Informationssicherheit hat?
  - bewusst, welche Folgen eine Nichterfüllung der Anforderungen hat?
- Werden alle Beschäftigten, Dienstleistungs- und Subunternehmen zu relevanten Richtlinien und Verfahren ausgebildet, geschult und über Änderungen informiert?

68 Tabelle nach Klipper, S. (2015): Konfliktmanagement für Sicherheitsprofis. Springer Vieweg, Wiesbaden.

- Berücksichtigt das Sensibilisierungsprogramm verschiedene Zielgruppen und deren Erwartungen?
  - Nutzt das Sensibilisierungsprogramm für verschiedene Zielgruppen unterschiedliche Medien zur Wissensvermittlung?
- Wird das Sensibilisierungsprogramm nach Änderungen in Richtlinien und Verfahren oder nach relevanten Informationssicherheitsvorfällen regelmäßig aktualisiert?
- Finden im Anschluss an motivierende Awareness-Maßnahmen Sensibilisierungsschulungen statt?
- Enthält die Aus- und Weiterbildung zur Informationssicherheit die folgenden Aspekte:
  - Verpflichtung des Managements zur organisationsweiten Informationssicherheit?
  - Geltende Regeln und Verpflichtungen der Informationssicherheit?
    - Richtlinien
    - Normen
    - Gesetze
    - Verordnungen
    - Verträge
    - Vereinbarungen
  - Persönliche Verantwortung für eigene Handlungen und Unterlassungen?
  - Berichterstattung über Informationssicherheitsvorfälle?
  - Grundlegende Sicherheitsmaßnahmen (z. B. Golden Rules)?
  - Kontaktmöglichkeiten und Zugang zu Ressourcen für zusätzliche Informationen?
- Findet die Aus- und Weiterbildung zur Informationssicherheit nach einer zuvor festgelegten Regelmäßigkeit statt?
- Werden Neulinge vor Aufnahmen einer Aufgabe mit veränderten oder neuen Sicherheitsanforderungen geschult?
- Wird ausreichend deutlich gemacht, „warum“ Informationssicherheit wichtig ist und nicht nur „wie“ man sich sicher verhält?

9 Informationssicherheitsrisiken handhaben

9.1 Einleitung

In zunehmendem Maße sind Unternehmen von der IT abhängig. Sei es durch innovative IT- und internetbasierte Geschäftsmodelle, durch die Einbindung von neuen, mobilen Endgeräten in bestehende Prozesse oder durch die Aufweichung von Unternehmens- und Netzgrenzen durch die Kopplung von Netzbereichen. Durch diese Abhängigkeit entstehen nicht nur unternehmerische Chancen, sondern auch vielfältige neue Informationssicherheitsrisiken. Kein Unternehmen möchte unternehmenskritische Daten frei zugänglich im Internet wiederfinden, mit Störungen in Betriebsabläufen konfrontiert werden oder mit negativen Meldungen in der Presse auffallen.

Die Beschäftigung mit Informationssicherheitsrisiken dient vor allem dazu, sie zu erkennen und zu bewerten sowie Maßnahmen zur Behandlung der erkannten Informationssicherheitsrisiken zu entwickeln und letztendlich umzusetzen. Durch die umgesetzten Maßnahmen, so das Ziel, sollen die Informationssicherheitsrisiken auf ein akzeptables und akzeptiertes Risikoniveau reduziert werden.

Im Rahmen des Informationssicherheitsmanagements nach DIN EN ISO/IEC 27001 ist die Informationssicherheitsrisikobeurteilung und -behandlung das zentrale Element, um ein nachvollziehbares, angemessenes und akzeptiertes Niveau von Informationssicherheit in einem Unternehmen zu erzielen.

Die maßgeblichen Stellen aus der DIN EN ISO/IEC 27001 sind die folgenden:

6.1.2 Informationssicherheitsrisikobeurteilung

Die Organisation muss einen Prozess zur Informationssicherheitsrisikobeurteilung festlegen und anwenden, der:

a) Informationssicherheitsrisikokriterien festlegt und aufrechterhält, die Folgendes beinhalten:
   1) die Kriterien zur Risikoakzeptanz; und
   2) Kriterien für die Durchführung von Informationssicherheitsrisikobeurteilungen

b) sicherstellt, dass wiederholte Informationssicherheitsrisikobeurteilungen zu konsistenten, gültigen und vergleichbaren Ergebnissen führen;

c) die Informationssicherheitsrisiken identifiziert:
   1) Anwendung des Prozesses zur Informationssicherheitsrisikobeurteilung, um Risiken im Zusammenhang mit dem Verlust der Vertraulichkeit, Integrität und Verfügbarkeit von Information innerhalb des Anwendungsbereichs des ISMS zu ermitteln; und
   2) Identifizierung der Risikoeigentümer;
d) die Informationssicherheitsrisiken analysiert:
   1) Abschätzung der möglichen Folgen bei Eintritt der nach 6.1.2 c) 1) identifizierten Risiken;
   2) Abschätzung der realistischen Eintrittswahrscheinlichkeiten der nach 6.1.2 c) 1) identifizierten Risiken; und
   3) Bestimmung des Risikoniveaus;
e) die Informationssicherheitsrisiken bewertet:
   1) Vergleich der Ergebnisse der Risikoanalyse mit den nach 6.1.2 a) festgelegten Risikokriterien; und
   2) Priorisierung der analysierten Risiken für die Risikobehandlung.

Die Organisation muss dokumentierte Informationen über den Informationssicherheitsrisikobeurteilungsprozess aufbewahren.

6.1.3 Informationssicherheitsrisikobehandlung

Die Organisation muss einen Prozess für die Informationssicherheitsrisikobehandlung festlegen und anwenden, um:

a) angemessene Optionen für die Informationssicherheitsrisikobehandlung unter Berücksichtigung der Ergebnisse der Risikobeurteilung auszuwählen;
b) alle Maßnahmen, die zur Umsetzung der gewählten Option(en) für die Informationssicherheitsrisikobehandlung erforderlich sind, festzulegen;

   ANMERKUNG 1 Organisationen können Maßnahmen nach Bedarf gestalten oder aus einer beliebigen Quelle auswählen.

c) die nach 6.1.3 b) festgelegten Maßnahmen mit den Maßnahmen in Anhang A zu vergleichen und zu überprüfen, dass keine erforderlichen Maßnahmen ausgelassen wurden;

ANMERKUNG 2 Anhang A enthält eine Liste von möglichen Informationssicherheitsmaßnahmen. Anwender dieses Dokuments werden auf Anhang A verwiesen, um sicherzustellen, dass keine wichtigen Informationssicherheitsmaßnahmen übersehen wurden.

ANMERKUNG 3 Die in Anhang A aufgeführten Informationssicherheitsmaßnahmen sind nicht erschöpfend und können bei Bedarf durch zusätzliche Informationssicherheitsmaßnahmen ergänzt werden.

d) eine Erklärung zur Anwendbarkeit zu erstellen, die Folgendes enthält:
   - die erforderlichen Maßnahmen [siehe 6.1.3 b) und c)];
   - Gründe für deren Einbeziehung;
   - ob sie umgesetzt sind oder nicht; sowie
   - Gründe für die Nichteinbeziehung von Maßnahmen aus Aushang A;

e) einen Plan für die Informationssicherheitsrisikobehandlung zu formulieren und

f) bei den Risikoeigentümern eine Genehmigung des Plans für die Informationssicherheitsrisikobehandlung sowie ihre Akzeptanz der Informationssicherheitsrestrisiken einzuholen.

Die Organisation muss dokumentierte Informationen über den Informationssicherheitsrisikobehandlungsprozess aufbewahren.

ANMERKUNG 4 Der in dieser Internationalen Norm genannte Prozess für die Informationssicherheitsrisikobeurteilung und -behandlung steht im Einklang mit den Grundsätzen und allgemeinen Leitlinien in ISO 31000.

Hinweis

Im Abschnitt 6.1.3 ist die Anmerkung 3 neu. Während in Anmerkung 2 noch von einer umfassenden Liste mit Maßnahmen im Anhang A gesprochen wird, wird hier explizit aufgeführt, dass diese Liste an Sicherheitsmaßnahmen nicht erschöpfend ist.

Für Unternehmen, die sich zertifizieren lassen wollen oder zertifiziert sind, wird es zukünftig nicht mehr ausreichen, darauf zu verweisen, dass alle Maßnahmen aus dem Anhang A umgesetzt sind. Vielmehr muss auch nachweisbar sein, dass im Rahmen der Risikobehandlung auch mögliche weitere Maßnahmen betrachtet wurden. Oder aber im Rahmen der Betrachtung keine weiteren Maßnahmen identifiziert werden konnten.

Abschnitt 8.2 Informationssicherheitsrisikobeurteilung

Die Organisation muss in geplanten Abständen Informationssicherheitsrisikobeurteilungen vornehmen oder immer dann, wenn erhebliche Änderungen vorgeschlagen werden oder auftreten; dabei sind die in 6.1.2 a) festgelegten Kriterien zu berücksichtigen.

Die Organisation muss dokumentierte Information über die Ergebnisse der Informationssicherheitsrisikobeurteilungen aufbewahren.

8.3 Informationssicherheitsrisikobehandlung

Die Organisation muss den Plan für die Informationssicherheitsrisikobehandlung umsetzen.

Die Organisation muss dokumentierte Information über die Ergebnisse der Informationssicherheitsrisikobehandlung aufbewahren.

Aus den Anforderungen der Norm lässt sich kurz zusammenfassen:

1) Es muss ein Prozess zur Informationssicherheitsrisikobeurteilung vorhanden sein und gelebt werden, der neben Risikoakzeptanzkriterien auch Kriterien für den Eintritt und die Auswirkung eines Informationssicherheitsrisikos festlegt.
2) Dieser Prozess muss im Geltungsbereich des ISMS im Zusammenhang mit Mängeln bei Vertraulichkeit, Integrität und Verfügbarkeit von Informationen durchgeführt werden.
3) Es muss ein Prozess zur Informationssicherheitsrisikobehandlung vorhanden sein und gelebt werden. Ergebnis dieses Prozesses ist ein Plan für die Informationssicherheitsrisikobehandlung, die Akzeptanz der verbleibenden Informationssicherheitsrisiken und eine Anwendbarkeitserklärung, welche Maßnahmen aus dem Anhang A der DIN EN ISO/IEC 27001 sowie welche ergänzenden Maßnahmen umgesetzt werden.
4) Der Prozess zur Informationssicherheitsrisikobeurteilung muss regelmäßig und anlassbezogen durchgeführt werden.
5) Der Plan für die Informationssicherheitsrisikobehandlung muss tatsächlich umgesetzt werden.

9.2 Informationssicherheitsrisikobeurteilung und -behandlung

9.2.1 Ausgestaltung des Prozesses

Die Informationssicherheitsrisikobeurteilung und -behandlung werden in der Praxis als ein Prozess umgesetzt und praktiziert. Diesen Prozess des Informationssicherheitsrisikomanagements stellt Bild 29 grafisch dar. Er wird in einzelne Schritte untergliedert, die im Folgenden im Text erläutert werden.

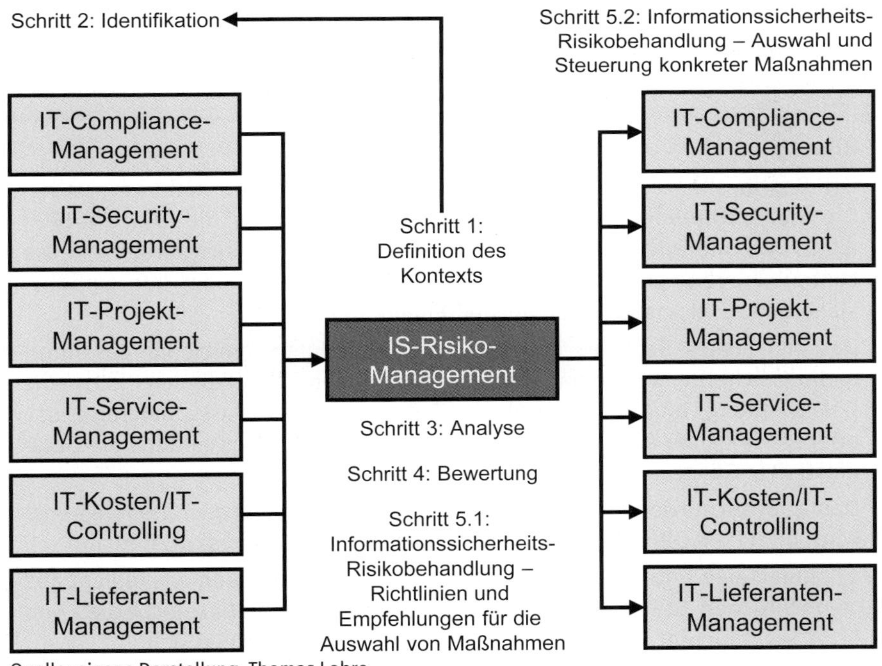

Quelle: eigene Darstellung, Thomas Lohre

Bild 29: Prozess des Informationssicherheitsrisikomanagements

9.2.2 Definition des Kontextes

Um Informationssicherheitsrisiken einzuschätzen und zu behandeln, muss eine Organisation den Kontext hierfür festlegen. Zu definieren sind der Anwendungsbereich und die Grenzen des ISMS sowie die Vorgehensweise der Organisation für das Informationssicherheitsrisikomanagement.

Grundsätzlich gilt die Regel, dass der Anwendungsbereich und die Grenzen des ISMS sich mit dem Prozess des Informationssicherheitsrisikomanagements decken müssen. Eine Unterdeckung ist in keinem Fall zulässig. Das bedeutet, eine Organisation kann kein ISMS für die gesamte Organisation betreiben, aber nur für einen Teil (z. B. die Tochtergesellschaft oder einen Produktionsschritt wie Fertigung) Informationssicherheitsrisiken einschätzen und behandeln. Denn für den nicht betrachteten Teil kennt die Organisation ihre Informationssicherheitsrisiken nicht und kann demnach auch keine angemessenen Maßnahmen zur Risikoreduzierung ergreifen. Dies wäre somit ein Verstoß gegen die Anforderung 6.1.3 a) der DIN EN ISO/IEC 27001.

Auch wenn sich dieses Buch vor allem an Personen richtet, die bereits ein ISMS betreiben, sei der folgende Exkurs erlaubt:

Hinweis

Der Begriff „Kontext“ wird in der DIN EN ISO/IEC 27001 nicht verwendet. Die weiterführenden Normen zum Risikomanagement, die DIN EN ISO/IEC 27005 und DIN ISO 31000, gehen auf diesen Punkt ausführlich ein. Die zentrale Frage in diesem Schritt ist: Für wen und was soll das Informationssicherheitsrisikomanagement Anwendung finden?

Das Ziel dieses Schrittes ist es, einen Anwendungsbereich für das Informationssicherheitsrisikomanagement festzulegen. Das können z.B. eine IT-Anwendung, eine IT-Infrastruktur, einer oder mehrere Geschäftsprozesse oder ein Teil einer Aufbauorganisation sein oder selbstverständlich die Organisation in Gänze.

Damit dieser Anwendungsbereich nicht willkürlich gesetzt und eingegrenzt wird, bietet die DIN EN ISO/IEC 27005 hierzu Entscheidungskriterien an:

1) allgemeine Kriterien (z. B. Informationssicherheitsrisikomanagement aus rechtlichen Gründen, zum Management von Informationssicherheit von Anwendungen/Services oder zur Unterstützung eines ISMS)
2) externe Faktoren (z. B. kulturelle, politische oder gesetzliche Unterschiede, Anforderungen von Berufsverbänden, Gesellschaftern, Gesetzgebern)
3) interne Faktoren (z.B. die Organisationsstruktur, die Firmenkultur, vorhandene Regelungen und die eventuelle Umsetzung von bereits umgesetzten Frameworks)
4) Rollen und Verantwortlichkeiten (Nicht nur der Prozess des Informationssicherheitsrisikomanagements muss festgelegt und umgesetzt werden, sondern auch, wer für die einzelnen Schritte verantwortlich ist und wie mit Ausnahmen und Eskalationen umzugehen ist.)

5) Basiskriterien (Bei der Festlegung von Basiskriterien geht es darum, zu bestimmen, wie Schadenshöhe, Eintrittswahrscheinlichkeit und Akzeptanzkriterien für ein Informationssicherheitsrisiko zu ermitteln sind.)

9.2.3 Identifikation von Informationssicherheitsrisiken

Als zweiter Schritt im Prozess des Informationssicherheitsrisikomanagements gilt es, zu bestimmen, welche Informationssicherheitsrisiken für ein Unternehmen relevant sind. Die Identifikation unterteilt sich hierbei in mehrere Einzelschritte.

9.2.3.1 Identifikation der Prozesse und Assets

Assets sind Entitäten (Objekte, Personen), die für die Organisation einen Wert haben. Man kann von Wertobjekten sprechen. Zunächst ist da an die Anlagegüter (Maschinen, Gebäude usw.) zu denken. Aber auch immaterielle Assets spielen eine Rolle.

Im Bereich des Informationssicherheitsmanagements sind das in erster Linie wertvolle Informationen (Informationswerte). Diese Informationswerte benötigen IT-Infrastrukturkomponenten und Personen als unterstützende Assets. Dieses Zusammenspiel verdeutlicht Bild 30 nach dem folgenden Hinweis.

Hinweis

Informationssicherheitsrisiken sind über den prozessorientierten Ansatz zu erheben. Es reicht nicht aus, die einzelnen Assets anzuschauen und eine „Mutmaßung“ vorzunehmen, wie wichtig diese Werte für einen Prozess sind oder sein könnten. Die Ableitung der Wichtigkeit (Vertraulichkeit, Verfügbarkeit und Integrität) muss nachvollziehbar und begründbar von den Geschäftsprozessen ausgehen.

Ebenfalls muss darauf hingewiesen werden, den Begriff der „Geschäftsprozesse“ richtig zu verstehen. Denn in Anlehnung an die ISO 9001 gibt es Führungsprozesse, Hauptprozesse und unterstützende Prozesse. Alle diese Prozessarten sind zu berücksichtigen. Auch muss beachtet werden, dass ein Prozess – vereinfacht gesprochen – aus drei groben Schritten besteht: Input, Verarbeitung und Ergebnis. Es darf nicht der Fehler passieren, sich ausschließlich auf die Verarbeitung zu konzentrieren und zu hoffen, dass der vorherige oder nachgelagerte Prozess sich um „Input“ und „Ergebnis“ kümmert bzw. analysiert, ob hier Informationssicherheitsrisiken bestehen.

Was Assets bzw. unterstützende Assets sein können, wird in der ISO 27005, Anhang B, recht ausführlich erklärt und klassifiziert. Zudem werden Beispiele aufgelistet, die konkretisieren, was unter den jeweiligen Kategorien zu verstehen ist. Daher wird an dieser Stelle der eindringliche Appell gegeben, sich ausführlich im Rahmen der Umsetzung eines Prozesses zur Handhabung von Informationssicherheitsrisiken damit zu beschäftigen.

Ebenfalls von sehr großer Tragweite für das weitere Vorgehen ist die Festlegung, welche Prozesse im Unternehmen denn untersucht werden sollen? Denn klar ist, nicht alle Prozesse haben die gleiche Relevanz und die Erhebung von primären und unterstützenden Assets ist aufwendig. Um die Wichtigkeit der Prozesse zu bestimmen, bedarf es einer Arbeitsgruppe aus Prozessverantwortlichen, Anwendern und IT-Spezialisten. Als Ergebnis werden Prozesse identifiziert, die für die weitere Betrachtung nicht mehr berücksichtigt werden. Das sind solche Prozesse, die selbst bei einer Kompromittierung keine oder geringe Auswirkungen auf das Unternehmen und seine Zielerreichung haben.

Wichtig im Rahmen dieses Schrittes ist es, bereits hier die Vertraulichkeit, Verfügbarkeit oder Integrität der Assets bzw. der dort verarbeiteten Informationen zu erfassen, da dies eine der wesentlichen Anforderungen der DIN EN ISO/IEC 27001, Abschnitt 6.1.2 ist.

Ziel ist es, für jedes primäre Asset und unterstützende Asset eine verantwortliche Person zu benennen.

9.2.3.2 Identifikation von Bedrohungen

Ziel dieses Schrittes ist es, festzulegen, welche Bedrohungen für ein Unternehmen relevant sind, um jedes Asset daraufhin zu untersuchen. Diese Festlegung kann im Rahmen der kontinuierlichen Verbesserungen angepasst werden, sollte aber eine gewisse Konstanz besitzen, damit die Ergebnisse über die Jahre eine Vergleichbarkeit aufweisen.

Welche Bedrohungen relevant sind, ist nicht festgelegt. Grundsätzlich kann in diesem Schritt ein unternehmensindividueller Bedrohungskatalog erstellt oder auf Best-Practice-Ansätze zurückgegriffen werden.

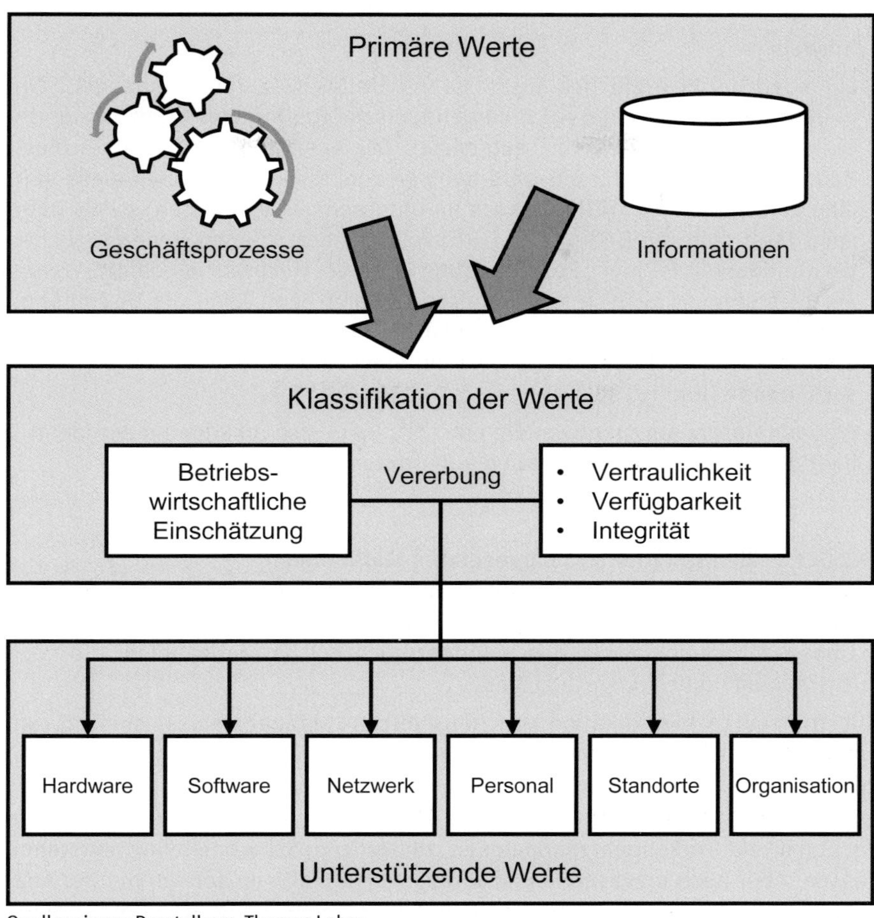

Quelle: eigene Darstellung, Thomas Lohre

Bild 30: Identifikation der Prozesse und Assets

Hinweis

Ein möglicher Best-Practice-Ansatz ist DIN EN ISO/IEC 27005, Anhang A.2.5: In den Tabellen A.10 und A.11 werden typische Bedrohungen und Verwundbarkeiten (Schwachstellen)[69] aufgelistet. Der Ansatz hierbei ist, dass eine Bedrohung nur dann für ein Unternehmen zum Risiko wird, wenn diese auf eine Verwundbarkeit trifft, die auch im Unternehmen vorhanden ist. Als Beispiel lässt sich die Bedrohung „Hochwasser" heranziehen. Eine mögliche Verwundbarkeit ist hier „Positionierung in einem Hochwassergebiet". Wenn ein Technikraum nicht in einem solchen Gebiet liegt, kann die Bedrohung nicht greifen und wirken. Allerdings ist die betrachtete Verwundbarkeit nur eine mögliche Verwundbarkeit. So kann eine weitere Verwundbarkeit „wasserführende Leitung" sein.

Wer den Ansatz als zu aufwendig erachtet, kann sich im Rahmen der Identifikation von Risiken auch nur auf die Bedrohungen konzentrieren.

9.2.3.3 Identifikation von umgesetzten Maßnahmen

In einem weiteren Schritt ist es notwendig, die bereits im Unternehmen umgesetzten Maßnahmen zu identifizieren. Dabei sollen nicht nur umgesetzte Maßnahmen aufgenommen werden, sondern auch solche Maßnahmen, die noch nicht vollumfänglich umgesetzt sind.

Die frühzeitige Identifikation von umgesetzten Maßnahmen ist sinnvoll, um unnötigen Aufwand und Kosten zu vermeiden. Dabei ist bereits hier zu prüfen, ob die Maßnahmen korrekt funktionieren, d.h., ob sie ihr Ziel erreichen. Denn bei der Analyse von Informationssicherheitsrisiken wird dann geprüft, ob die nicht korrekt wirkenden Maßnahmen zusätzliche Schwachstellen entstehen lassen. Aber auch umgesetzte und wirksame Maßnahmen spielen bei der Analyse von Informationssicherheitsrisiken eine wichtige Rolle, da ja ein exaktes Risikobild des Unternehmens gezeichnet werden soll.

Die bereits umgesetzten Maßnahmen sind zu dokumentieren (in einer sogenannten **Anwendbarkeitserklärung**) und mit den Maßnahmen der DIN EN ISO/IEC 27001, Anhang A, zu vergleichen. Zu Beginn kann es hier durchaus zu Abweichungen kommen. Diese Abweichungen können im Rahmen der Risikobehandlung behoben werden (weil weitere Maßnahmen zur Risikoreduzierung notwendig sind, weil das Risiko nicht vorhanden ist oder es akzeptiert wird und somit die Maßnahme nicht umgesetzt wird bzw. nicht anwendbar ist).

69 Auch der Begriff „Sicherheitslücke" ist gängig.

9.2.3.4 Identifikation von Schwachstellen

Mit der Liste von Assets im Kontext des Prozesses der Informationssicherheitsrisikobeurteilung und den bereits umgesetzten Maßnahmen geht es in diesem Schritt darum, Schwachstellen zu identifizieren, die die Vertraulichkeit, Verfügbarkeit oder Integrität der Assets bzw. der dort verarbeiteten Informationen beeinflussen können. Beispiele für Schwachstellen sind z. B. Softwarefehler, fehlendes Sicherheitsbewusstsein, fehlende Zutrittskontrollen etc.

Die Identifikation von Schwachstellen kann auf unterschiedliche Art und Weise erfolgen. So z. B. durch

- die Analyse von bereits umgesetzten Maßnahmen, die zeigt, dass einzelne Maßnahmen nicht vollständig wirksam sind, oder
- den Abgleich mit Best-Practice-Ansätzen zur Umsetzung von Maßnahmen, z. B. der DIN EN ISO/IEC 27002.

Eine sehr gute Kombination von möglichen Schwachstellen und Bedrohungen, die die Schwachstelle ausnutzen können, und gegen welche Assets die Schwachstellen wirken, bietet die DIN EN ISO/IEC 27005, Anhang A.2.

Wichtig ist auch, eine Liste zu erstellen, welche Schwachstellen gegenwärtig nicht betrachtet werden, da keine Bedrohung vorhanden ist. So kann z. B. ein Unternehmen „Hochwasser“ ausschließen, wenn die Gebäude in keinem gefährdeten Gebiet liegen. Dies muss jedoch nicht immer so sein und auch klimatische Änderungen können dazu führen, die Schwachstelle später doch zu berücksichtigen.

9.2.3.5 Identifikation der Schadensauswirkung

Im letzten Schritt der Identifikation des Informationssicherheitsrisikos geht es darum, zu bestimmen, welche Auswirkungen der Verlust von Vertraulichkeit, Verfügbarkeit oder Integrität auf die Informationen und zugehörige Assets haben kann. Dabei wird konsequenterweise durchgespielt, wie eine Bedrohung eine oder mehrere Schwachstellen ausnutzt und welche Auswirkungen dies auf das Unternehmen hat. Genau diese Auswirkungen gilt es, zu bestimmen. Bei der Bestimmung können folgende Faktoren berücksichtigt werden:

- Reparaturkosten (Teile, Arbeitszeit, Kosten für Wiederanlauf und Hotline)
- Kosten unproduktiver Zeiten bei technischen und fachlichen Mitarbeitern
- entgangene Umsätze/Gewinne
- Imageschäden
- Bußgelder und Strafzahlungen

9.2.4 Analyse von Informationssicherheitsrisiken

In diesem Schritt werden die **Eintrittswahrscheinlichkeit** und die **Schadensauswirkung** für Informationssicherheitsrisiken so exakt wie möglich ermittelt. Ziel ist es, das Verständnis für Informationssicherheitsrisiken bei der Unternehmensleitung sowie den Verantwortlichen für die primären und unterstützenden Assets zu erhöhen und dadurch die Entscheidungssicherheit hinsichtlich möglicher Maßnahmen zur Behandlung zu verbessern.

Ob nun zunächst die Eintrittswahrscheinlichkeit und dann die Schadensauswirkung ermittelt werden, ist nicht vorgegeben. Oftmals werden die beiden Ermittlungen parallel vorgenommen. Die DIN EN ISO/IEC 27005 sieht lediglich zwei unterschiedliche Möglichkeiten vor, die entsprechenden Werte zu ermitteln. Entweder qualitativ oder quantitativ bzw. eine Kombination aus beiden Ansätzen. In der Praxis häufig verwendet und im Einklang mit der DIN EN ISO/IEC 27005 kommt bei der ersten Erhebung von IT-Risiken die qualitative Methode zum Einsatz. Qualitativ deshalb, weil ohne konkrete Zahlenwerte, aber mit Skalen gearbeitet wird. Dies gilt sowohl für die Eintrittswahrscheinlichkeit als auch die Schadensauswirkung. Üblich sind hier drei- bis fünfstellige Skalen (z. B. unwahrscheinlich – möglich – wahrscheinlich – sehr wahrscheinlich). Vorteilhaft sind in diesem Fall gerade Skalenwerte, um das Phänomen „Tendenz zur Mitte" bei den Einschätzungen zu vermeiden.

Bei der quantitativen Methode werden statt der Skalen konkrete Werte für die Eintrittswahrscheinlichkeit und die Schadensauswirkung eingesetzt. Dieser Ansatz wird von der DIN EN ISO/IEC 27005 für die Analyse von **wesentlichen Informationssicherheitsrisiken** vorgeschlagen. Das heißt, es ist ein ergänzender Ansatz, nachdem eine qualitative Analyse bereits vorgenommen wurde. Denn die Herausforderung dieser Methode ist es, die quantitativen Werte auch mit entsprechenden Fakten zu hinterlegen, damit diese Methode nicht auch zu einer Schätzung verkommt. Um den quantitativen Ansatz umzusetzen, bedarf es ausgiebiger Daten aus der Vergangenheit zu Bedrohungen und Verwundbarkeiten, um die Eintrittswahrscheinlichkeit zu bestimmen, und detaillierter Daten über Kosten- und Erlösinformationen und nicht monetärer Auswirkungen, um die Schadensauswirkung zu ermitteln.

In der Regel kann auf den großflächigen Einsatz quantitativer Methoden im Unternehmen verzichtet werden, ohne dass die Analyse der Informationssicherheitsrisiken deshalb schlecht betrieben wird.

Die Analyse von Informationssicherheitsrisiken kann als Einzelaufgabe des Informationssicherheitsbeauftragten oder in übergreifenden Teams durchgeführt werden. In der Praxis hat sich gezeigt, dass es zielführend ist, in diesem Schritt Fachleute aus den operativen Einheiten im Unternehmen einzubinden.

9.2.5 Bewertung von Informationssicherheitsrisiken

Die im Rahmen der Analyse ermittelten Eintrittswahrscheinlichkeiten und Schadensauswirkungen werden in diesem Schritt abschließend hinsichtlich der Bedeutung für die Geschäftstätigkeit (Kritikalität) bewertet. In der Praxis häufig angewendet und aus der DIN EN ISO/IEC 27001 stammend erfolgt diese Bewertung nach den Kriterien Vertraulichkeit, Verfügbarkeit und Integrität der primären Assets und der dort verarbeiteten Informationen. Erst nach dieser Bewertung wird die Aussage zur Höhe eines Informationssicherheitsrisikos zu einer wertvollen Information.

Auch bei dieser Bewertung hat es sich bewährt, im Team unter Einbeziehung von Fachleuten aus den operativen Einheiten vorzugehen.

Als Ergebnis dieses Schritts wird eine Liste von bewerteten Informationssicherheitsrisiken, bezogen auf die einzelnen primären Assets, erstellt.

9.2.6 Informationssicherheitsrisikobehandlung

Die Wahl der richtigen Option zur Behandlung eines Informationssicherheitsrisikos ist wesentlicher Baustein eines wirksamen ISMS. Die Anwendung einer einzigen Option für alle Informationssicherheitsrisiken ist nicht sinnvoll und auch praktisch nicht möglich. Grund hierfür sind mögliche Unterschiede zwischen Informationssicherheitsrisiken sowie technische oder fachliche Einschränkungen.

Optionen für die Sicherheitsrisikobehandlung sind nicht Teil der DIN EN ISO/IEC 27001, sodass man sich hier ergänzender Standards bedienen muss. Aus Sicht der Praktiker sind hier die DIN ISO 31000 und DIN EN ISO/IEC 27005 zu nennen. Optionen für die Sicherheitsrisikobehandlung folgen dem Grundsatz

- der **Vermeidung** (Vorbeugung, Prävention),
- der **Verringerung** (Reduktion, Begrenzung, Abschwächung),
- der **Aufteilung** (Übertragung) und
- der **Akzeptanz**

eines Informationssicherheitsrisikos. Dabei ist die Auswahl einer oder mehrerer Optionen zulässig, abhängig vom jeweiligen Informationssicherheitsrisiko.

Der Vollständigkeit halber sei erwähnt, dass **Ignorieren** keine Option für die Behandlung von Informationssicherheitsrisiken darstellt.

Vermeidung:

Ziel von vermeidenden Maßnahmen ist es, die entsprechenden Tätigkeiten, bei denen das Informationssicherheitsrisiko auftritt, entweder einzustellen oder die Bedingungen, unter denen die Tätigkeit durchgeführt wird, so zu ändern, dass das Risiko nicht mehr eintreffen kann.

Beispiele:

- Abkopplung kritischer IT-Systemen vom Internet
- Umzug von kritischen IT-Systemen in ein anderes Rechenzentrum, das nicht dem Risiko unterliegt oder das Risiko im Griff hat (z. B. Hochwasser)

Verringerung:

Die Vermeidung von Informationssicherheitsrisiken wird in der Regel eher selten möglich oder betriebswirtschaftlich sinnvoll sein. Daher bietet es sich häufig an, Eintrittswahrscheinlichkeit und/oder Auswirkungen zu beeinflussen (zu verringern). Aus Sicht der Risikobehandlung können drei unterschiedliche Maßnahmen in Betracht kommen:

1) Präventive Maßnahmen, die den Eintritt eines bestimmten Ereignisses verhindern sollen, so z. B. strikte Vorgaben für starke Passwörter, deren Einhaltung maschinell überprüft wird. Ein Ereignis, dass schwache Passwörter zum Einsatz kommen, kann somit nie eintreten.
2) Detektive Maßnahmen, die den Eintritt eines Ereignisses registrieren. So kann der Einsatz bestimmter Software dazu verwendet werden, herauszufinden, ob Clients über einen aktuellen Patch-Level verfügen.
3) Reaktive Maßnahmen, deren Ziel es ist, die Auswirkungen eines Ereignisses zu begrenzen. So kann z. B. die obige Software dazu verwendet werden, Clients zu identifizieren und den Help-Desk zu informieren, damit dieser entsprechende Aktionen durchführen kann.

Für die Behandlung von Informationssicherheitsrisiken ist es sinnvoll, entsprechend der Logik Prävention, Detektion und Reaktion zu argumentieren, d. h.,

- welche Maßnahmen werden ergriffen, damit ein Risiko erst gar nicht eintritt,
- welche Maßnahmen werden ergriffen, falls die Prävention versagt, um dieses Ereignis zu entdecken, und
- welche Maßnahmen werden ergriffen, wenn ein Ereignis entdeckt wurde?

Beispiel:

Für eine spezielle unternehmenskritische Anwendung wurde das Risiko „Ausfall“ identifiziert. Nach dieser Logik kann ein Risikobehandlungsplan folgendermaßen aussehen:

1) Zur Reduzierung des Risikos wurde ein redundantes System aufgebaut, das ebenfalls betrieben wird.

2) Sowohl das Haupt- als auch das redundante System werden automatisiert überwacht, um festzustellen, ob die Systeme noch erreichbar sind. Im Falle eines Ausfalls wird automatisiert der Help-Desk informiert.
3) Für den Fall eines Ausfalls einer der beiden Systeme wurde ein Wiederanlaufplan erstellt und verprobt, damit der Help-Desk das System wieder aktiv setzen kann.

Aufteilen:

Von der Transferierung oder Übertragung von Informationssicherheitsrisiken wird immer dann gesprochen, wenn diese auf Dritte (in der Regel Versicherungen) übertragen werden. Im Rahmen des immer häufiger anzutreffenden Outsourcing oder Outtasking können natürlich Informationssicherheitsrisiken auch an IT-Dienstleister übertragen werden.

Anders als bei der Vermeidung oder Verringerung von Informationssicherheitsrisiken wird beim Transfer in der Regel keine Änderung an der Eintrittswahrscheinlichkeit oder der Auswirkung vorgenommen. Das heißt, das Risiko besteht nach wie vor in gleicher Höhe und mit der gleichen Auswirkung fort. Sollte also das Risiko eintreten, werden auch die Folgen eintreten. Die Versicherung wird hier die finanziellen Auswirkungen lediglich ausgleichen oder abmildern. Die auf den ersten Blick attraktive Möglichkeit, Informationssicherheitsrisiken auf Versicherungen zu transferieren, ist in der Praxis deutlich eingeschränkt. Weiterführende Informationen hierzu finden sich bei Koch (2005).[70]

Anders kann es sich beim Outsourcing darstellen. Hier bedarf es einer Einzelfallprüfung. Hier kann ein Informationssicherheitsrisiko reduziert werden, während andere Risiken hinzukommen.

Beispiel:

Ein Unternehmen liegt im Einzugsbereich von Hochwasser. Um die kritischen IT-Systeme vor einem Ausfall durch Hochwasser zu schützen, werden sämtliche Systeme in ein Rechenzentrum outgesourct, in dem Hochwasser oder sonstige Naturkatastrophen keine wesentliche Rolle spielen. Damit ist das Risiko „Hochwasser“ im Eintritt reduziert. In diesem Fall können aber neue Informationssicherheitsrisiken auftreten, die bisher nicht relevant waren, wie z. B. höherer technischer Aufwand bei der Fehlerbehebung der kritischen IT-Systeme und längere Ausfallzeiten bei bereits kleineren Störungen.

70 Vgl. Koch, R. (2005): Versicherbarkeit von IT-Risiken in der Sach-, Vertrauensschaden- und Haftpflichtversicherung, Erich Schmidt Verlag, Berlin.

Akzeptieren:

Die Akzeptanz eines oder mehrerer Informationssicherheitsrisiken ist eine bewusste und willentliche Entscheidung der Leitung eines Unternehmens. Aus Gründen der Nachvollziehbarkeit hat diese Akzeptanz immer schriftlich zu erfolgen.

Aus Gründen der Praktikabilität kann es sinnvoll sein, Akzeptanzschwellen zu etablieren, d. h., Risiken (Eintrittswahrscheinlichkeit, Auswirkung oder Risikowert) können bis zu einem gewissen Grad auch vom mittleren Management getragen werden und nur die größten Informationssicherheitsrisiken werden von der Leitung eines Unternehmens getragen. Wichtig hierbei ist, diese Schwellen auch vorab genau zu definieren, zu dokumentieren und zu kommunizieren.

9.2.7 Informationssicherheitsrisikokommunikation

Die Aktivitäten in diesem Schritt umfassen

- das Reporting (Erstellung des Informationssicherheitsrisikoberichtswesens),
- die Kommunikation mit allen Beteiligten,
- die Beratung im Rahmen der laufenden Verbesserung des Informationssicherheitsrisikomanagements.

9.2.7.1 Informationssicherheitsrisikoberichtswesen

Das Informationssicherheitsrisikoberichtswesen fasst alle erfassten und erhobenen Daten zusammen und bereitet sie für die unterschiedlichen Zielgruppen auf. Für die Darstellung des Berichtswesens ist keine Struktur oder Form vorgegeben. Die Berichte können als Fließtext oder in Tabellenform unternehmensindividuell gestaltet werden. Wenn Software in diesem Prozess verwendet wird, so kommen auch häufig Dashboards zum Einsatz. Das Ziel dieser Berichte ist es,

- über die aktuelle Informationssicherheitsrisikolage zu informieren,
- die Grundlage künftiger Entscheidungen für oder gegen Maßnahmen zu verbessern,
- eine Beweismöglichkeit im Rahmen zyklischer Prüfungen des Informationssicherheitsrisikomanagements zu schaffen.

Die Berichte enthalten Informationen zu

- allen Rahmenbedingungen und Annahmen sowie zur Reichweite und Gültigkeit (die in der DIN EN ISO/IEC 27001 geforderte Anwendbarkeitserklärung),
- den Informationssicherheitsrisiken,
- den Maßnahmen zur Behandlung der Informationssicherheitsrisiken und zum Stand ihrer Umsetzung sowie
- den bereits eingetretenen Schadensfällen (sofern zutreffend).

Die zyklische Bestimmung der Informationssicherheitsrisikolage oder aktuelle Entwicklungen geben die Häufigkeit der Berichterstattung vor. In der Regel werden der Bericht oder einzelne Teile daraus im Quartals-, Halbjahres- und Jahresrhythmus aktualisiert.

9.2.7.2 Kommunikation und Beratung

Das Informationssicherheitsrisikoberichtswesen wird in diesem Schritt als Grundlage dafür genutzt, eine Kommunikation sowohl in Richtung der jeweils betroffenen Fachabteilungen als auch gegenüber der Unternehmensleitung zu etablieren.

Durch Kommunikation und Beratung wird festgelegt, weshalb bestimmte Aspekte und Elemente im Informationssicherheitsrisikomanagementprozess wie betrachtet und welche Ziele damit verfolgt werden. Zudem wird festgelegt und kommuniziert, wessen Informationssicherheitsrisiken eingehender untersucht werden und für wen das Ergebnis des Informationssicherheitsrisikomanagementprozesses relevant ist.

9.2.8 Aufbauorganisation zum Prozess

Eine eigene Aufbauorganisation für den Prozess des Informationssicherheitsrisikomanagements kann den arbeitsteiligen Umgang mit den einzelnen Schritten des Prozesses vereinfachen. Explizit gefordert wird eine solche Organisation in der DIN EN ISO/IEC 27001 nicht. Jedoch gilt es, die allgemeine Anforderung an das Ressourcenmanagement zu berücksichtigen.

> **7.1 Ressourcen**
>
> Die Organisation muss die erforderlichen Ressourcen für den Aufbau, die Verwirklichung, die Aufrechterhaltung und die fortlaufende Verbesserung des Informationssicherheitsmanagementsystems bestimmen und bereitstellen.

Es lassen sich unterschiedliche Möglichkeiten abgrenzen, das Management von Informationssicherheitsrisiken in einem Unternehmen zu verankern. Tabelle 9 stellt diese Möglichkeiten nach Knoll (2014) gegenüber.[71]

71 Siehe Knoll, M. (2014): Praxisorientiertes IT-Risikomanagement, dpunkt.verlag, Heidelberg, S. 89.

Tabelle 9: Mögliche Varianten einer Aufbauorganisation für Informationssicherheitsrisikomanagement

Informationssicherheits-risikomanagement ist ...	Unternehmen hat ...	
	... keine Beteiligungen/ verbundene Gesellschaften	... mehrere Beteiligungen/ verbundene Gesellschaften
... eine Teilaufgabe innerhalb des Unternehmensrisikomanagements.	X	---
... eine autonome Stelle innerhalb des Unternehmensrisikomanagements.	---	X
... eine eigenständige Abteilung mit Strukturen (Stäbe oder Teams) für bestimmte Themenbereiche oder Informationssicherheitsrisiken.	---	X
... eine Teilaufgabe innerhalb themennaher Bereiche (wie z. B. Controlling, Revision oder Informationssicherheit).	X	---
... eine autonome Stabsstelle innerhalb themennaher Bereiche des Unternehmens (wie z. B. Controlling, Revision oder Informationssicherheit).	X	---
... eine Teilaufgabe innerhalb der IT:		
bei einer unternehmensweiten IT-Abteilung	X	---
bei mehreren IT-Abteilungen oder einer verteilten IT im Unternehmen	---	X
... eine autonome Stabsstelle innerhalb der IT.	---	X
... eine Stabstelle bei der Unternehmensleitung.	X	X
... eine Teilaufgabe operativer Fach- und Geschäftsbereiche.	---	---

Die Frage nach der richtigen Ausgestaltung der Aufbauorganisation für das Management von Informationssicherheitsrisiken lässt sich nicht pauschal beantworten.

Argumente für eine zentrale Struktur sind, dass alle Informationen an einem Punkt gebündelt zusammengefasst werden. Dadurch wird verhindert, dass Risiken mehrfach analysiert und behandelt werden; zu sich widersprechenden Risikoeinschätzungen kann es damit nicht kommen. Für kleinere und mittlere Unternehmen ist dieser Ansatz angebracht und sinnvoll.

Für Unternehmen mit komplexeren und größeren zusammenhängenden Organisationsstrukturen oder gar mit Beteiligungen und verbundenen Gesellschaften ist dieser zentrale Ansatz nur dann geeignet, wenn er um einen dezentralen Ansatz erweitert wird. Die Analyse und Bewertung von Informationssicherheitsrisiken erfolgen dann dezentral in der jeweiligen Organisationsstruktur oder Gesellschaft und es werden nur solche Informationssicherheitsrisiken an die zentrale Stelle kommuniziert, die ein Wesentlichkeitskriterium erfüllen. Somit haben die dezentralen Stellen eine gewisse eigene Autonomie und nur bestandsgefährdende Informationssicherheitsrisiken und solche, die sich auf zentrale Systeme oder Anwendungen auswirken, werden von der zentralen Stelle behandelt.

9.2.9 Wirtschaftlichkeitsbetrachtungen im Informationssicherheitsrisikomanagement

Die DIN EN ISO/IEC 27001 fordert nicht explizit einen wirtschaftlichen Einsatz von Maßnahmen. Vielmehr wird gefordert, dass eine Auswahl angemessener Optionen für die Sicherheitsrisikobehandlung vorgenommen wird. Die Angemessenheit ist in erster Linie abhängig vom systematischen Vorgehen und erst in zweiter Linie von der Wirtschaftlichkeit einzelner technischer Maßnahmen. Trotzdem muss bei der Auswahl einer angemessenen Option für die Sicherheitsrisikobehandlung eine Abwägung aller Vorteile und Nachteile bzw. Kosten und Nutzen erfolgen. Hierbei ist es sinnvoll, die geschätzte Senkung von Schadenskosten durch Behandlungsmaßnahmen in den Vordergrund zu stellen. Für die Schätzung haben sich zwei Ansätze – ALE und ROSI – etabliert.

1) Average Loss Estimate, Annual Loss Expectancy (ALE)

   ALE = Finanzielle Höhe des Schadens x Eintrittswahrscheinlichkeit

   Der ALE ist ein Erwartungswert für den pro Jahr aufgrund von Sicherheitsrisiken zu erwartenden Schaden. Die Anwendung der Berechnung des ALE für Gefährdungen der Informationstechnik geht auf die (inzwischen zurückgezogene) Richtlinie FIPS PUB 65 des NIST aus dem Jahr 1979 zurück.[72]

72 NIST (1979): Guideline for Automatic Data Processing Risk Analysis. FIPS PUB 65 (veröffentlicht am 01.08.1979, zurückgezogen am 25.08.1995).

Die Reduktion eines spezifischen Risikos kann danach auf zweierlei Weise erfolgen:

- Entweder wird durch geeignete Gegenmaßnahmen die Eintrittswahrscheinlichkeit des Schadens verringert, z. B. durch einen Virenscanner auf einem E-Mail-Server oder den Betrieb einer Firewall;
- oder es werden Maßnahmen getroffen, die die Auswirkungen des Schadens begrenzen, z. B. die konsequente Umsetzung des „Need-to-know“-Prinzips bei der Berechtigungsvergabe oder durch ausgearbeitete und trainierte Notfallpläne, betriebsbereite Ersatzsysteme und ausgefeilte Wiederanlaufprozesse.

2) Return on Security Investment (ROSI)

$$\text{ROSI} = \frac{(\text{Schaden} \times \text{Risikoreduzierung}) - \text{SecurityInvest}}{\text{SecurityInvest}}$$

Es ist jedoch keine einfache Aufgabe, sinnvolle Werte für die Faktoren in der ROSI-Gleichung zu finden. Eine grundsätzliche Schwierigkeit ist zunächst, dass die „Risikoreduzierung“ einer Sicherheitsinvestition selten in eine messbare Verminderung von Ausgaben oder eine Erhöhung von Einnahmen mündet. Die Reduzierung besteht in einer Verminderung eines Informationssicherheitsrisikos, also eines Erwartungswertes für den Schaden von Sicherheitsvorfällen. Auch die Bestimmung des Schadens ist nicht einfach, da es unterschiedliche Techniken hierfür gibt. So können z. B. Versicherungstabellen zur Bestimmung herangezogen werden oder eigene interne Ausfall- und Schadensdatenbanken Verwendung finden. Auch die Kosten für die Sicherheitslösung können unterschiedlich ermittelt werden. Denn neben den reinen Anschaffungskosten können auch interne Implementierungskosten und personeller Mehraufwand in die Berechnung mit einfließen.

Trotz dieser Einschränkungen ist die ROSI-Methodik hilfreich. Für die Anwendung in der Praxis ist es unerlässlich, im Vorfeld festzulegen, wie die einzelnen Werte ermittelt werden sollen und welche Faktoren nicht berücksichtigt werden. Dadurch wird sichergestellt, dass bei mehrmaliger Anwendung auch vergleichbare Werte entstehen.

Hinweis

Da eine ROSI-Analyse recht umfangreich sein kann, bietet z. B. die Information Security & Business Continuity Academy kostenlos gut bedienbare Online-ROSI-Rechner an:

https://advisera.com/27001academy/de/tools/rosi/

9.3 Überwachung bzw. Überprüfung des Informationssicherheitsrisikos

9.3.1 Geplante Überprüfung des Informationssicherheitsrisikomanagements

In regelmäßigen Abständen müssen die Informationssicherheitsrisiken nach der DIN EN ISO/IEC 27001, Abschnitt 8.2, einem Review unterzogen werden, ob sie noch angemessen für das jeweilige Unternehmen sind. Diese Aufgabe ist Teil der kontinuierlichen Verbesserung und bezieht sich nicht ausschließlich auf die Überprüfung der getroffenen Risikobeurteilungen. Dieser Überprüfungsprozess sollte die folgenden Punkte mit einbeziehen:

- Informationssicherheitsrisikomanagementprozess
- Rollen und Verantwortlichkeiten
- Assetmanagement
- Bedrohungslisten
- Risikobehandlungen

9.3.2 Überprüfung der Risikoeinschätzung bei Änderungen

Es ist nicht ausreichend, wenn ein Unternehmen nur in geplanten Abständen eine Informationssicherheitsrisikoeinschätzung vornimmt, z.B. nur einmal im Jahr. Vielmehr muss auch immer dann eine neue Einschätzung vorgenommen werden, wenn **erhebliche Änderungen** am bisherigen Gesamtsystem vorgeschlagen oder umgesetzt werden. Um über diese erheblichen Änderungen systematisch, reproduzierbar und frühzeitig informiert zu werden, ist es zielführend, Schnittstellen zu wichtigen Prozessen umzusetzen. Welche Prozesse dies im Einzelnen sein können und wie die Schnittstellen aussehen können, wird im Folgenden erläutert.

9.3.2.1 Incidents/Sicherheitsvorfälle

Bei der Risikoidentifikation erhebt ein Unternehmen bereits umgesetzte Maßnahmen, die den Gefährdungen entgegenwirken. Sofern keine internen oder externen Statistiken vorhanden sind, die belegen, dass die Maßnahmen gegen Gefährdungen nicht wirken, muss und kann davon ausgegangen werden, dass diese wirksam sind. Incidents und Sicherheitsvorfälle sind hier eine gute Kennzahl, um zu belegen, ob Maßnahmen wirksam oder nicht wirksam sind. Daher ist es zwingend notwendig, eine Schnittstelle zwischen dem Incidentmanagement, dem Management von Sicherheitsvorfällen und dem Informationssicherheitsrisikomanagement zu etablieren.

Incidents und Sicherheitsvorfälle müssen grundsätzlich als eine Abweichung vom vorhandenen Sicherheitsniveau interpretiert und als „Schadensfall" zu einem Risiko angesehen werden. Ein Schaden muss dabei nicht tatsächlich entstanden sein. Es reicht schon aus, wenn ein Incident eröffnet wurde, um eine offene Sicherheitslücke an einem Server zu schließen, ohne dass tatsächlich Daten abgeflossen sind oder Unberechtigte in das System eindringen konnten.

Um Synergien zu nutzen, muss grundsätzlich geklärt werden, wie das Informationssicherheitsrisikomanagement hier eingebunden werden soll. Bereits bei KMU ist die Anzahl von Sicherheitsvorfällen nicht unerheblich. Auch sollte bedacht werden, dass ein Sicherheitsvorfall noch lange nicht zwangsweise bedeutet, dass eine Kontrolle grundsätzlich nicht wirksam ist. Daher bietet es sich an, dass das Informationssicherheitsrisikomanagement in regelmäßigen zeitlichen Abständen (etwa monatlich) Auswertungen zu Sicherheitsvorfällen bekommt und dann evaluieren kann, ob es bezüglich der Risikoeinschätzung Anpassungen vornehmen muss.

9.3.2.2 Change

Das Change-Management ist ein Themengebiet aus ITIL (IT Infrastructure Library). Dort ist Change-Management als Prozess definiert, der das Ziel hat, dass alle Anpassungen an der IT-Infrastruktur kontrolliert, effizient und unter Minimierung von Risiken für den Betrieb bestehender Business-Services durchgeführt werden.

Das Änderungsmanagement gliedert sich grundsätzlich in die Stufen:

- **Annahme**: Erfassung von Änderungsanträgen, Akzeptieren und Filtern anstehender Änderungen
- **Planung**: Klassifikation und Priorisierung nach Dringlichkeit und Auswirkungen, Planung von Durchführung, Rückfallverfahren, benötigter Ressourcen etc. Unter Rückfallverfahren wird dabei die Möglichkeit verstanden, beim Scheitern der Umsetzung einer Änderung zur letzten funktionierenden Konfiguration zurückzukehren.
- **Steuerung**: Entwickeln, Testen und Umsetzen der Änderung, Evaluieren des Änderungsergebnisses und Abschluss der Änderung bzw. Durchführung eines Rückfallverfahrens beim Scheitern der Änderung

Jeder Änderungsvorgang muss durch einen Verantwortlichen für Änderungen überwacht werden. Für Änderungsfreigaben sieht ITIL ein sogenanntes Änderungsfreigabegremium (Change Advisory Board) vor.

Änderungen mit möglichen Auswirkungen auf die Sicherheitsmerkmale von IT-Services sollten unter Mitwirkung des Informationssicherheitsrisikomanagements geplant und freigegeben werden. Hierfür ist abzustimmen, welche

Änderungen sicherheitsrelevant sind und wie das Informationssicherheitsrisikomanagement eingebunden wird. Dieses kann dann mitentscheiden, ob die Änderung angenommen wird und welche Auswirkungen dies auf die Risikoeinschätzung hat.

Zwingender Grundstein für die Synergie mit dem Change-Management sollte die Integration des Informationssicherheitsrisikomanagements in das Change Advisory Board sein.

9.3.2.3 Interne Audits

Unternehmen müssen nach der DIN EN ISO/IEC 27001 Abschnitt 9.2 interne Audits in geplanten Abständen durchführen, um unter anderem Informationen zu erhalten, ob Anforderungen wirksam verwirklicht sind und aufrechterhalten werden. Durch die internen Audits soll überprüft werden, ob die im Informationssicherheitsrisikomanagement bereits berücksichtigten und umgesetzten Maßnahmen ihr Ziel, das Informationssicherheitsrisiko zu behandeln, erfüllen.

Sollte im Rahmen von internen Audits die Feststellung getroffen werden, dass die umgesetzten Maßnahmen nicht wirksam sind, so muss dies umgehend im Informationssicherheitsrisikomanagement berücksichtigt werden und eine Anpassung des Informationssicherheitsrisikos erfolgen. Es reicht hier nicht aus, die Feststellungen der internen Audits zu sammeln und dann im Zuge der regelmäßigen Überprüfungen zusammenfassend eine Neubewertung vorzunehmen.

Wenn das Informationssicherheitsrisikomanagement interne Audits vornimmt, ist eine direkte Änderung der Risikoeinschätzung möglich. Eine Schnittstelle ist zu etablieren, wenn auch Audits durch die interne Revision des Unternehmens zum Thema „Informationssicherheit" erfolgen. Um die Synergien optimal zu nutzen, sollte das Informationssicherheitsrisikomanagement bei der Planung der internen Audits durch die interne Revision beteiligt werden, um Prüfungen und Prüfungsschwerpunkte abzustimmen. Die Berichte zu den internen Prüfungen sollte das Informationssicherheitsrisikomanagement zur Einsicht bekommen, um die Einschätzungen zu bewerten. Sollten bei internen Prüfungen durch die interne Revision bereits schwerwiegende Abweichungen bei den implementierten Maßnahmen erkennbar sein, so muss eine sofortige Information an das Informationssicherheitsrisikomanagement erfolgen, um die Risikoeinschätzung an die Realität anzupassen.

9.3.2.4 Projektmanagement

Das ISMS muss sich entsprechend DIN EN ISO/IEC 27001 an der Gesamtstrategie des Unternehmens orientieren. Diese liefert klar definierte Ziele und notwendige Maßnahmen. Ehe mit der Einführung eines ISMS begonnen wird, sollten die Ziele bekannt sein, um daraus die Erwartungen an das Projekt und die notwendigen Anforderungen ableiten zu können. Jedoch lassen sich die Ziele nicht immer eindeutig aus den Unternehmenszielen ableiten.

Der Kontext für das ISMS kann durch die Orientierung an der Unternehmensstrategie abgesteckt werden. Durch das Festlegen der Systemgrenzen wird bestimmt, was alles zum Projekt gehört. Damit steht fest, welche Organisationseinheiten, Ausstattungen und Applikationen betrachtet werden. Stakeholder können identifiziert werden.

Im Vorfeld müssen die Vorgehensweise und die angewandten Methoden abgestimmt werden. Das ISMS betrifft verschiedene Fachbereiche aus den Unternehmen, deren Interessen und Forderungen beim Aufbau berücksichtigt und koordiniert werden müssen.

Um die Informationssicherheit in einem Unternehmen zu integrieren, werden Methoden aus dem Projektmanagement angewandt. Gemäß DIN 69901-5 ist Projektmanagement die „Gesamtheit von Führungsaufgaben, -organisation, -techniken und -mitteln" zur Abwicklung eines Projektes. Projektmanagement schafft die Rahmenbedingungen für das Projekt.

Es folgt in Bild 31eine ganzheitliche Betrachtung des „Magischen Dreiecks des Projektmanagements" durch Schulte-Zurhausen (2019). Die Unternehmensressourcen werden so organisiert, dass die Ziele des magischen Dreiecks – Sachziel, Kostenziel und Terminziel – eingehalten werden:

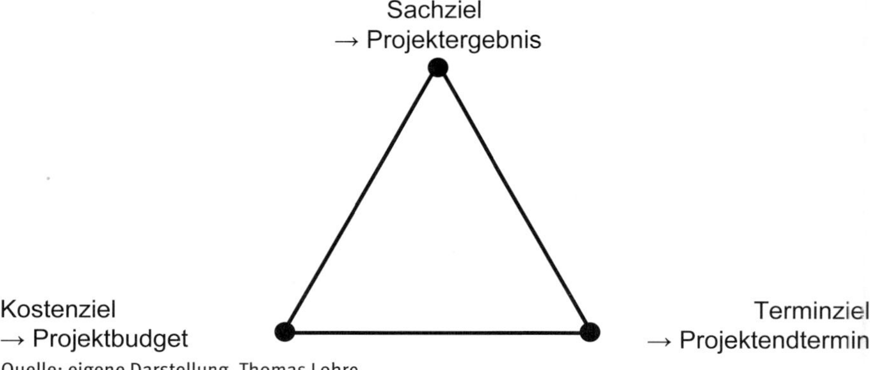

Quelle: eigene Darstellung, Thomas Lohre

Bild 31: Magisches Dreieck des Projektmanagements von Schulte-Zurhausen (2019)[73]

73 Siehe Schulte-Zurhausen, M. (2019): Projektmanagement als Führungskonzeption. URL: https://wi-lex.de/index.php/lexikon/entwicklung-und-management-von-informationssystemen/it-projektmanagement/projektmanagement-als-fuehrungskonzeption/ [Stand 13.05.2024].

Termine, Kosten und Leistungen definieren demnach die Ziele des Projekts. Das Sachziel ist die Einführung eines ISMS und beschreibt damit das gewünschte Projektergebnis. Die anderen beiden Ziele legen fest, mit welchem Ressourcenaufwand und zu welchem Termin das gewünschte Sachziel erreicht werden soll. Aus diesen drei Zielen ergibt sich ein Zielkonflikt. Die Ziele sind voneinander abhängig und können nicht beliebig variiert werden. Im Rahmen eines Projekts müssen sie immer wieder ausbalanciert werden.

Beispiel für einen Zielkonflikt zwischen Zeit und Kosten:

Für die Einführung eines ISMS wurden sowohl ein Endtermin als auch ein Budget festgelegt. Im Laufe des Projekts ist abzusehen, dass der angestrebte Termin nicht zu halten ist. Um das Terminziel zu erreichen, könnten beispielsweise mehr Mitarbeiter in das Projekt involviert werden. Dies würde sich jedoch auf die Kosten niederschlagen. Es kommt zu einem Konflikt zwischen Zeit und Kosten.

Die drei Ziele des magischen Dreiecks stellen die Erfolgskriterien für das Projekt dar. Sie bilden die Steuerparameter. Das magische Dreieck bildet die Grundlage für die Projektplanung und wird auf Realisierbarkeit überprüft. Ein Projekt wird erfolgreich abgeschlossen, wenn es mit seinen Zielvorgaben übereinstimmt.

Standards im Projektmanagement

Projektmanagement wird in vielen Bereichen angewandt. Im Laufe der Jahre wurden zahlreiche fachübergreifende standardisierte Methoden des Projektmanagements herausgebildet. Den Anwendern stehen dadurch methodische Dokumentationen und Instrumente für die verschiedenen Phasen eines Projekts zur Verfügung. Exemplarisch werden im Folgenden drei international bekannten Standards mit Zertifizierungsmöglichkeiten beschrieben.

International Competence Baseline (ICB)[74]

Dieser Standard wurde von der International Project Management Association (IPMA) entwickelt. Die IPMA ist eine europäische Initiative zur internationalen Zertifizierung von Projektmanagern. Gemäß IPMA beginnt der Projektmanagementprozess mit der Erteilung des Projektauftrags und endet mit der Projektabnahme. Zum Prozess gehören die Teilprozesse Projektstart, Projektkoordination, Projektcontrolling und Projektabschluss. ICB beschreibt und empfiehlt keine konkrete Methodik, Terminologie oder Prozessabfolge, sondern bietet

74 Deutsche Gesellschaft für Projektmanagement e.V. (2017): Individual Competence Baseline für Projektmanagement (Version 4.0./deutsche Fassung), Nürnberg.

eine Zusammenfassung von Methoden und Wissenselementen an. Es gibt kein konkretes Prozessmodell, mit dem eine bestimmte Handlungsweise vorgegeben wird. Es wird davon ausgegangen, dass jedes Projekt ein spezifisches Design zur Organisation des Projekts und der zu etablierenden Projektkultur benötigt. Jedoch bildet das Prozessmodell der DIN 69901 die Grundlage.

ICB hat einen kompetenzorientierten Ansatz. Ein Projekt wird erfolgreich abgeschlossen, wenn die beteiligten Personen über die notwendige Kompetenz verfügen. Die Kompetenz wird unterschieden in:

- formale Kompetenz (Zuständigkeit, Befugnis)
- Handlungskompetenz (Fähigkeit, Einstellung)

Neben der Fachkompetenz wird auch die Sozialkompetenz in das Projektmanagement einbezogen. Kompetenzen sind kontextabhängig.

Auf regionale und kulturelle Besonderheiten gehen die nationalen Organisationen mit eigenen Handbüchern ein.

Merksatz

Der Grundsatz bei ICB lautet: Kompetente Personen wissen, welches Handeln in der jeweiligen Situation notwendig ist. Kompetenzen können aufgebaut werden. Dazu sind Erfahrungen, Trainings und langjährige Praxis notwendig. Kompetenzen können in einem Projekt jedoch auch hinzugekauft werden.

Project Management Body of Knowledge (PMBOK)[75]

Das in den USA gegründete Project Management Institute (PMI) ist der größte Verband für das Projektmanagement und entwickelte PMBOK: eine umfangreiche Sammlung von Projektmanagementmethoden. Es ist ein von der ANSI und IEEE anerkannter Standard und kann damit in global agierenden Unternehmen eingesetzt werden.

PMBOK enthält 42 Einzelprozesse mit In- und Outputs sowie Werkzeuge bzw. Techniken und Wissensgebiete des Projektmanagements als Best Practice. Für jede Tätigkeit im Projektmanagement existieren ein spezifischer Prozess und eine Beschreibung. Es wird zwischen folgenden Prozessen unterschieden:

- Projektmanagementprozess (ähnliche Form in allen Projekten)
- Produktorientierter Prozess (Spezifikation für den aktuellen Anwendungsbereich)

75 PMI (Hrsg.) (2021): A Guide to the Project Management Body of Knowledge: PMBOK guide (deutsche Übersetzung), 7. Ausgabe, Newtown Square.

Weiterhin existieren fünf sich an den Phasen eines Projektes orientierende Projektmanagementprozessgruppen:

- Initiierung
- Planung
- Steuerung
- Ausführung
- Abschluss

Diese Prozessgruppen beeinflussen sich gegenseitig.

Zusätzlich gibt es noch eine Kategorisierung in neun Wissensgebiete des Projektmanagements, denen die Einzelprozesse der Prozessgruppen zugeordnet sind:

- Integrationsmanagement
- Inhalts- und Umfangsmanagement
- Terminmanagement
- Kostenmanagement
- Qualitätsmanagement
- Personalmanagement
- Kommunikationsmanagement
- Risikomanagement
- Beschaffungsmanagement

Dabei durchläuft jeder Einzelprozess die verschiedenen Prozessgruppen.

Das Project Management Office (PMO), das zentrale Element des PMBOK, koordiniert unternehmensintern die Standards zur Projektqualität und die Projektmanagementpraktiken.

Merksatz

Alle Projektmanagementprozesse, die vom PMI angegeben werden, können genau einer Projektmanagementprozessgruppe und einem Projektmanagementwissensgebiet zugeordnet werden.

Projects in Controlled Environments (kurz: PINCE 2)[76]

PRINCE2 wurde vom Office of Government Commerce in Großbritannien entwickelt und gilt dort als Standard für das Projektmanagement. Es ist eine praxisorientierte Methode, da die beschriebenen Best Practices anhand von praktischen Projekten gewonnen wurden. Die Prozesse von PRINCE2 können an das jeweilige Projekt angepasst werden. Das Unternehmensmanagement wird aktiv in das Projektmanagement eingebunden und die Lenkung des Projekts wird durch den Lenkungsausschuss wahrgenommen. Manager greifen nur in den Prozess ein, wenn das Projekt außerhalb der Toleranzgrenzen läuft.

PRINCE2 besteht aus den folgenden Bausteinen:

- den sieben Grundprinzipien (fortlaufende geschäftliche Rechtfertigung, Produktorientierung, Lernen aus Erfahrungen, definierten Rollen und Verantwortlichkeiten, Steuerung über Managementphasen, Steuern nach dem Ausnahmeprinzip, Anpassen an die Projektumgebung),
- den sieben Themen (Business-Case, Organisation, Pläne, Risikomanagement, Qualitätsmanagement, Änderungsmanagement, Fortschritt),
- den sieben Prozessen (Vorbereiten, Lenken, Initiieren und Steuern eines Projekts, Managen der Produktlieferung und der Phasenübergänge, Abschließen des Projekts) und
- der Anpassung an die Projektumgebung.

PRINCE2 ist prozessorientiert und fokussiert auf das Ergebnis. Das Projekt kann hinsichtlich der Termine, des Budgets und der Qualität gesteuert werden. Konkrete Qualitätskriterien können vorgegeben werden. Durch definierte Projektphasen kann ein strukturierter Projektablauf stattfinden.

PRINCE2 ermöglicht eine Analyse der Risiken und eine Ableitung geeigneter Maßnahmen.

Hinweis

PRINCE2 muss an die jeweilige Projektumgebung angepasst werden, da es ansonsten dokumentenlastig wird. Da die für PRINCE2 selektierten Prozesse durchlaufen werden müssen, sollten nur die für das Projekt entscheidenden Prozeduren und Vorlagen verwendet werden.

76 Axelos Ltd. (2024): PRINCE2® Project Management Certifications. URL: https://www.axelos.com/certifications/propath/prince2-project-management [Stand 13.05.2024].

PDCA-Zyklus

Ein ISMS muss kontinuierlich angepasst und verändert werden. Dazu eignet sich der PDCA-Ansatz, mit dem eine kontinuierliche Verbesserung stattfinden kann. Zunächst muss eine Analyse des aktuellen Zustands stattfinden.

Die vier Elemente des PDCA-Zyklus sind:

- Plan (Erkennen von Verbesserungspotenzialen)
- Do (Umsetzen des Konzeptes an einem einzelnen Arbeitsplatz mit einfachen Mitteln)
- Check (Prüfung der erzielten Ergebnisse und Freigabe bei Erfolg der Maßnahme)
- Act (Einführung des neuen Standards und regelmäßige Überprüfung der Einhaltung)

Werden bei der regelmäßigen Überprüfung des neuen Zustands wiederum Verbesserungsmöglichkeiten festgestellt, beginnt der Zyklus wieder mit der Phase *Plan*.

Anwendung des PDCA-Zyklus:

Die Gewährleistung der IT-Sicherheit ist ein fortlaufender Prozess, denn nur so kann kontinuierlich eine Optimierung gewährleistet werden. Die DIN EN ISO/IEC 27001 verwendet zur Strukturierung der ISMS-Prozesse den PDCA-Ansatz. Der Ansatz wird nicht mehr explizit erwähnt, jedoch finden sich die Grundprinzipien des PDCA-Zyklus wieder (siehe Kapitel 5.3)

Für das ISMS ergeben sich folgende im Bild 32 dargestellten Aufgaben für die einzelnen Phasen:

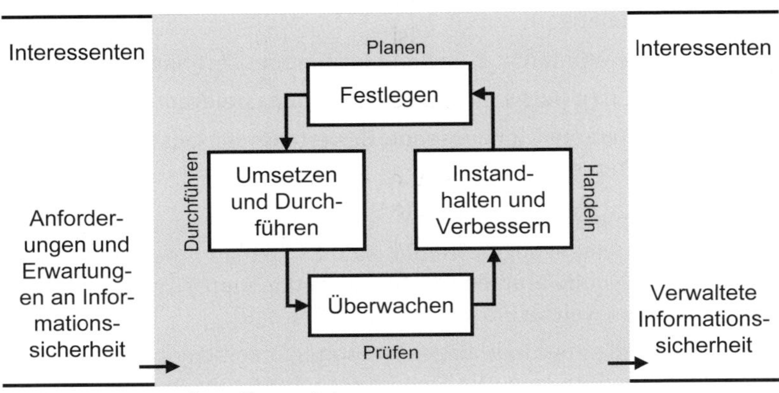

Quelle: eigene Darstellung, Thomas Lohre

Bild 32: PDCA-Zyklus für den ISMS-Prozess

1) Plan: Einrichten eines ISMS, z. B. Festlegen der Leitlinie, Auswahl der Prozesse und Verfahren
2) Do: Umsetzen und Durchführen des ISMS, z. B. Implementieren und Verwalten von Ressourcen
3) Check: Überprüfung und Erfolgskontrolle des ISMS, z. B. Messen des Erfolgs entsprechend der Leitlinie
4) Act: Einfließen der Verbesserungen, z. B. Durchführen von Korrekturmaßnahmen

Für den Aufbau und die Einführung des ISMS muss eine effiziente und effektive Kommunikation aufgebaut werden.

9.3.2.5 Lieferantenmanagement

Bei der Handhabung von Lieferanten (von Produkten und Dienstleistungen) sollten die Geschäftsprozesse ganzheitlich betrachtet werden und alle Maßnahmen umfassen, die die Material- und Warenflüsse effektiv und effizient planen und steuern bzw. kontrollieren. Das Lieferantenmanagement beinhaltet alle Phasen vom Erstkontakt über die Lieferantenbewertung bis hin zur Weiterentwicklung der Lieferanten. Mit dem Lieferantenmanagement können passende und verlässliche Lieferanten ausgewählt, gesteuert und kontrolliert werden. Entsprechende Qualitätsstandards können festgelegt werden. Ziele sind eine langfristige strategische Zusammenarbeit und der Aufbau von vertrauensvollen Beziehungen.

Das Lieferantenmanagement umfasst folgende Prozessstufen:

1) Identifizieren der möglichen Lieferanten entsprechend dem Anforderungsprofil des Unternehmens
2) Eingrenzung der Lieferanten (z. B. anhand bestimmter Zertifikate)
3) Analyse der Lieferanten (Auswahl nach entscheidungsrelevanten Kriterien)
4) Bewertung der Lieferanten (umfassende Bewertung der Leistungsfähigkeit ausgewählter Lieferanten)

Mit dem Lieferantenmanagement können Richtlinien etabliert werden, wie mit den Dienstleistern umgegangen werden soll. Es können Anforderungen an Lieferanten und deren Sublieferanten über die gesamte Supply-Chain hinterlegt werden. Es ist zu regeln, welche Prozesse einzuhalten sind.

Die Beschaffung und die zugrunde liegende Strategie sollten konkret auf das Unternehmen zugeschnitten sein. Die Sicherheitsanforderungen des Unternehmens spielen bei der Auswahl des Lieferanten und beim Aufbau der Beziehungen eine große Rolle. Mögliche Risiken und die Kosten zur Beseitigung der Risiken müssen in die Betrachtung einfließen. Über die auszulagernden Prozesse sollte ein Sicherheitskonzept erstellt werden.

Externe IT-Leistungen

Unternehmen beziehen zunehmend IT-Leistungen von externen Anbietern. Dies kann beispielsweise durch Outsourcing oder Cloud-Computing erfolgen. Diese Dienstleister sind oft Verursacher von Sicherheitsvorfällen. Mit der Auslagerung der IT-Leistung erfolgte jedoch kein Outsourcing der Verantwortung. Deshalb muss eine Überprüfung der Lieferanten vorgenommen werden.

Mit der DIN EN ISO/IEC 27001 soll eine Absicherung der Lieferantenbeziehungen erfolgen. Die DIN EN ISO/IEC 27001 verlangt eine Identifikation, Dokumentation und Risikoanalyse der bestehenden Versorgungskette. Damit sind nicht nur die Lieferanten, sondern auch mögliche Subunternehmen zu betrachten.

Vertragliche Regelungen

Zwischen dem Lieferanten und dem Unternehmen wird ein Vertrag abgeschlossen. Vertragsinhalte sind unter anderem:

- Beschreibung des Leistungsgegenstands
- Vorgaben zur Erfüllung
- Service-Levels
- Sicherheitsanforderungen
- anerkannten Standards, Normen und Best Practices wie ITIL
- mögliche regulatorische Vorgaben
- Regelungen bei Nichterfüllung der Vorgaben

Die DIN EN ISO/IEC 27001 erfordert eine Definition von Sicherheitsanforderungen gegenüber Lieferanten, die schriftlich vereinbart werden müssen. Diese Sicherheitsanforderungen sind also Bestandteil der vertraglichen Regelungen mit dem IT-Dienstleister. Sie sind nachzuweisen und vom Unternehmen zu prüfen.

Änderungen der Vorgaben müssen gemanagt und kommuniziert werden. Die gesamte Supply-Chain ist dahingehend zu prüfen, dass die vertraglich festgelegten Sicherheitszusagen erfüllt werden. Das ISO-27001-Zertifikat ist ein gewünschter Nachweis für Informationssicherheit.

Hinweis

Die DIN EN ISO/IEC 27001 sieht regelmäßige Lieferanten-Audits vor. Der Anhang A 5.19-5.23 enthält Regelungen zu den Lieferantenbeziehungen. Es wird geregelt, was die Vereinbarungen mit den Lieferanten enthalten müssen und wie die Lieferanten zu überwachen sind. Die DIN EN ISO/IEC 27001 sichert die gesamte Supply-Chain ab.

9.3.2.6 Änderung an internen und externen Faktoren

Das ISMS im Unternehmen wird nicht nur von internen, sondern auch von externen Faktoren beeinflusst. Es wird durch die Ausrichtung, die Kultur und den Führungsstil im Unternehmen geprägt. Die Risikostrategie ist von der Gesamtstrategie des Unternehmens abhängig. Deshalb muss das ISMS speziell auf das jeweilige Unternehmen zugeschnitten sein. Die Situation im Unternehmen muss erfasst werden. Die möglichen Risiken hängen von den Produkten, vom Markt und vielen anderen Parametern ab. Deshalb sind gemäß DIN EN ISO/IEC 27001 interne und externe Kontexte festzulegen. Dabei spielen kulturelle, soziale und finanzielle Aspekte eine Rolle.

Der Geltungsbereich des ISMS ist festzulegen. Dies betrifft die internen und externen Faktoren sowie die Stakeholder. Aus den Stakeholdern, den internen und externen Faktoren sind die Anforderungen gegenüber dem Unternehmen abzuleiten. Sie sind Bestandteil der Risikoanalyse.

Die internen Faktoren werden von der Unternehmenskultur, den vertraglichen Beziehungen, der Unternehmenspolitik und den Unternehmenszielen bestimmt. Diese bilden die Rahmenbedingungen des ISMS. Es muss geklärt werden, wie die Informationssicherheit innerhalb der Organisation gehandhabt werden soll. Es müssen Zuständigkeiten und Verantwortlichkeiten klar geregelt werden.

Es muss der Umgang mit externen Dienstleistern und Kunden geregelt werden. So können beispielsweise Risiken durch ein unterschiedliches Qualitätsverständnis oder Kulturunterschiede (z. B. bei Auslagerung von Services nach Indien) entstehen. Mögliche externe Bedrohungen müssen erkannt werden.

Gesetzliche Vorgaben müssen eingehalten werden. Dazu ist es notwendig, die relevanten Gesetze und Sicherheitsvorschriften zu identifizieren. Dabei spielen auch Datenschutz, Urheberrechte und Schutz von geistigem Eigentum eine Rolle. Die DIN EN ISO/IEC 27001 dient damit auch der Einhaltung der rechtlichen Vorgaben.

Schließlich sind auch die Stakeholder für das ISMS zu identifizieren. Diese stellen Anforderungen mit unterschiedlichen Sicherheitsbedürfnissen. Damit kann das notwendige Sicherheitsniveau bestimmt werden.

Merksatz

Stakeholder können unter anderem Lieferanten, staatliche Institutionen und Wartungsfirmen sein.

Anforderungen können rechtliche, regulatorische, vertragliche und ethische Verpflichtungen enthalten.

10 ISMS bewerten

10.1 Die Bedeutung der Zertifizierung

> „Miss alles, was sich messen lässt, und mach alles messbar, was sich nicht messen lässt!“[77]

Managementsysteme sind heutzutage anerkannte Werkzeuge der Unternehmenssteuerung. Fast 50 000 Unternehmen in Deutschland sind gemäß ISO 9001 zertifiziert.[78] Laut der Statistik der ISO zu Konformitätszertifikaten[79] sind die in Organisationen am häufigsten betriebenen Managementsysteme:

- Qualitätsmanagementsystem (gemäß ISO 9001)
- Umweltmanagementsystem (gemäß ISO 14001)
- Managementsysteme für Sicherheit und Gesundheit bei der Arbeit (gemäß ISO 45001)
- ISMS (gemäß ISO/IEC 27001)

Mittlerweile gibt es weltweit fast 60 000 Unternehmen, die gemäß ISO/IEC 27001 zertifiziert sind, d. h. ein ISMS besitzen, das von einer akkreditierten Zertifizierungsstelle geprüft wurde.

ISO hat seit einigen Jahren eine einheitliche Methodik für die Entwicklung von Managementsystemstandards[80], unter anderem mit identischen Abschnittstiteln und -nummern, gemeinsamen Texten und gemeinsamen Definitionen. Von zertifizierten Organisationen wird unter anderem gefordert, dass sie einen Prozess realisieren, der ermöglicht, die Wirksamkeit („effectiveness“) und die Leistung („performance“) des jeweiligen Managementsystems zu bewerten. Das gilt in ähnlicher Form auch für die Norm ISO/IEC 27001. Dort heißt es in Abschnitt 9.1:

> Die Organisation muss die Informationssicherheitsleistung und die Wirksamkeit des ISMS bewerten.

77 Ein Zitat, das Archimedes zugesprochen wird. Einige Quellen führen es auch auf Galileo Galilei zurück.

78 Siehe https://www.iso.org/the-iso-survey.html.

79 Siehe https://www.iso.org/the-iso-survey.html.

80 Siehe ISO/IEC Directives, Part 1, Annex SL (Proposals for management system standards), 2021.

Zu diesem Zweck müssen Messmethoden festgelegt werden. Ist das Zitat vom Anfang dieses Kapitels also berechtigt? Worin besteht der Sinn des Messens? Messen ist Vergleichen. In vielen Fällen ist auch das Zählen eine angemessene Alternative zum Messen. Beispielsweise kann man mithilfe eines Zollstocks die Länge eines Stabes mit der Anzahl gleich langer Einheitslängen vergleichen. Man muss jedoch nicht immer quantitativ, man kann auch qualitativ vergleichen. Beispielsweise kann man zwei Stäbe nebeneinanderstellen und deren Länge vergleichen, ohne quantitative Messwerte zu erheben. Man kann anhand einer Ordinalskala auch mehrere Stäbe miteinander vergleichen (längster, zweitlängster, drittlängster usw.). Bei Stablängen ist sowohl qualitatives (bzw. ordinales) als auch quantitatives Messen ziemlich leicht durchzuführen. Aber wie ist das bei Managementsystemen? Wie kann man herausfinden, welches das effektivere von zwei ISMS ist oder ob das vorhandene ISMS letztes Jahr effektiver war als vorletztes Jahr?

Effektivität

Effektivität ist ein Maß für die Zielerreichung und kann als Synonym von „Wirksamkeit" angesehen werden. Basierend auf dieser Definition stellen sich unter anderem folgende Fragen, die auf den nächsten Seiten Antworten finden sollen:

1) Gibt es Effektivitätsindikatoren für ISMS, die valides Vergleichen ermöglichen?
2) Ist das Vorgehensmodell für das Messen mit diesen Indikatoren hinreichend verständlich und praxistauglich?

Um die Schwierigkeit gültigen Messens zu veranschaulichen, nehmen wir das Beispiel eines elektrischen Stromkreises. Man kann die Stromstärke messen, indem man die Helligkeit (Lichtstrom) der Lampe misst (siehe Bild 33). Doch diese Messung ist nicht verallgemeinerbar, wenn es nicht strenge Vorgaben hinsichtlich der Materialeigenschaften der Lampe und der Kabel gibt. Verwendet jemand die primitive Messregel „Miss die Stromstärke, indem du die Helligkeit der Lampe misst", dann kann ein anderer Stromkreis eine hellere Lampe aufweisen, obwohl die Stromstärke geringer ist, wenn beispielsweise eine LED-Lampe statt einer Halogenlampe im Einsatz ist. Schließlich kommt erschwerend hinzu, dass der Zusammenhang zwischen Lichtstrom und elektrischer Stromstärke meist nicht linear ist.

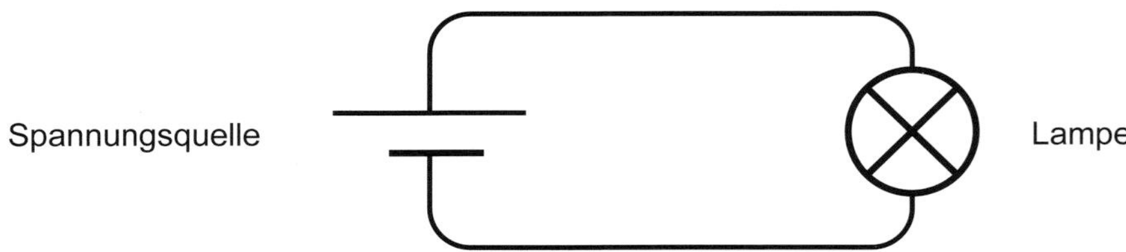

Quelle: eigene Darstellung, Rainer Rumpel

Bild 33: schematische Darstellung eines Stromkreises.

Es ist also offensichtlich, dass zum Vergleich von Systemen eine robuste Messmethode erforderlich ist, die Vergleichbarkeit ermöglicht, und dass Messgrößen zum Einsatz kommen, die relevant für die zu messende Größe sind.

Wenn es möglich sein soll, die Wirksamkeit eines ISMS bzw. die Leistung der Informationssicherheit robust zu messen, dann muss man den Istzustand angemessen bewerten und Verbesserungen bzw. Verschlechterungen zuverlässig feststellen können.

10.2 Reifegradmodelle und Leistungsfähigkeitsgradmodelle

Kernanforderung an ein ISMS ist gemäß DIN EN ISO/IEC 27001, Abschnitt 8, dass das ISMS operativ betrieben – also gelebt – wird. Zum Leben erweckt wird ein ISMS durch die Realisierung von ISMS-Prozessen, welche gemäß ISO/IEC 27003, Abschnitte 4.1 und 9, sowie ISO/IEC TS 27022 geplant werden sollten.

Hinweis

Das Wort „Prozess" leitet sich aus dem lateinischen Wort „procedere" – „fortschreiten" – ab. Prozesse bestehen aus einer strukturierten Abfolge von Aktivitäten und können Teil von anderen Prozessen sein oder diese initiieren. Prozesse werden im Unterschied zu Projekten in der Regel mehrfach durchlaufen. Prozesse werden meist in Kern-, Unterstützungs- und Managementprozesse unterschieden.

Ein ISMS erbringt seine Leistung für die Kunden, also die berechtigten, interessierten Parteien, mittels ISMS-Prozessen. Beispiele für konkrete ISMS-Prozesse sind:

- Prozess zur Beurteilung von Informationssicherheitsrisiken
- Prozess zur Behandlung von Informationssicherheitsrisiken
- Ressourcenmanagementprozess

- Sensibilisierungsprozess
- Kommunikationsprozess
- Steuerungsprozess für Dokumentationen und Nachweise
- Prozess zur Steuerung ausgelagerter Dienstleistungen
- Leistungsbewertungsprozess (Überwachen und Messen)
- Prozess zur internen Auditierung
- Informationssicherheits-Vorfallmanagementprozess

Eine ähnliche Prozessliste findet sich in ISO/IEC TS 27022.

Die Leistungsfähigkeit dieser Prozesse kann mithilfe der sogenannten Prozessreife bestimmt und gesteuert werden. Hierzu werden Prozessreifegradmodelle verwendet.

> Der **Reifegrad** beschreibt die Qualität eines Prozesses anhand vorgegebener Reifemerkmale. Der Reifegrad wird durch verschiedene Stufen beschrieben, die jeweils evolutionäre Schritte in der Prozessverbesserung darstellen. Die Reifegrade werden durch Messung des Erfüllungsgrades der jeweiligen Kriterien einer Reifegradstufe bestimmt.

In der Praxis haben unterschiedliche ISMS-Prozesse in der Regel unterschiedliche Reifegrade. Beispielsweise sollte eine Organisation „A“, die große Teile ihres IT-Betriebs an externe Dienstleister (z. B. Cloud-Service-provider) ausgelagert hat, aufgrund der damit verbundenen Abhängigkeiten und der damit einhergehenden Risiken eine hohe Prozessreife für den „Prozess zur Steuerung ausgelagerter Dienstleistungen“ anstreben. Eine Organisation „B“, die vergleichsweise wenige und unwichtige Dienstleistungen ausgelagert hat und für die die damit einhergehenden Risiken daher gering oder gar vernachlässigbar sind, benötigt hingegen einen niedrigeren Reifegrad für diesen Prozess. Es wäre also nicht angemessen und somit aufgrund unnötiger Kosten ineffizient, wenn die Organisation einen hohen Reifegrad für einen Prozess anstrebt, obwohl die damit einhergehenden Risiken gering oder gar vernachlässigbar sind. Das Austarieren der realisierten Reife der ISMS-Prozesse mit der tatsächlich benötigten Prozessreife ist daher eine weitere Möglichkeit zur Verbesserung des ISMS.

Das Forcieren der Reifegrade der ISMS-Prozesse befördert die Sicherstellung der Effektivität des gesamten ISMS. Es sollte allerdings beachtet werden, dass „Prozessreife“ und „Prozesswirksamkeit“ nicht dasselbe sind.

Aufgrund der Bedeutung des Reifegrads von Prozessen wird nachfolgend ein Überblick über gängige Reifegradmodelle gegeben:

- Capability Maturity Model Integrated (CMMI)
- ISO/IEC 33001(Process assessment – Concepts and terminology), vormals ISO/IEC 15504
- ISO/IEC 21827, auch als System Security Engineering Capability Maturity Model (SSE-CMM) bekannt
- Cybersecurity Capability Maturity Model (C2M2)
- The Open Group Information Security Management Maturity Model (O-ISM3)

Ein wichtiger Aspekt der Reifegradmodelle ist, dass je höher die Reife der Prozesse ist, desto höher ist in der Regel auch die Leistungsfähigkeit bzw. Wirksamkeit der Prozesse. Das Vorhandensein von „reifen" Prozessen garantiert allerdings nicht den Erfolg oder eine optimale Leistung dieser Prozesse. ISMS-Prozesse mit einem fortgeschrittenen Reifegrad garantieren folglich noch nicht das Vorhandensein eines angemessenen Niveaus an Informationssicherheit. Vielmehr gewähren sie einen Einblick in die Fähigkeit einer Organisation, ein solches zu erreichen und aufrechtzuerhalten.

Hinweis

Der Informationssicherheitsprozess „Handhabung von Informationssicherheitsvorfällen" kann definiert und dokumentiert sein. Damit ist aber noch nicht sichergestellt, dass Sicherheitsvorfälle tatsächlich erfasst werden.

Reifegradmodelle definieren unterschiedliche Stufen der Reife sowie allgemeine Kriterien zur Bewertung, ob ein spezifischer Reifegrad erreicht wurde. Aufgrund der allgemeinen Bewertungskriterien für erlangte Reifegrade sind Reifegradmodelle bestens geeignet, um die Reifegrade von Prozessen und Organisationen zu vergleichen (Benchmarking).

Ein ISMS kann und sollte mithilfe von Reifegradanalysen immer dann verbessert werden, wenn der identifizierte Sollreifegrad eines Prozesses von dem vorhandenen/realisierten Istreifegrad des Prozesses abweicht. Schwierig ist dabei in der Praxis jedoch die Bestimmung des individuellen Sollreifegrades unter Berücksichtigung der strategischen Sicherheitsziele der anwendenden Organisation. Nach der Vorstellung etablierter Reifegradmodelle folgen daher im Kapitel 10.2.6 grundsätzliche Überlegungen zur Bestimmung des Sollreifegrades von ISMS-Prozessen.

Welches Reifegradmodell in der Praxis angewendet werden soll, kann jede Organisation für sich selbst entscheiden. Alle vorgestellten Reifegradmodelle sind grundsätzlich geeignet und bestehen aus relativ ähnlichen Reifegradstufen. Kriterien bei der Auswahl eines konkreten Reifegradmodells können bereits vorhandene Erfahrungen und Know-how zu einem spezifischen Reifegradmodell sein.

10.2.1 Capability Maturity Model Integrated

Die Idee hinter Capability Maturity Model Integrated (CMMI)[81] ist zurückzuführen auf Richard Nolans Stufenmodell, welches durch das Software Engineering Institute der Carnegie Mellon University in den 1990er-Jahren im Software Capability Maturity Model (SW-CMM) aufgegriffen und später durch CMM Integrated ersetzt wurde.

CMMI stellt ein Modell bereit, das die stufenbasierte Verbesserung von Prozessen zum Ziel hat. Die Verbesserung wird durch Reifegrade gemessen. Ein Reifegrad in CMMI ist ein definiertes evolutionäres Plateau in der Verbesserung eines Prozesses.

CMMI 2.0 unterscheidet die folgenden Reifegradstufen:

- Initial (initial) – Prozess werden ad hoc und chaotisch durchgeführt.
- Gesteuert (managed) – Prozesse sind geplant und werden anhand von Vorgaben durchgeführt. Zuständigkeiten und Ressourcen sind zugewiesen. Relevante Stakeholder der Prozesse sind identifiziert, werden eingebunden und Prozesse werden regelmäßig überwacht und gesteuert. Die Prozessleistung wird regelmäßig bewertet und die Ergebnisse der Prozessbewertung werden mit der Leitungsebene ausgetauscht. Zu den Practices dieser Stufe gehört unter anderem MPM (Managing Performance and Measurement). Hier ist die Messung der Wirksamkeit (Zielerreichungsgrad) des Prozesses anzusiedeln.
- Definiert (defined) – Prozesse sind verstanden und werden mit einheitlicher Hilfe von Vorgaben wie Standards und Arbeitsanweisungen, Hilfsmitteln wie Vorlagen und Checklisten sowie definierten Methoden beschrieben. Standards, Prozessbeschreibungen und Prozessabläufe sind auf die anwendende Organisation zugeschnitten und einheitlich für alle Prozesse der Organisation. Ein definierter Prozess wird durch Prozess-Ziel/-Zweck, Input, Output, Tätigkeiten, Rollen, Messgrößen, Prüfschritte, Kriterien für Start und Ende des Prozesses beschrieben.

81 ISACA: CMMI. URL: https://cmmiinstitute.com/cmmi [Stand 13.05.2025].

- Quantitativ gesteuert (quantitatively managed) – Quantitative Ziele für die Prozessleistung und die Qualität des Prozesses sind definiert und werden als Kriterien zur Steuerung des Prozesses verwendet.
- Optimierend (optimizing) – Prozesse werden kontinuierlich verbessert durch inkrementelle und innovative Verbesserungen des Prozesses, basierend auf einem quantitativen Verständnis der Ziele der Organisation und den Leistungsanforderungen an den Prozess.

10.2.2 ISO/IEC 33001 (Prozessbeurteilung)

ISO/IEC 33001 „Process assessment – Concepts and terminology" gehört zu einer Gruppe von Standards zur Bewertung von Prozessen, insbesondere der Erreichung von Prozessqualitätsmerkmalen. Der Standard hat Bezug zum Vorgehensmodell *Software Process Improvement and Capability determination (SPICE)*, welches insbesondere auf die Bewertung von Prozessen der Software- und Elektronikentwicklung zugeschnitten ist. ISO/IEC 33001 beinhaltet ein Prozessreferenzmodell und ein Prozessbeurteilungsmodell.

ISO/IEC 33020 „Process measurement framework for assessment of process capability" unterscheidet die folgenden Fähigkeitsstufen eines Prozesses:

- Stufe 0: Unvollständig (Incomplete)
- Stufe 1: Durchgeführt (Performed)
- Stufe 2: Gesteuert (Managed)
- Stufe 3: Etabliert (Established)
- Stufe 4: Vorhersagbar (Predictable)
- Stufe 5: Erneuernd (Innovating)

Den Reifegradstufen sind Prozessattribute zugeordnet. Sie sind ein Maß dafür, inwieweit die jeweilige Prozessstufe erreicht ist.

Das CMMI-Framework unterscheidet zwischen „Reife" (Maturity) und „Leistungsvermögen" bzw. „Leistungsfähigkeit" (Capability). In ISO/IEC 33020, Abschnitt 3.4 wird der Begriff definiert:

process capability
characterization of the ability of a process to meet current or projected business goals

10.2.3 ISO/IEC 21827, auch bekannt als SSE-CMM

ISO/IEC 21827 „Information technology – Security techniques – Systems Security Engineering Capability Maturity Model® (SSE-CMM®)“ beschreibt grundsätzliche Anforderungen, die eine Organisation erfüllen muss, um ein angemessenes Niveau an Informationssicherheit zu erreichen.

ISO/IEC 21827 beschreibt dabei nicht einen konkreten Prozess oder eine konkrete Abfolge von Tätigkeiten. Die Norm stellt ein Modell zur Bewertung der Reifegrade bereit, das als Ausgangspunkt zur Planung eines ISMS genutzt werden kann.

Reifegradstufen in ISO/IEC 21827 sind:

- formlos umgesetzt,
- geplant und weiterverfolgt,
- gut definiert,
- quantitativ kontrolliert sowie
- kontinuierlich verbessernd.

Der Gesamtreifegrad der Informationssicherheit innerhalb einer Organisation wird festgestellt, indem der Reifegrad von Prozessen der Gebiete „Security Engineering“ und „Project and Organizational“ bewertet wird.

Den Gebieten sind die folgenden Prozesse zugeordnet:

- Security Engineering
  - Sicherheitskontrollen administrieren
  - Auswirkungen einschätzen
  - Sicherheitsrisiken einschätzen
  - Bedrohungen einschätzen
  - Verwundbarkeiten einschätzen
  - Nachweisverfahren etablieren
  - Sicherheit koordinieren
  - Sicherheitslage überwachen
  - Sicherheitsinformationen bereitstellen
  - Sicherheitsanforderungen spezifizieren
  - Sicherheit verifizieren und validieren

- Project and Organizational
  - Qualitätssicherung
  - Konfigurationsmanagement
  - Projektrisiken steuern
  - Aufwandsüberwachung und Steuerung
  - Aufwandsplanung
  - Sicherheitsprozesse definieren
  - Sicherheitsprozesse verbessern
  - Produkt-/Service-Lebenszyklus steuern
  - Unterstützung der Geschäftsprozesse durch Sicherheit optimieren
  - Weiterbildung steuern
  - Dienstleistersteuerung

Es sollte beachtet werden, dass es ein aktuelleres Prozess-Framework für ISMS gibt: ISO/IEC TS 27022.

10.2.4 Cybersecurity Capability Maturity Model

Cyber-Bedrohungen nehmen weiter zu und stellen eines der größten operativen Risiken dar, denen heutige Organisationen ausgesetzt sind. Das Cybersecurity Capability Maturity Model (C2M2)[82] unterstützt Organisationen aller Sektoren, Arten und Größen bei der Bewertung ihres Cybersecurity-Programms. Entwickelt wurde es vom U.S. Department of Energy in Zusammenarbeit mit dem U.S. Department of Homeland Security.

C2M2 konzentriert sich auf das Management von Cybersicherheitspraktiken im Zusammenhang mit Informationstechnologie (IT) und Betriebstechnologie (OT). C2M2 ist als Selbstbewertungsmethodik konzipiert, mit der eine Organisation ihr Cybersicherheitsprogramm messen und verbessern kann.

Um den Fortschritt des Sicherheitsprogramms zu messen, verwendet C2M2 eine Skala mit vier Reifegradniveaus. Jede Stufe (Level) steht für Reifegradattribute, die in der nachstehenden Tabelle 10 beschrieben sind.

82 U.S. Department of Energy (2022): Cybersecurity Capability Maturity Model (C2M2), Version 2.1. URL: https://www.energy.gov/sites/default/files/2022-06/C2M2%20Version%202.1%20June%202022.pdf [Stand 13.05.2024].

Tabelle 10: Maturity Indicator Levels

Level	Characteristics
MIL0	– Practices are not performed
MIL1	– Initial practices are performed but may be ad hoc
MIL2	*Management characteristics:* – Practices are documented – Adequate resources are provided to support the process – Personnel performing the practices have adequate skills and knowledge – Responsibility and authority for performing the practices are assigned *Approach characteristic* – Practices are more complete or advanced than at MIL1
MIL3	*Management characteristics:* – Activities are guided by policies (or other organizational directives) – Performance objectives for domain activities are established and monitored to track achievement – Documented practices for domain activities are standardized and improved across the enterprise *Approach characteristic:* – Practices are more complete or advanced than at MIL2

10.2.5 Open Information Security Management Maturity Model

Die „The Open Group“ ist ein internationaler Zusammenschluss von Anwendern, System- und Lösungsanbietern, Tool-Herstellern, Forschern und Beratern, welche produkt- und herstellerneutrale IT-Standards entwickeln. Einer dieser Standards ist „Open Information Security Management Maturity Model", kurz O-ISM3[83], der im Jahr 2011 erstmals veröffentlicht wurde und seit 2017 in Version 2.0 vorliegt. Er soll die Planung und Umsetzung eines vollständig auf die individuellen Ziele und Anforderungen einer Organisation ausgerichteten ISMS

83 The Open Group (2017): Open Information Security Management Maturity Model (O-ISM3), Version 2.0 (veröffentlicht am 21.09.2017). URL: https://publications.opengroup.org/c17b [Stand 14.05.2024].

ermöglichen. O-ISM3 soll dabei für Organisationen jeder Größe und Branche unabhängig von deren konkretem Kontext und verfügbaren Ressourcen anwendbar sein.

Kernkonzepte von O-ISM3 sind die Planung des ISMS anhand von Reifegraden und die Nutzung eines prozessorientierten Ansatzes für das ISMS. O-ISM3 ist kompatibel mit den Normen der Reihe ISO/IEC 27000 sowie den Rahmenwerken COBIT und ITIL.

Der Hauptunterschied zwischen ISO/IEC 27001 und O-ISM3 ist, dass O-ISM3 Reifegradstufen für Informationssicherheitsprozesse nutzt, während es in der ISO/IEC 27001 in erster Linie um Konformität zu formulierten Anforderungen bezüglich des ISMS geht.

Das im O-ISM3 definierte Prozessmodell besteht aus Prozessen der folgenden Kategorien:

- generische Prozesse (General Management)
- strategische Prozesse (Direct and Provide)
- taktische Prozesse (Implement and Optimize)
- operative Prozesse (Execute and Report)

Für jeden Prozess werden in O-ISM3 eine Beschreibung, die durch den Prozess generierten Mehrwerte, Dokumentationen, Input, Output, Beschreibungen von Messgrößen zur Prozessqualität, Verantwortlichkeiten und Zuständigkeiten, Schnittstellen zu anderen Prozessen und die verwandten Methoden bereitgestellt.

O-ISM3 kennt – ähnliche wie CMMI – Reifegrade (Maturity Level) und Fähigkeitsniveaus (Capability Level) für Prozesse. Die Reifegrade ergeben sich aus spezifischen Kollektionen von Prozessen, die auf bestimmten Fähigkeitsniveaus betrieben werden. Es gibt folgende Fähigkeitsniveaus:

- initial
- verwaltet (managed)
- definiert
- gesteuert (controlled)
- optimiert

Zwecks Zuordnung zu einem Fähigkeitsniveau werden folgende Prozessmetriken verwendet: Activity, Scope, Effectiveness, Quality, Load und Efficiency. Bei den aufgeführten Informationssicherheitsprozessen liegen Metrikbeschreibungen nur teilweise vor.

Der ISM-Reifegrad (einer Kollektion von Sicherheitsprozessen) ergibt sich aus der Kombination der Fähigkeitsniveaus der beteiligten Prozesse. Das Modell adressiert die richtigen Bedürfnisse, allerdings wird nicht hinreichend deutlich, wie die Metriken entwickelt werden und wie der Messvorgang durchgeführt wird.

Während in O-ISM3 der Fokus auf die Erreichung der Geschäftsziele gerichtet ist, fokussiert SSE-CMM (siehe Kapitel 10.2.3) primär auf die Informationssicherheit selbst.

10.2.6 Leistungsfähigkeitsgrade im Rahmen von IT-Governance

Ein wesentlicher Bestandteil der Governance von Informationssicherheit ist, dass die Leitungsebene das angestrebte Sicherheitsniveau festlegt. Das Niveau der Informationssicherheit ist in der Regel über eine Kombination verschieden anspruchsvoller Ziele für die Informationssicherheit definiert.

Merksatz

Governance stellt sicher, dass eine verantwortliche Gruppe mit weitreichender Entscheidungsbefugnis in einer Organisation nach Evaluation der Anforderungen, Rahmenbedingungen und Möglichkeiten der relevanten Anspruchsgruppen (Stakeholder, interessierte Parteien) ausgewogene Ziele bestimmt bzw. vereinbart, die es zu erreichen gilt. Angemessene Governance zeichnet sich dadurch aus, dass die Richtung durch die Festlegung von Prioritäten und das Fällen von Entscheidungen vorgegeben wird und Leistung und Regeleinhaltung bezüglich vereinbarter Vorgaben und Ziele überwacht werden.

Das angestrebte Sicherheitsniveau bildet die Ausgangsbasis für die Planung und Umsetzung eines ISMS, mit dessen Hilfe notwendige Sicherheitsmaßnahmen geplant, initiiert und umgesetzt werden.

Das ISMS kann man als Kollektion von ISMS-Prozessen verstehen. Jede Organisation muss ihre eigenen individuellen Ausprägungen von ISMS-Prozessen unter Berücksichtigung interner und externer Faktoren definieren und steuern, um die Erreichung des angestrebten Sicherheitsniveaus zu ermöglichen. Beispielsweise ist die Bestimmung des Reifegrades der ISMS-Prozesse als Steuerungs- bzw. Kontrollmaßnahme geeignet.

Obwohl in einigen Quellen für ein zertifizierungsfähiges ISMS ein Prozessgrad der höchsten Stufe („5 – innovating“) gemäß ISO/IEC 33020 gefordert wird, genügt dieses pauschale Kriterium häufig nicht der Effizienz, da dieser Reifegrad für einzelne Prozesse gegebenenfalls nicht erforderlich ist. Ursache für individuelle Reifegradanforderungen an ISMS-Prozesse sind Unterschiede zwischen den anwendenden Organisationen, deren Zielen und weiteren Rahmenbedingungen sowie deren konkrete Anforderungen hinsichtlich der Teilaspekte der Informationssicherheit.

Daher ist nicht für jeden ISMS-Prozess ein identischer bzw. hoher Reifegrad notwendig und damit angemessen. Durch die Berücksichtigung eines Reifegradmodells für ISMS-Prozesse, kombiniert mit einer Vorgehensweise zur Bestimmung des notwendigen Reifegrades, können die Angemessenheit des ISMS transparent gemacht und nicht angemessene Aufwände innerhalb der Governance von Informationssicherheit vermieden werden.

Hinweis

Ein international anerkanntes Framework zur IT-Governance ist „Control Objectives for Information and related Technology", kurz **COBIT**[84]. Es unterstützt Organisationen, die Ausrichtung der IT auf die Erreichung der Geschäftsziele sicherzustellen (IT-Alignment).

COBIT 2019 beinhaltet unter anderem ein Referenzmodell für die Handhabung von IT-Prozessen. Ein wesentliches Element von COBIT ist die Feststellung und systematische Verbesserung der Prozessleistungsfähigkeit (capability). COBIT bietet ein Capability-Schema (Skala von 0 bis 5) auf Basis von CMMI an.

Zum Prozessportfolio gehört zum Beispiel der Prozess „Handhabung von IT-Risiken", für den als Ziel ausgewiesen ist: *kontinuierliche Identifizierung, Bewertung und Reduzierung von IT-bezogenen Risiken innerhalb der von der Institutionsleitung festgelegten Toleranzgrenzen*. Zugehörig sind jeweils Maßnahmenvorschläge auf verschiedenen Capability-Niveaus. Beispielsweise ist der COBIT-Maßnahme „Einführung und Beibehaltung einer Methode für die Sammlung, Klassifizierung und Analyse von risikobehafteten Daten, die mit dem Ansatz der Organisation zur Risikoerkennung abgestimmt ist" das Capability-Niveau 2 zugeordnet.

Es existieren Mappings zwischen COBIT und anderen Standards, unter anderem der Reihe ISO/IEC 20000 (IT-Service-Management) und der Reihe ISO/IEC 27000.

Frameworks zur IT-Governance ermöglichen es den Prozessverantwortlichen bzw. -eignern, eine informierte Entscheidung zum jeweiligen Sollreifegrad zu treffen und dessen Erreichung zu prüfen.

84 ISACA: Effective IT Governance at your Fingertips – COBIT An ISACA Framework. URL: https://www.isaca.org/resources/cobit [Stand 15.05.2024].

10.3 Messen und Bewerten – Anforderungen und Werkzeuge

Die Norm DIN EN ISO/IEC 27001 definiert Anforderungen an ein ISMS. Abschnitt 9.1 thematisiert die Überwachung, Messung, Analyse und Bewertung des ISMS. Im Vordergrund stehen die Anforderungen:

1) Bewertung der Wirksamkeit des ISMS
2) Bewertung der Informationssicherheitsleistung

Im Einzelnen wird gefordert:

Die Organisation muss bestimmen:

a) was überwacht und gemessen werden muss, einschließlich der Informationssicherheitsprozesse und Maßnahmen;
b) die Methoden zur Überwachung, Messung, Analyse und Bewertung, sofern zutreffend, um gültige Ergebnisse sicherzustellen. Die ausgewählten Methoden sollten zu vergleichbaren und reproduzierbaren Ergebnissen führen, um als gültig betrachtet zu werden;
c) wann die Überwachung und Messung durchzuführen ist;
d) wer überwachen und messen muss;
e) wann die Ergebnisse der Überwachung und Messung zu analysieren und zu bewerten sind;
f) wer diese Ergebnisse analysieren und bewerten muss.

10.3.1 Die Norm ISO/IEC 27004

Die Norm ISO/IEC 27004 „Information technology – Security techniques – Information security management – Monitoring, measurement, analysis and evaluation“ gibt Empfehlungen zur Messung des Informationssicherheitsmanagements. Eine zentrale Rolle spielen die Prozesse zum Erzeugen von Messgrößen, zur Etablierung von Messprozeduren sowie zum Messen und Analysieren der Ergebnisse.

Als theoretische Basis dient die Norm ISO/IEC/IEEE 15939:2017 „Systems and software engineering – Measurement process“. Ausgangspunkt dieses Prozesses ist die Festlegung der Informationsbedürfnisse. Es sind Informationen, die notwendig sind, um eine zweckgerichtete Messung durchführen zu können. Weitere wichtige Schritte sind die Festlegung der Messziele, die Auswahl der zu messenden Objekte und die Festlegung der Maße und Messmethoden. Am Ende des Messprozesses soll ein Messresultat stehen, das sich aus der Interpretation der Werte der eingeführten Messgrößen ergibt. Die eingeführten Indikatoren werden oft aus Basismaßen oder abgeleiteten Maßen entwickelt.

Die Norm unterscheidet zwischen auf Leistungsfähigkeit und auf Effektivität bezogenen Messgrößen bzw. Indikatoren. Sie ist nicht nur auf System- und Softwaretechnik, sondern auch auf Managementsysteme anwendbar

Das in der Norm ISO/IEC 27004 dokumentierte Verfahren ist insgesamt stringent. Nach der Auditerfahrung der Autoren überfordert es jedoch manche ISMS-Nutzer. Das Verständnis wird erleichtert durch etliche Begleitinfos zu den Anforderungen an Messung und Bewertung sowie diverse Beispiele für Messgrößen. Die Methodik zum diesbezüglichen Vorgehen kommt jedoch zu kurz.

10.3.2 Prozessorientierte Vorgehensmodelle

Ein Prozess ist eine Tätigkeitsstruktur, der eine Eingabe (Input) in ein Ergebnis (Output) wandelt. Prozesse sind begrifflich mittlerweile gut fundiert. Es gibt Definitionen für Prozessarten, Qualität, Leistungsfähigkeit, Effektivität und Effizienz, Ressourcen, Durchlaufzeit und Prozesskosten. Anhand formulierter Prozessziele ist es daher relativ einfach möglich, einen Weg zum Messen der Effektivität eines Prozesses zu finden. Effektivität (Wirksamkeit) ist der Grad der Zielerreichung, d. h. das Ausmaß, inwieweit die Leistungen den geplanten Output erreichen. Folglich ist ein prozessorientiertes Modell zum Messen der Wirksamkeit eines ISMS ein erfolgversprechender Ansatz.

COBIT

COBIT 2019 definiert Prozesse für die Governance und das Management der Unternehmens-IT (siehe Kapitel 10.2.6). Das Prozessmodell von COBIT liefert für alle aufgeführten Prozesse Ziele und Metriken. Es unterscheidet insgesamt acht Prozessdomänen. Themenrelevant ist hauptsächlich die Domäne MEA (Monitor, Evaluate and Assess) mit den drei Prozessen zur Messung und Bewertung:

- MEA01: Monitor, Evaluate and Assess Performance and Conformance (auf Deutsch: Überwachen, Evaluieren und Beurteilen von Leistung und Konformität)
- MEA02: Monitor, Evaluate and Assess the System of Internal Control (auf Deutsch: Überwachen, Evaluieren und Beurteilen des internen Kontrollsystems)
- MEA03: Monitor, Evaluate and Assess Compliance With External Requirements (auf Deutsch: Überwachen, Evaluieren und Beurteilen der Compliance mit externen Anforderungen)

Der Prozess MEA03 befasst sich mit der Beurteilung der Konformität mit externen Anforderungen. Dazu gehört insbesondere die Norm ISO/IEC 27001. Der Prozess befasst sich allerdings nicht mit einzelnen externen Anforderungen, sondern mit Vorschlägen zur Bewertung der Anforderungskonformität allgemein.

Weiterhin gibt es Prozesse, die sich explizit mit dem Thema Sicherheit in der IT befassen:

- APO13: Managen der Sicherheit (Domäne anpassen, planen und organisieren)
- DSS05: Managen von Sicherheitsservices (Domäne bereitstellen, betreiben und unterstützen)

Diese Prozesse bieten konsistente Beschreibungen von Zielen und Metriken, die Beschreibungen sind aber nicht explizit an der Norm ISO/IEC 27001 orientiert.

Normorientiertes Vorgehen

Um ein prozessorientiertes Vorgehensmodell zu entwickeln, das an die Norm DIN EN ISO/IEC 27001 angelehnt ist, gilt es, die Prozesse zu identifizieren, die aus der Norm ableitbar sind. Man kann die Wirksamkeit des ISMS gemäß DIN EN ISO/IEC 27001, Abschnitt 9.1, Anforderung 1, bewerten, indem man die Effektivität der Managementprozesse des ISMS ermittelt. Diese lassen sich aus dem Hauptteil der DIN EN ISO/IEC 27001 extrahieren. Die Informationssicherheitsleistung lässt sich gemäß DIN EN ISO/IEC 27001, Abschnitt 9.1, Anforderung 2, bestimmen, indem man die Effektivität der Informationssicherheitsprozesse ermittelt. Diese Prozesse kann man aus dem Anhang A der Norm extrahieren. In diesem Anhang sind generische Steuerungsmaßnahmen für die Informationssicherheit definiert.

Von den Abschnittsüberschriften im Hauptteil der Norm (siehe Tabelle 11) ist es ein kurzer Weg zur Festlegung adäquater Managementprozesse für das ISMS (sieheTabelle 12).

Tabelle 11: Inhaltsverzeichnis der DIN EN ISO/IEC 27001

Abschnitt	Titel
01	Anwendungsbereich
02	Normative Verweisungen
03	Begriffe
04	Kontext der Organisation
05	Führung

Abschnitt	Titel
06	Planung
07	Unterstützung
08	Betrieb
09	Bewertung der Leistung
10	Verbesserung

Abgesehen von den ersten drei Standardkapiteln findet man sieben Kapitel mit Anforderungen zum ISMS. Diese Kapitelstruktur ist Resultat der Vorgaben aus der ISO/IEC-Direktive, Teil 1 (siehe Kapitel 10.1).[85]

Hinweis

Man kann die Anforderungen in den Kapiteln 05 bis 10 der Norm als Anforderungen an Managementprozesse interpretieren.

Tabelle 12: Managementprozesse gemäß DIN EN ISO/IEC 27001

Kürzel	Bezeichnung
M1	Führung
M2	Planung
M3	Unterstützung
M4	Betrieb
M5	Bewertung
M6	Verbesserung

Ein Prozess hat eine Prozessdurchlaufzeit, nach dieser Zeit wiederholt sich der Vorgang zu gegebener Zeit. Gemäß den Vorgaben der DIN EN ISO/IEC 27001, Abschnitt 9.2 „Internes Audit", hat die Organisation „in geplanten Abständen" interne Audits durchzuführen, ob das Managementsystem die Anforderungen erfüllt. Viele Organisationen führen diese Audits einmal pro Jahr durch. Ist ein solches Audit erfolgt, kann man diesen Zeitpunkt als Beginn eines neuen Prozessdurchlaufs verstehen.

85 Vgl. ISO/IEC Directives, Part 1, Annex SL (Proposals for management system standards), 2021.

Hinweis

In DIN EN ISO/IEC 27001, Anhang A, Tabelle A.1 „Informationssicherheitsmaßnahmen" sind generische Steuerungsmaßnahmen für die Informationssicherheit definiert. Diese Kollektionen von Maßnahmen können als Anforderungen an Prozesse gedeutet werden.

Tabelle 13 fasst diese Anforderungen an Prozesse, die sich aus der ISMS-Norm DIN EN ISO/IEC 27001, inklusive ihres Anhangs A ergeben, zusammen.

Tabelle 13: Informationssicherheitsprozesse gemäß DIN EN ISO/IEC 27001, Anhang A, Tabelle A.1

Kürzel	Bezeichnung	Abschnitt
I01	Handhabung von organisatorischen Sicherheitsaspekten	A.5
I02	Handhabung von personenbezogenen Sicherheitsaspekten	A.6
I03	Handhabung von physischen Sicherheitsaspekten	A.7
I04	Handhabung von technologischen Sicherheitsaspekten	A.8

Man kann demnach den diversen Anforderungen der Norm mit der Einführung entsprechender Prozesse begegnen.

Den Anforderungen

- Bewertung der Wirksamkeit des ISMS und
- Bewertung der Informationssicherheitsleistung

lässt sich mit einer einheitlichen Methode gerecht werden: der Messung der Prozesseffektivität. Sie wird im Folgenden erklärt.

10.3.3 Goal Question Metric

Goal Question Metric (GQM) ist ein Ansatz zum zielorientierten Messen, der sich für das Messen der Prozesseffektivität anbietet. Victor R. Basili und David M. Weiss entwickelten diesen Ansatz, um das Testen von Software zu professionalisieren.[86]

86 Vgl. Basili, V. R./Weiss, D. M. (1984): A Methodology for Collecting Valid Software Engineering Data. In: IEEE Transactions on Software Engineering, vol. SE-10, no. 6, S. 728–738.

Hinweis

Das Aufschreiben von Fragen (Questions) zu festgelegten Zielen (Goals) erleichtert es, die Ziele in Frageform zu konkretisieren (Operationalisierung) und damit die Zuordnung von Metriken zu erleichtern.

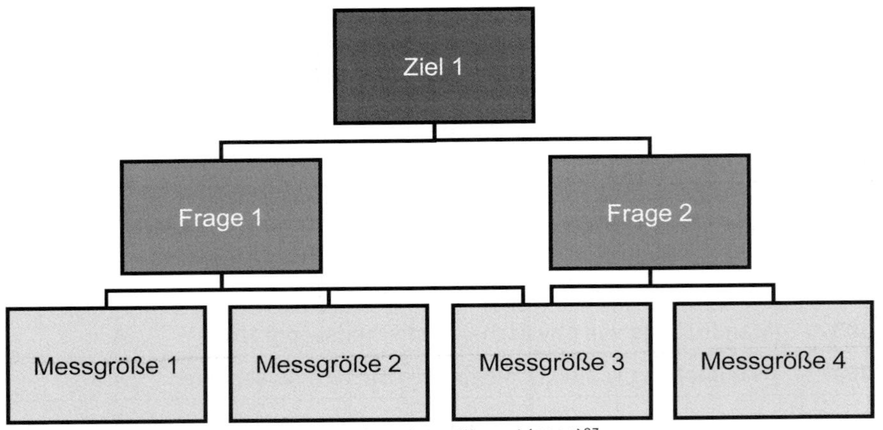

Quelle: eigene Darstellung, Rainer Rumpel, nach Basili et. al (1994)[87]

Bild 34: Ausschnitt aus einem allgemeinen GQM-Diagramm

Der GQM-Ansatz ist ein Top-down-Ansatz, der auf Zielen basiert. Er ermöglicht bzw. erfordert, dass die jeweilige Organisation konkrete Informationssicherheitsziele definiert. GQM erleichtert die Quantifizierung und Objektivierung von Messvorgängen. Auf der mittleren Ebene wird abgeleitet von einem Ziel in Form von Fragen formuliert, was gemessen werden soll (siehe Bild 34). Die Sorgfalt und Erfahrung bei der Erarbeitung zielbezogener Fragen hat erhebliche Auswirkungen auf die Eignung der ausgewählten Messgrößen.

Ein Beispiel für einen Ausschnitt aus einem ISMS-bezogenen GQM-Diagramm zeigt Bild 35.

87 Siehe Basili, V. R./Caldiera, G./Rombach, H. D. (1994): The Goal Question Metric Approach, Encyclopedia of Software Engineering, John Wiley & Sons, S. 529.

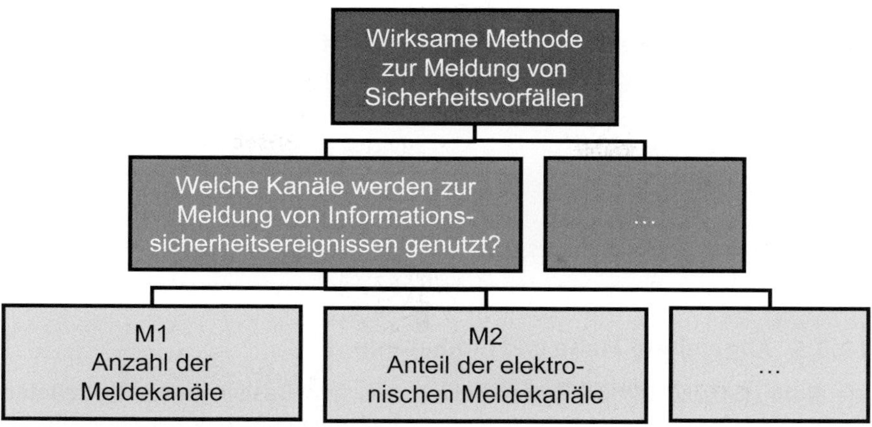

Quelle: eigene Darstellung, Rainer Rumpel[88]

Bild 35: Beispiel eines ISMS-spezifischen GQM-Diagramms (Ausschnitt)

10.3.4 Metrisierung

Wenn die Messgrößen gefunden sind, dann ist zu klären, wie die Messwerte ermittelt werden sollen. Bei der Messung von Prozesseffektivität ist es meist sinnvoll, eine dreiwertige „Längenmessung“ (Erfolgsmessung) für Objekte zu verwenden. Wenn wir annehmen, dass die möglichen x-Werte zwischen 0 und 1 liegen, dann lässt sich beispielsweise definieren:

$$L_3(x)=\begin{cases} 0 & \text{wenn} \quad x=0 \\ 0{,}5 & \text{wenn} \quad x>0 \text{ und } x<1 \\ 1 & \text{wenn} \quad x=1 \end{cases}$$

Eine zweiwertige „Länge“ kann nur signalisieren, ob ein Ziel erreicht ist oder nicht. Die zweiwertige Metrik kann bei Messgrößen mit binärem Charakter sinnvoll sein. Eine dreiwertige Metrik ermöglicht, zwischen „erreicht“ und „teilweise erreicht“ zu differenzieren. Die Kategorie „teilweise erreicht“ ist sinnvoll, denn Anforderungen können auch teilweise erfüllt sein (z. B. die Risikoidentifizierung). Eine Metrik mit vier oder mehr Werten ist natürlich auch eine Option, allerdings erschwert es die Einschätzung der Werte, weil dann mehrere Stufen der teilweisen Zielerreichung zu differenzieren wären.

88 Vgl. Rumpel, R. (2016): Messen und Bewerten der Wirksamkeit von Informationssicherheits-Managementsystemen. In: IT-Governance, 23 (2016), S. 18-24.

Beispiel für die Anwendung der dreiwertigen Erfolgsmessung

Anzahl der Meldekanäle x (siehe Bild 35)

$$\text{ZEG}(x) = \begin{cases} 0 & \text{wenn} \quad x = 0 \\ 0{,}5 & \text{wenn} \quad x = 1 \\ 1 & \text{wenn} \quad x > 1 \end{cases}$$

ZEG steht für „Zielerreichungsgrad".

10.3.5 Abgeleitete Maße und Indikatoren

Die Norm ISO/IEC 27004 unterscheidet zwischen Basismaßen, abgeleiteten Maßen und Indikatoren. In Bild 36 ist der Zusammenhang zwischen diesen Maßen erkennbar. Das Diagramm sollte von unten nach oben gelesen werden.

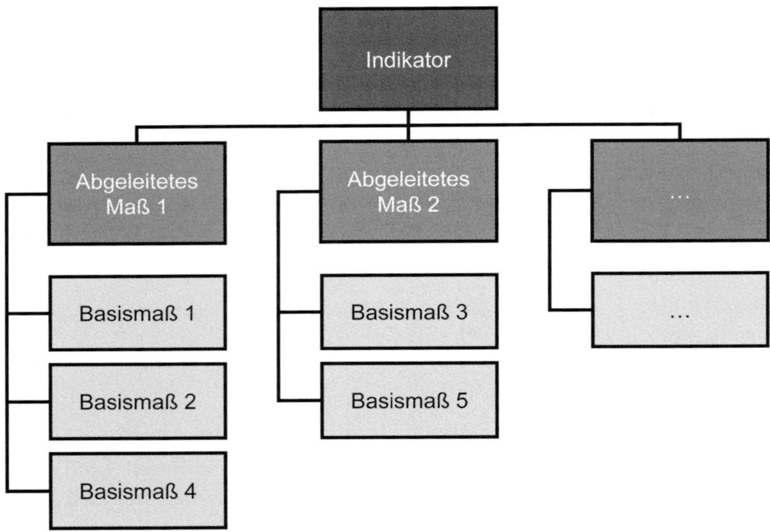

Quelle: eigene Darstellung, Rainer Rumpel

Bild 36: Der Weg zum Indikator

Das in der Norm geschilderte Verfahren ist ein Bottom-up-Ansatz, d.h., die Elemente werden von unten nach oben entwickelt. Zunächst werden also die Basismaße mithilfe des Top-down-GQM-Ansatzes ermittelt, dann werden daraus Maße abgeleitet, die zu Indikatoren führen.

10.4 Messen und Bewerten – Anwendung am Beispiel des ISMS eines Energienetzbetreibers

10.4.1 Anforderungen an die Informationssicherheit von Verteilnetzbetreibern

Energienetze gehören zu den kritischen Infrastrukturen (siehe Kapitel 2.3), die vom Bundesministerium des Innern folgendermaßen definiert werden:[89]

> „Kritische Infrastrukturen sind Organisationen und Einrichtungen mit wichtiger Bedeutung für das staatliche Gemeinwesen, bei deren Ausfall oder Beeinträchtigung nachhaltig wirkende Versorgungsengpässe, erhebliche Störungen der öffentlichen Sicherheit oder andere dramatische Folgen eintreten würden."

Unter einem Verteilnetz versteht man ein Netz, das Stoffe, Energie oder Information verteilt. Meist erstreckt sich ein Verteilnetz über eine geografische Region und dient der Versorgung der Bevölkerung. Solche Verteilnetze sind häufig kritische Infrastrukturen.[90] In der Regel wird eine dezentrale Energieversorgung zentral gesteuert (siehe Bild 37). Zum Steuern des Netzes werden vermehrt zentrale IT-Systeme eingesetzt, also Computersysteme, mit denen man die Energienetzkomponenten überwachen bzw. steuern kann. Ein Energienetz ist laut Bundesnetzagentur ein „Smart Grid", wenn die Netzsteuerung durch IT-Systeme unterstützt wird und die Energieerzeuger sowie die Energieverbraucher in die Netzkommunikation einbezogen sind.[91]

Viele Staaten haben für Verteilnetzbetreiber spezielle Sicherheitsanforderungen definiert. In Deutschland ist seit 2015 das IT-Sicherheitsgesetz in Kraft, das 2021 mit dem IT-Sicherheitsgesetz 2.0 novelliert wurde.[92] In erster Linie

---

89 Siehe Bundesministerium des Innern (2009): Nationale Strategie zum Schutz Kritischer Infrastrukturen (KRITIS-Strategie), URL: https://www.bmi.bund.de/SharedDocs/downloads/DE/publikationen/themen/bevoelkerungsschutz/kritis.html [Stand 15.05.2024].

90 Vgl. „Verordnung zur Bestimmung Kritischer Infrastrukturen nach dem BSI-Gesetz", URL: https://www.gesetze-im-internet.de/bsi-kritisv/BJNR095800016.html [Stand 15.05.2024].

91 Vgl. Bundesnetzagentur (2011): „Smart Grid" und „Smart Market" – Eckpunktepapier der Bundesnetzagentur zu den Aspekten des sich verändernden Energieversorgungssystems. URL: https://www.bundesnetzagentur.de/SharedDocs/Downloads/DE/Sachgebiete/Energie/Unternehmen_Institutionen/NetzentwicklungUndSmartGrid/SmartGrid/SmartGridPapierpdf.pdf?__blob=publicationFile&v=1 [Stand 15.05.2024].

92 „Zweites Gesetz zur Erhöhung der Sicherheit informationstechnischer Systeme (IT-Sicherheitsgesetz 2.0)", URL: https://www.bsi.bund.de/DE/Das-BSI/Auftrag/Gesetze-und-Verordnungen/IT-SiG/2-0/it_sig-2-0_node.html [Stand 15.05.2024].

legt es für Betreiber kritischer Infrastrukturen die Erfüllung bestimmter Pflichten fest. Dort ist vorgesehen, dass die betroffenen Unternehmen regelmäßig Überprüfungen der Informationssicherheit der IT-Systeme und Prozesse nachweisen müssen. Energienetzbetreiber sind außerdem dem Energiewirtschaftsgesetz (EnWG) unterworfen, das die Unternehmen in § 11 Absatz 1a unter anderem dazu verpflichtet, „einen angemessenen Schutz gegen Bedrohungen für Telekommunikations- und elektronische Datenverarbeitungssysteme, die für einen sicheren Netzbetrieb notwendig sind", zu gewährleisten.

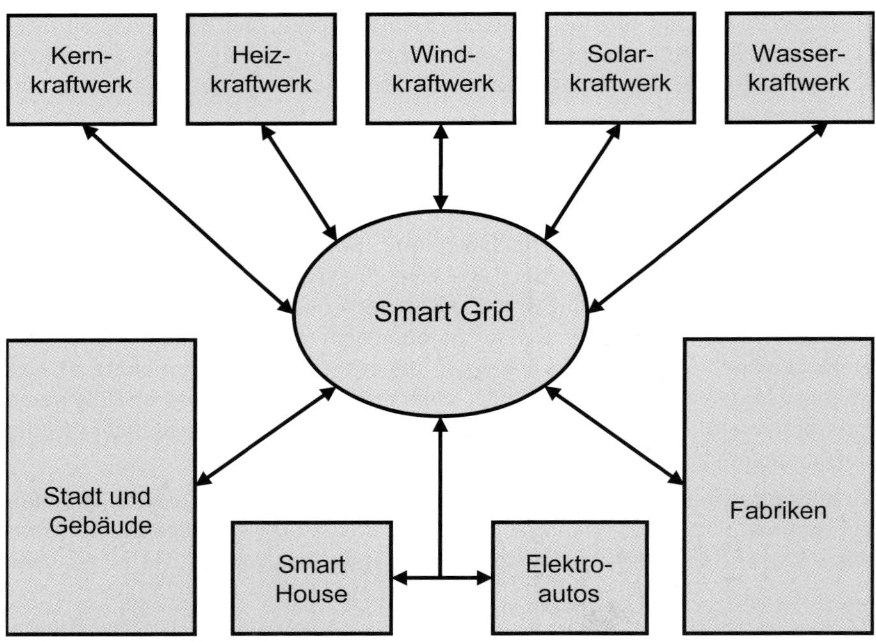

Quelle: eigene Darstellung, Rainer Rumpel

Bild 37: Schematische Darstellung der dezentralen Energieversorgung (Smart Grid)

Ein angemessener Schutz liegt dann vor, wenn Energienetzbetreiber die Anforderungen des IT-Sicherheitskatalogs erfüllen, der von der Regulierungsbehörde und dem BSI erstellt wurde. In diesem wird unter anderem gefordert, dass die Energienetzbetreiber ein ISMS betreiben und es zertifizieren lassen.[93]

Von herausragender Bedeutung für Energienetzbetreiber ist der Schutz vor unbefugten Manipulationen, insbesondere der Schutz der Integrität der Steuerungssysteme. Anderenfalls könnten Netzkomponenten in gefährliche Zustände geführt werden, die möglicherweise die Netzverfügbarkeit gefährden.

Für Energienetzbetreiber gilt verpflichtend die Anforderungsnorm DIN EN ISO/IEC 27001 für ISMS, darüber hinaus wurden im Standard DIN EN ISO/IEC 27019 „Informationssicherheitsmaßnahmen für die Energieversorgung" sektorspezifische Empfehlungen auf Basis von DIN EN ISO/IEC 27002 veröffentlicht.

Hinweis

Ein für ISMS geeignetes Verfahren zum Messen und Bewerten sollte anforderungsorientiert, prozessorientiert und zielorientiert sein. Weiterhin ist ein systematisches Verfahren zur Metrisierung vonnöten. Als hilfreich erweisen sich hier der Goal-Question-Metrik-Ansatz und eine dreiwertige Bewertungsskala für die Zielerfüllung.

10.4.2 Beispiel für die Ermittlung eines ISMS-Zielindikators

Wir gehen im Folgenden davon aus, dass der Anwendungsbereich des ISMS „Messen und Steuern des Energieverteilnetzes" lautet. Die Ziele ergeben sich aus den Anforderungen der DIN EN ISO/IEC 27001. Tabelle 14 zeigt, wie sich der GQM-Ansatz auf die Anforderung aus DIN EN ISO/IEC 27001, Abschnitt 5.2, Buchstabe a), anwenden lässt.

93 Vgl Bundesnetzagentur: IT-Sicherheitskatalog für Betreiber von Strom- und Gasnetzen. URL: https://www.bundesnetzagentur.de/SharedDocs/Downloads/DE/Sachgebiete/Energie/Unternehmen_Institutionen/Versorgungssicherheit/IT_Sicherheit/IT_Sicherheitskatalog_08-2015.html?nn=694778 [Stand 15.05.2024].

Tabelle 14: Anwendung des GQM-Ansatzes auf das Ziel „Informationssicherheitspolitik“

Ziel 1 (Z1): 5.2 a) Informationssicherheitspolitik Die oberste Leitung muss eine Informationssicherheitspolitik festlegen, die für den Zweck der Organisation angemessen ist.
Frage 1 (Z11) Beinhaltet die Informationssicherheitspolitik Erwartungen an die Verfügbarkeit der Datenverarbeitungssysteme für die zentrale Leittechnik, die dezentrale Leittechnik sowie die unterstützenden Systeme?
Messgröße 1 (M1): Anzahl der schriftlich formulierten Verfügbarkeitserwartungen an die (1) zentrale Leittechnik, (2) die dezentrale Leittechnik sowie (3) die unterstützenden Systeme
Frage 2 (Z12) Sind branchenspezifische Gesetze dokumentiert, die unternehmensrelevant sind?
Messgröße 2 (M2): Anzahl der dokumentierten branchenspezifischen deutschen Gesetze, die unternehmensrelevant sind
Messgröße 3 (M3): Anzahl der branchenspezifischen deutschen Gesetze
Messgröße 4 (M4): Anzahl der dokumentierten branchenspezifischen EU-Verordnungen, die unternehmensrelevant sind
Messgröße 5 (M5): Anzahl der branchenspezifischen EU-Verordnungen

Bei Ziel 1 fällt auf, dass die Formulierung relativ vage ist. Dies ist nicht verwunderlich, da es sich um eine Normformulierung handelt, die für alle Organisationen anwendbar sein muss. Mithilfe der Fragen gelingt es nun, zu konkretisieren, was für das Unternehmen eine angemessene Informationssicherheitspolitik ist. Bei der Energieverteilung spielt die Zuverlässigkeit der Prozessdatenverarbeitung (PDV) eine zentrale Rolle. Weiterhin unterliegt die Energieversorgungsbranche speziellen gesetzlichen Anforderungen. Bei den zugeordneten Messgrößen fällt auf, dass das Messen hier durchgängig ein Zählen ist. Das ist keinesfalls zwingend, sondern hängt vom Kontext ab.

Die Anwendbarkeit von GQM ist erst gegeben, wenn es zu den Messgrößen auch eine geeignete (in der Regel dreiwertige) Messskala gibt. Hier sollte von der Organisation eine organisationsspezifische Einteilung vorgenommen werden.

Der Umgang mit Frage 1 scheint leicht, da nur eine Messgröße M1 zugeordnet ist. Aber die Festlegung der Bedingungen für den Zielerfüllungsgrad (zur Frage) ist eine Angelegenheit, die im ISMS-Prozessteam hinreichend diskutiert und abgestimmt werden sollte. Ein mögliches Ergebnis könnte wie folgt aussehen:

$$\text{ZEG(Frage1)} = \begin{cases} 0 & \text{wenn} \quad M1 < 2 \\ 0{,}5 & \text{wenn} \quad M1 = 2 \\ 1 & \text{wenn} \quad M1 \geq 3 \end{cases}$$

Zu Frage 2 gibt es zwar mehr Messgrößen, aber es ist relativ einfach, ein geeignetes Zielerreichungsmaß abzuleiten, da es das Ziel der Organisation sein sollte, alle relevanten Rechtsvorschriften zu berücksichtigen. So kann man mit Anteilen von unternehmensrelevanten Regulierungen arbeiten und kommt in diesem Fall zu einem Zielerreichungsgrad, der alle Werte zwischen 0 und 1 annehmen kann (Normierung):

$$\text{ZEG(Frage2)} = \left(\frac{M2}{M3} + \frac{M4}{M5} \right) / 2$$

Es ist zu beachten, dass Messgrößen im Nenner Null werden können. In diesem Fall muss der betreffende Summand aus der Formel entfernt werden.

Bei beiden Fragen kann man den Erfüllungsgrad in Prozent angeben.

Nehmen wir an, dass zum Ziel Z1 tatsächlich nur die Fragen 1 und 2 existieren, dann kann man für dieses Ziel folgenden Effektivitätsindikator einführen:

$$\text{EffInd(Z1)} = \big(\text{ZEG(Frage1)} + \text{ZEG(Frage2)}\big) / 2$$

Wenn ZEG(Frage1) = 1 und ZEG(Frage2) = 1 ist, dann ist auch der Effektivitätsindikator I1 = 1 und somit die Zielerreichung für die Anforderung an die Informationssicherheitspolitik EffInd(Z1) = 100 Prozent.

10.4.3 Beispiel für die Ermittlung eines Indikators für die Leistung eines Informationssicherheitsprozesses

Beschreibung des Beipielprozesses

Der Prozess I01 „Handhabung von organisatorischen Sicherheitsaspekten“ (siehe Tabelle 13) beinhaltet gemäß DIN EN ISO/IEC 27001, Anhang A, folgende Steuerungsmaßnahmen zwecks Verwaltung der Werte (Assets):

5.9 Inventar der Informationen und anderen damit verbundenen Werte

5.10 Zulässiger Gebrauch von Informationen und anderen damit verbundenen Werten

5.11 Rückgabe von Werten

Sie bilden zusammen den Teilprozess I01/VW.

Die Wertobjekte, um die es hier geht, sind in erster Linie Daten bzw. Informationen und die dazugehörigen Informationsverarbeitungssysteme. Bei den Informationssystemen ist es sinnvoll, zwischen Software und Hardware zu differenzieren. Bei der Erfassung für das ISMS, insbesondere für die Risikobewertung, sollten die Wertobjekte (Assets) zu Gruppen gleichartiger Objekte zusammengefasst werden. Tabelle 15 zeigt beispielshaft eine solche Gruppierung für einen Betreiber eines Smart Grid.

Tabelle 15: Wertobjekte der Prozesssteuerung/Netzleittechnik (Auswahl) für Betreiber eines Smart Grid

Kategorie	Information	Software	Hardware
Beispiel 1	Prozessvisualisierungsdaten	Visualisierungssoftware	PC
Beispiel 2	Zustandsdaten, Konfigurationsdaten	Projektierungssoftware	PC
Beispiel 3	Meldungen, Zählwerte, Messwerte, Steuerbefehle	Fernwirksystem	Mittelspannungsfeldgerät

Für den Teilprozess I01/VW werden in Tabelle 16 exemplarisch zunächst die Basismessgrößen definiert.

Tabelle 16: Prozessbeispiel I01/1

Prozessname	I01/VW: Verwaltung der Werte
Bearbeitungsobjekt(e)	Wertobjekt
Prozessziel(e)	Informationen und andere zugehörige Vermögenswerte sind angemessen geschützt, genutzt und gehandhabt.
Normverweis	DIN EN ISO/IEC 27001, Anhang A, Tabelle A.1, Maßnahmen 5.9 bis 5.11

Nun werden in Tabelle 17 gemäß GQM-Ansatz zu den in der DIN EN ISO/IEC 27001, Anhang A, vorgegebenen Maßnahmen (Ziele) Fragen formuliert.

Tabelle 17: Fragen zu den Zielen des Teilprozesses I01/1 von Prozess I01 Verwaltung der Werte

Maßnahme gemäß ISO/IEC 27001, Anhang A, Tabelle A.1, Nr. 5.9 bis 5.11	Nummer der Frage	Text der Frage
Inventar von Informationen und anderen zugehörigen Vermögenswerten: Ein Inventar von Informationen und anderen zugehörigen Vermögenswerten, einschließlich Eigentümern, ist zu erstellen und zu pflegen.	I01/VW_F01	Sind die im Einsatz befindlichen PDV-Systeme im Inventarverzeichnis dokumentiert?
	I01/VW_F02	Sind im Inventarverzeichnis neben den Hardwareobjekten auch die zugehörigen Softwareobjekte und die dort verarbeiteten Informationen dokumentiert?
	I01/VW_F03	Wird das Inventarverzeichnis regelmäßig aktualisiert und ergänzt?
	I01/VW_F04	Gibt es für alle im Einsatz befindlichen PDV-Systeme Systemverantwortliche?
Akzeptable Nutzung von Informationen und anderen zugehörigen Wertobjekten: Regeln für die zulässige Nutzung und Verfahren für den Umgang mit Informationen und anderen zugehörigen Vermögenswerten und Wertobjekten werden festgelegt, dokumentiert und umgesetzt.	I01/VW_F05	Existieren Regeln für den zulässigen Gebrauch von PDV-Systemen?
	I01/VW_F06	Sind Regeln für den zulässigen Gebrauch von PDV-Systemen dokumentiert?
	I01/VW_F07	Werden die Regeln für den zulässigen Gebrauch von PDV-Systemen angewendet?
Rückgabe von Wertobjekten: Das Personal und gegebenenfalls andere interessierte Parteien müssen alle Vermögenswerte der Organisation,	I01/VW_F08 I01/VW_F09	... ...

Maßnahme gemäß ISO/IEC 27001, Anhang A, Tabelle A.1, Nr. 5.9 bis 5.11	Nummer der Frage	Text der Frage
die sich in ihrem Besitz befinden, bei Änderung oder Beendigung ihres Beschäftigungsverhältnisses, ihres Vertrags oder ihrer Vereinbarung zurückgeben.		

Als Nächstes sind geeignete Messgrößen und Messwertcluster festzulegen. Tabelle 18 zeigt dies exemplarisch.

Tabelle 18: Basismaße zum Prozess I04/1 (Verantwortlichkeit für Werte) gemäß GQM-Ansatz

Nummer der Frage	Text der Frage	Nummer der Messgröße	Messgröße	Messwert
I01/VW_F01	Sind die im Einsatz befindlichen PDV-Systeme im Inventarverzeichnis dokumentiert?	**I01/VW_F01_M01**	Anteil der im Einsatz befindlichen PDV-Hardwareobjekte, die im Inventarverzeichnis dokumentiert sind	0, wenn I01F01_M01 < 80 % 0,5 wenn I01_F01_M01 ≥ 80 %, aber kleiner als 95 % 1 wenn I01_F01_M01 ≥ 95 %
I01/VW_F02	Sind im Inventarverzeichnis neben den Hardwareobjekten auch die zugehörigen Softwareobjekte und die dort verarbeiteten Informationen dokumentiert?	**I01/VW_F02_M01**	Anteil der im Einsatz befindlichen PDV-Softwareobjekte, die im Inventarverzeichnis dokumentiert sind	0, wenn I01_F02_M01 < 80 % 0,5 wenn I01_F02_M01 ≥ 80 %, aber kleiner als 95 % 1 wenn I01_F02_M01 ≥ 95 %
		I01/VW_F02_M02	Anteil der im Inventarverzeichnis dokumentierten PDV-Softwareobjekte, bei denen die verarbeiteten Informationen ausgewiesen sind	0, wenn I01_F01_M02 < 80 % 0,5 wenn I01_F01_M02 ≥ 80 %, aber kleiner als 95 % 1 wenn I01_F01_M02 ≥ 95 %

Nummer der Frage	Text der Frage	Nummer der Messgröße	Messgröße	Messwert
I01/VW_F03	Wird das Inventarverzeichnis regelmäßig aktualisiert und ergänzt?	**I01/VW_F03_M01**	Anzahl der im Berichtszeitraum nachgewiesenen Aktualisierungen	0 wenn I01_F03_M01 < 2 0,5 wenn I01_F03_M01 ≥ 2 aber < 4 1 wenn I01_F03_M01 ≥ 4
		I01/VW_F03_M02	Anteil der im Berichtszeitraum nachgewiesenen Ergänzungen	0 wenn I01_F03_M02 = 0 1 wenn I01_F03_M02 > 0
I01/VW_F04	Gibt es für alle im Einsatz befindlichen PDV-Systeme Zuständige?	**I01/VW_F04_M01**	...	...
I01/VW_F05	Existieren Regeln für den zulässigen Gebrauch von PDV-Systemen?	**I01/VW_F05_M01**	...	...
I01/VW_F06	Sind Regeln für den zulässigen Gebrauch von PDV-Systemen dokumentiert?	**I01/VW_F06_M01** **I01/VW_F06_M02**	...	...
I01/VW_F07	...	...	...	...
I01/VW_F08	...	...	...	...
I01/VW_F09	...	...	...	...

Nachdem nun die Basismaße feststehen, können wir als abgeleitetes Maß den Zielerfüllungsgrad der jeweiligen Frage verstehen. Bei F01 ist es einfach, da zur Frage F01 nur eine Messgröße definiert ist:

ZEG(F01)=ZEG(F01_M01)

In unserem Beispiel wäre ZEG(F01_M01) = 0, wenn der Anteil der im Einsatz befindlichen PDV-Hardwareobjekte, die im Inventarverzeichnis dokumentiert sind, nur 70 % beträgt.

Im Sinne von ISO/IEC 27004 schreiben wir statt „ZEG“ kurz „AM“ (abgeleitetes Maß), wenn es um den Zielerfüllungsgrad einer Frage geht. Bei Frage F02 sind zwei Messgrößen zugeordnet. Man kann per Mittelwertbildung AM(F02) ermitteln. Alternativ wäre auch eine gewichtete Summe möglich, die Gewichtung müsste aber plausibel begründet werden. Auf diese Weise lassen sich allen Fragen Zielerreichungsgrade zuordnen. Abschließend kann für den Prozess I01/VW ein Leistungsindikator wie folgt ermittelt werden:

EffInd(I01/VW)=(AM(F01)+AM(F02)+...+AM(F09))/9

10.4.4 Gesamtbewertung

> **Definition**
>
> Ein „Key-Performance-Indikator“ (KPI) ist eine Spitzenkennzahl für die Leistung einer Entität.

Der Begriff „KPI“ wird relativ inflationär gehandhabt. Genaugenommen ist er jedoch die Kennzahl an der Spitze einer Kennzahlhierarchie. Im vorangegangenen Abschnitt wurde deutlich, dass man für jeden Informationssicherheitsmanagementprozess einen Indikator ermitteln kann. Das gilt sowohl für die Managementprozesse Führung, Planung, Unterstützung, Bewertung und Verbesserung als auch die Informationssicherheitsprozesse I01 bis I04 (siehe Tabelle 13).

Es ist von Vorteil, die Ergebnisse zur Gesamtleistung bzw. Gesamteffektivität zu visualisieren, da sie sich dann besser einprägen und leichter zu überblicken sind (siehe Bild 38). Das ist insbesondere empfehlenswert, wenn die Ergebnisse der Leitung der Organisation vorgestellt werden.

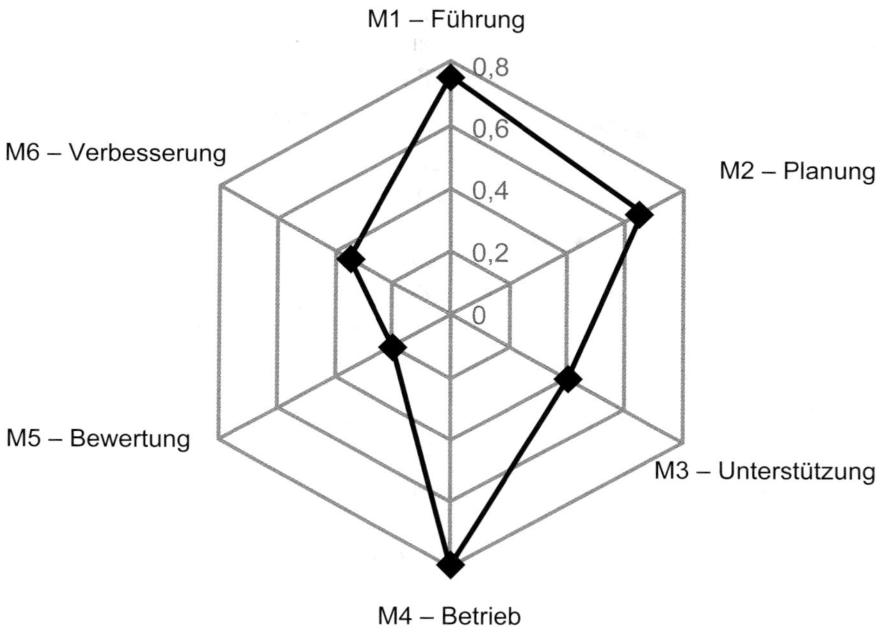

Quelle: eigene Darstellung, Rainer Rumpel

Bild 38: Spinnennetzdiagramm zur Veranschaulichung der Effektivität der Managementprozesse

Anhand des Spinnennetzdiagramms ist schnell zu erkennen, welche Prozesse noch eine unzureichende Effektivität besitzen und welcher Anteil der Fläche des Spinnennetzes schon abgedeckt ist. Es ist allerdings zu beachten, dass die Fläche nicht linear mit dem Effektivitätsfortschritt wächst. Angenommen, alle Prozesse hätten eine Effektivität von 0,5 bzw. 50 %, so wäre doch nur ein Flächenanteil von einem Viertel erreicht. Alternativ kann ein klassisches Balkendiagramm verwendet werden. Da tritt dieser Verzerrungseffekt nicht auf.

Da die Effektivitätsindikatoren *EffInd*() für die Prozesse normiert sind, lässt sich recht einfach die normierte Gesamteffektivität des Managementsystems (MS) und des Prozessportfolios für das Informationssicherheitsmanagement (ISM) ermitteln:

EffInd(MS)=(EffInd(M1) + ... + EffInd(M6))/6

EffInd(ISM)=(EffInd(I1) + ... + EffInd(I4))/4

Hinweis

Aufgrund der organisationsspezifischen Fragen, Basismessgrößen und Zielwerte handelt es sich bei diesen Spitzenkennzahlen um organisationsspezifische Effektivitätsmaße. Die Ergebnisse sind also nicht ohne Weiteres mit anderen Organisationen vergleichbar. Dennoch ist ein Vergleich ähnlicher Organisationen grundsätzlich sinnvoll und möglich, wenn dasselbe Messverfahren verwendet wurde.

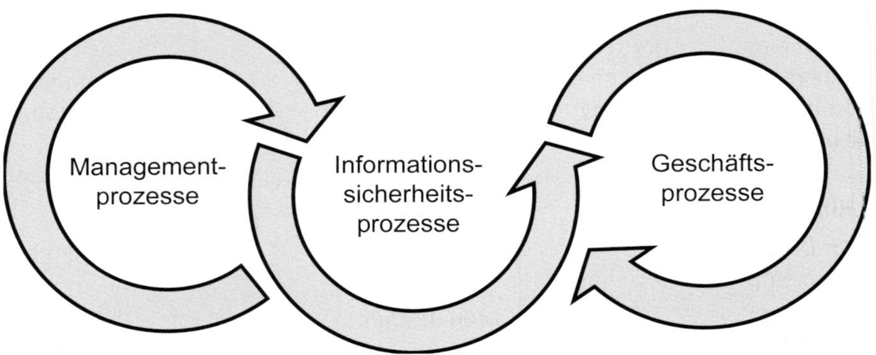

Quelle: eigene Darstellung, Rainer Rumpel

Bild 39: Prozessgebiete des ISMS

Auch bei den Spitzenkennzahlen stellt sich die Frage nach der Gewichtung. Ein plausibler Ansatz besteht darin, die Auswirkungen der Management- und Informationssicherheitsprozesse auf die Geschäftsprozesse der Organisation einzuschätzen. Die Managementsystemprozesse unterstützen die Informationssicherheitsprozesse hinsichtlich der kontinuierlichen Verbesserung. Die Informationssicherheitsprozesse unterstützen die Geschäftsprozesse bei der Gewährleistung der Informationssicherheit (siehe Bild 39). Es ist sinnvoll, dass bei der Gesamtbewertung des ISMS diejenigen Prozesse stärker gewichtet werden, die mehrere Geschäftsprozesse unterstützen. Allerdings wäre beispielsweise ein Teilprozess Kryptografie gering bzw. gar nicht zu gewichten, wenn die zum Anwendungsbereich des ISMS gehörenden Geschäftsprozesse keine Verschlüsselung benötigen, da Vertraulichkeit kein relevantes Sicherheitsziel des ISMS der Organisation ist, sondern Verfügbarkeit und Integrität im Vordergrund stehen.

Es ist auch leicht möglich und vertretbar, eine Gesamteffektivitätskennzahl für alle sechs Management- und vier Informationssicherheitsprozesse zu bestimmen. Damit könnte man zum Beispiel bei der Einführung eines ISMS den Projektstatus beschreiben. Die Zahl ist aber ohne die Ausweisung der einzelnen Prozess-KPI nicht sehr aussagekräftig.

10.4.5 Kurzfassung des Vorgehensmodells

Es ist bei Managementsystemen möglich, die Prozessgütebewertung zu quantifizieren. Insofern hat der etwas merkwürdige Aufruf des Archimedes zu Beginn dieses Kapitels „Mach messbar, was sich nicht messen lässt!“ Wirkung gezeigt. Abgesehen davon, dass es sicher nicht in allen Bereichen der Gesellschaft sinnvoll ist, dieser Aufforderung nachzukommen, kann im Bereich des Informationssicherheitsmanagements ein Weg beschritten werden, der die Effektivität des Managementsystems und der Informationssicherheitsprozesse messbar macht und damit eine Bewertung ermöglicht. Auf diesem Weg sind folgende Etappen zu beschreiten:

Hinweis

1) Die Kapitel des Hauptteils der Norm ISO/IEC 27001 als Prozesse (Managementprozesse) definieren
2) Die Kollektionen von Maßnahmen des Anhangs A, Tabelle A.1, der DIN EN ISO/IEC 27001 als Prozesse (Informationssicherheitsprozesse) definieren
3) Den Managementprozessen per GQM-Ansatz Ziele, Fragen und Metriken zuordnen
4) Den Informationssicherheitsprozessen als Ziele die Maßnahmenziele des Anhangs A zuordnen und von ihnen Fragen ableiten; anhand der Fragen normierte Basismessgrößen samt Zielwerten entwickeln
5) Aus den Basismessgrößen mittels Summierung und Normierung abgeleitete Maße für die Fragen erzeugen; gegebenenfalls gewichtete Summen bilden
6) Mittels Summierung und Normierung der abgeleiteten Maße Effektivitätsindikatoren für den Prozess erzeugen; gegebenenfalls gewichtete Summen bilden
7) Mittels Summierung und Normierung der Effektivitätsindikatoren für die Prozesse Effektivitätsindikatoren für die Prozessgebiete Managementsystem und Informationssicherheitsmanagement erzeugen
8) Die Messergebnisse visualisieren

10.5 Audits

Managementsysteme sollen regelmäßig mittels Audits bewertet werden. Insbesondere ist zu beachten, dass interne Audits in geplanten Abständen durchgeführt werden sollen (siehe hierzu DIN EN ISO/IEC 27001, Abschnitt 9.2, und Kapitel 9.3.2.3).

Die Norm DIN EN ISO/IEC 27007 bietet einen Leitfaden für ISMS-Audits in Organisationen. Sie konzentriert sich auf interne ISMS-Audits (first party) und ISMS-Audits, die von Organisationen bei ihren externen Dienstleistern und anderen externen interessierten Parteien (second party) durchgeführt werden. DIN EN ISO/IEC 27006 enthält Anforderungen für die Auditierung von ISMS bei Zertifizierung durch Dritte.

Um die Effektivität und/oder den Reifegrad des ISMS zu auditieren, können die in Kapitel 10 vorgestellten Instrumente verwendet werden. Die GQM-Methode ist sehr eng an die Norm DIN EN ISO/IEC 27001 angelehnt und bietet sich dementsprechend für eine Effektivitätsmessung an. Durch die Anwendung dieser Methode entstehen Synergien zwischen „Auditieren“ und „Messen“ („Auditieren durch Messen“) und mithin eine **Effizienzsteigerung** beim Betreiben des ISMS.

11 ISMS verbessern

11.1 Fortlaufende Verbesserung

Der initiale Aufbau eines ISMS erfolgt regelmäßig im Rahmen eines Projektes – gegebenenfalls mit externer Unterstützung. Grundeigenschaft eines Projektes ist neben begrenzten Projektressourcen auch ein Termin für den Abschluss eines Projektes.

In der Regel ist ein initial errichtetes ISMS mit Abschluss des entsprechenden Projektes nicht perfekt. Erfahrungen zum Betrieb eines frisch geplanten ISMS und der erst initiierten Sicherheitsmaßnahmen liegen natürlich noch nicht vor. Kompromisse zur Einhaltung von Terminen und Budgets führen im Projekt regelmäßig zu Abkürzungen – Tätigkeiten und Entscheidungen werden teilweise in die Phase des ISMS-Betriebs verlagert, es erfolgen im Projekt Planungen und Umsetzungen von Prozessen und Maßnahmen auf einer geringeren Reifegradstufe oder in geringerem Umfang als eigentlich notwendig. Diese Vorgehensweise ist dabei durchaus legitim und sinnvoll, da viele Projekte gleich im ersten Anlauf eine „120-%-Lösung" zu realisieren versuchen und dann an zu hoch gesteckten Projektzielen scheitern. Das BSI hat diese Art der iterativen Verbesserung sogar im Rahmen der Vorgehensweise zur Planung und Umsetzung der Grundschutzmaßnahmen integriert, indem die Maßnahmen in drei aufeinander aufbauende Siegelstufen unterteilt werden (Einstiegsstufe, Aufbaustufe und Zertifikat-Stufe).

Daher kann der Aufbau eines ISMS lediglich ein initialer Schritt hin zu einer angemessenen und kontinuierlich gesteuerten Informationssicherheit sein. Das ISMS sowie die über das ISMS initiierten Sicherheitsmaßnahmen müssen nach dem initialen Aufbau des ISMS auf Basis der sich einstellenden Betriebserfahrung aber auch der eintretenden Änderungen – z: B. an den Anforderungen oder am technischen Umfeld – iterativ verbessert werden.

Die iterative und fortlaufende Verbesserung ist daher auch eine der Kernanforderungen aus der Norm DIN EN ISO/IEC 27001.

> **Hinweis**
>
> Gemäß DIN EN ISO/IEC 27001, Abschnitt 10.1, muss die Angemessenheit und Effektivität eines ISMS durch die betreibende Organisation kontinuierlich verbessert werden.

Nicht nur das ISMS als systemisches Gebilde, bestehend aus ISMS-Prozessen, sollte dabei kontinuierlich verbessert werden. Die durch das ISMS initiierten und später betriebenen Maßnahmen zur Behandlung von Risiken der Informationssicherheit sollten ebenfalls kontinuierlich verbessert werden.

Die kontinuierliche Verbesserung kann dabei durch mehrere Tätigkeiten erreicht werden:

- Verbesserung der Effizienz von Maßnahmen und Prozessen. Hierbei wird durch Änderungen am Prozess oder an den Maßnahmen nicht das Ergebnis der Maßnahmen oder des Prozesses verändert, sondern die dafür notwendigen Ressourcen werden verringert beziehungsweise minimiert. Dies wird in der Regel durch Betriebserfahrungen mit dem Prozess/den Maßnahmen ermöglicht. Im Laufe des Betriebs oder durch Vorschläge der Mitarbeiter werden Einsparpotenziale identifiziert. Beispiele für eine solche Verbesserung der Effizienz sind:
  - Änderung von Methoden im ISMS: Eine Organisation, die im Rahmen des initialen Aufbaus des ISMS für jede Risikobeurteilung mangels internem Know-how einen externen Experten für die Moderation der Risikobeurteilung eingekauft hat, hat mittlerweile durch den Know-how-Transfer des externen Experten an einen internen Mitarbeiter ausreichend Know-how aufgebaut, um die Risikobeurteilungen künftig in Eigenregie durchzuführen.
  - Anpassung an geänderte Anforderungen: Ein bereits realisiertes Sicherheitsniveau kann und sollte verringert werden, wenn die Werteverantwortlichen/-eigentümer (Asset Owner) das Sicherheitsniveau nicht mehr benötigen oder nicht mehr bereit sind, die Kosten für die Aufrechterhaltung des Sicherheitsniveaus zu tragen.
  - Trainingseffekt: Ein wiederholtes Ausführen von Prozessen – wie beispielsweise dem Prozess zum Management von Sicherheitsvorfällen – führt zur Reduktion von Prozessdurchlaufzeiten, da die ausführenden Mitarbeiter die Prozessschritte, Kriterien zur Klassifikation und Eskalation von Sicherheitsvorfällen mittlerweile auswendig kennen und nicht mehr nachschlagen müssen.
- Verbesserung der Effektivität von Maßnahmen und Prozessen. Hierbei wird durch Änderungen am Prozess oder an den Maßnahmen das Ergebnis dieser Maßnahmen oder des Prozesses dahingehend verändert, dass es den geplanten Ergebnissen entspricht. Dies ist in der Regel dann notwendig, wenn festgestellt wird, dass Maßnahmen und Prozesse nicht zum gewünschten oder geplanten Ergebnis führen. Beispiele für eine Verbesserung der Effektivität sind:

- Ersatz der Maßnahmen durch andere Maßnahmen: Eine Sensibilisierung der Mitarbeiter zu Risiken der Informationsverarbeitung fand durch einen webbasierten Kurs statt, den jeder Mitarbeiter bis zu einem definierten Termin absolvieren sollte. Eine stichprobenhafte Kontrolle des Erfolges dieser Sensibilisierungsmaßnahme mittels Befragung durch den Informationssicherheitsbeauftragten kam zu dem Ergebnis, dass ein Großteil der Teilnehmer den Kurs nicht oder nicht vollständig durchlaufen hat. Daraufhin beschloss der Informationssicherheitsbeauftragte statt einem webbasierten Kurs ein Präsenztraining, inklusive einem Multiple-Choice-Test zur Erfolgskontrolle, für alle Mitarbeiter durchzuführen.
- Änderungen in Prozessen: Bisher war der Informationssicherheitsbeauftragte lediglich beratend oder informativ bei der Prüfung von beantragten Änderungen in den Änderungsprozess eingebunden. Nach Umsetzung einiger risikoreicher Änderungen, von denen der Informationssicherheitsbeauftragte abgeraten hatte, kam es zu erheblichen Sicherheitsvorfällen. Die Leitungsebene der Organisation hat nun beschlossen, dass zwingende Voraussetzung für die Freigabe einer beantragten Änderung künftig auch eine Freigabe durch den Informationssicherheitsbeauftragten ist. Auf diese Weise wurde sichergestellt, dass das gewünschte Ergebnis – Reduktion der Risiken von Änderungen auf ein tragbares Niveau – erreicht werden konnte.
- Änderungen von Vorgaben: In einer Arbeitsanweisung wurde ein mindestens 16-stelliges Passwort gefordert, was alle 30 Tage zu ändern war. Dies wurde technisch über eine entsprechende Konfiguration des Verzeichnisdienstes erzwungen. Das gewünschte Resultat einer angemessen sicheren Zugangskontrolle wurde nicht erreicht, da die Mitarbeiter die Vorgaben in der Praxis nicht umsetzen konnten. Passwörter wurden häufig vergessen, was zu Mehraufwänden bei der Benutzerbetreuung führte, und Passwörter wurden regelwidrig häufig aufgeschrieben. Es wurde daraufhin beschlossen, die Arbeitsanweisung und Konfiguration des Verzeichnisdienstes dahingehend zu ändern, dass ein Passwort künftig mindestens zehn Zeichen enthalten muss und alle 90 Tage zu ändern ist. Dies führte zu einer erheblichen Reduktion der Benutzeranfragen zum Rücksetzen von Passwörtern und von aufgeschriebenen Passwörtern.

Hinweis

Effizienz

Maßnahmen und Prozesse sind effizient (wirtschaftlich), wenn deren Kosten und Nutzen in einem angemessenen Verhältnis zueinander stehen. Eine Steigerung der Effizienz wird in der Praxis primär durch Reduktion der Kosten erzielt, kann aber auch durch Vergrößerung des geschaffenen Nutzens bei gleichbleibenden Kosten erreicht werden.

Effektivität

Maßnahmen und Prozesse sind effektiv (wirksam), wenn sie zu den gewünschten beziehungsweise geplanten Resultaten führen. Voraussetzung zur Beurteilung der Effektivität ist daher eine klare Zielvorstellung, was mit einer Maßnahme oder einem Prozess erreicht werden soll. Eine Steigerung der Effektivität wird in der Praxis durch Modifikationen oder Austausch von Maßnahmen und Prozessen erreicht und findet in der Regel ereignisinduziert statt. Auslösende Ereignisse sind zufällige (beispielsweise durch eintretende Sicherheitsvorfälle) oder methodische (beispielsweise durch interne Audits) Feststellungen von Unwirksamkeiten.

Grundsätzliche Ziele der kontinuierlichen Verbesserung der Effizienz und der Effektivität sind dabei:

- Verringerung der Kosten für die Herstellung und Aufrechterhaltung einer angemessenen Informationssicherheit
- Erreichung und Nachweis der Angemessenheit des ISMS und der Sicherheitsmaßnahmen während des Betriebes des ISMS
- Legitimation des ISMS und der Sicherheitsmaßnahmen während des Betriebes des ISMS

11.2 Aufspüren von Nicht-Konformitäten, ineffektiven Maßnahmen und Ineffizienzen

Ausgangspunkt einer jeden kontinuierlichen Verbesserung eines ISMS ist die Identifikation von Nicht-Konformitäten, ineffektiven Maßnahmen und Ineffizienzen.

Methodischer Ausgangspunkt und Voraussetzung für die Identifikation von Nicht-Konformitäten, ineffektiven Maßnahmen und Ineffizienzen ist dabei ein grundlegendes Verständnis der Ziele sowie der geplanten Ressourcen für die initiale Umsetzung und den Betrieb jeder Maßnahme und jedes Prozesses. Dieses Verständnis des SOLL-Zustandes bildet die Basis für Vergleiche mit dem in der Realität vorgefundenen Zustand (IST). Jede Abweichung von SOLL und IST stellt dabei grundsätzlich ein Verbesserungspotenzial dar.

Hinweis

Eine Nicht-Konformität (Non-Compliance) ist durch die Nicht-Einhaltung von Vorgaben gekennzeichnet. Vorgaben können dabei beispielweise gesetzlichen oder vertraglichen Ursprung haben, Bestandteil von Normen und Standards – wie der DIN EN ISO/IEC 27001 – oder Bestandteil der organisationseigenen Regelungen sein. Organisationseigene Regelungen werden häufig in Form eines hierarchischen Systems aus strategischen, taktischen und operativen Vorgabedokumenten wie Leitlinien, Richtlinien und Arbeitsanweisungen realisiert. Eine Nicht-Konformität ist daher eine ineffektive Maßnahme (Vorgabe/Regelung) im Rahmen des ISMS.

Im Folgenden werden wesentliche Methoden und Maßnahmen zur Identifikation von Nicht-Konformitäten, ineffektiven Maßnahmen und Ineffizienzen beschrieben.

Feststellungen im Rahmen der täglichen Arbeit durch alle Mitarbeiter

Jeder Mitarbeiter sollte verbindlich dazu angehalten werden, Nicht-Konformitäten, nicht zum Ziel führende Maßnahmen sowie Einsparpotenziale in seinem Arbeits- und Einflussbereich, aber auch darüber hinaus, proaktiv zu identifizieren und im Rahmen eines organisationsinternen Vorschlags- und Meldewesens an den Informationssicherheitsbeauftragten zu melden. Dies ist vermutlich die einfachste, wirksamste und mit den geringsten Kosten realisierbare Möglichkeit, Verbesserungspotenziale zu identifizieren. Vorteile sind die quasi permanente Identifikation von Verbesserungspotenzialen in allen Bereichen der Organisation, ohne spürbare Mehraufwände zu verursachen. Damit dies jedoch wirksam gelebt werden kann, muss ein Klima der offenen Kommunikation ohne Angst vor Repressalien geschaffen werden. In einem Klima, in dem der Melder eines Verbesserungspotenzials gleichzeitig verantwortlich gemacht wird für die gemeldeten „Missstände“ und/oder die Umsetzung der Verbesserung als Mehrarbeit auferlegt bekommt, werden Meldungen von Verbesserungspotenzialen unterlassen und damit ungenutzt bleiben. Es muss daher ein Klima geschaffen werden, in dem Verbesserungspotenziale – auch im eigenen Verantwortungsbereich – ohne negative Konsequenzen für den Melder bleiben. Gleichzeitig sollte jede Meldung bestätigt und das Ergebnis beziehungsweise der Status der

Bearbeitung der Meldung an den Melder kommuniziert werden, um diesem zu signalisieren, dass ihre Vorschläge ernst genommen und bearbeitet werden.

Proaktive Identifikation von Verbesserungspotenzialen durch Inhaber von Rollen im ISMS und durch Linienvorgesetzte

Eine proaktive Identifikation von Verbesserungspotenzialen sollte Bestandteil aller Rollen im ISMS und der jeweiligen Linienvorgesetzten sein. Dies kann zum Beispiel durch folgende kontrollierende Tätigkeiten geschehen:

- Während Pausen kann im Vorbeigehen eine Prüfung erfolgen, ob Büroräume durch die Mitarbeiter bei Verlassen in Pausen geschlossen/verschlossen werden – dies kann jeder Rolleninhaber im ISMS während der eigenen Pausen durchführen.
- Finden Besprechungen – beispielsweise mit dem Informationssicherheitsbeauftragten – in Besprechungsräumen statt, kann ohne Mehraufwand die Einhaltung der Entfernung sensibler Informationen aus Besprechungsräumen kontrolliert werden – ein flüchtiger Blick auf Whiteboards, Tische, und gegebenenfalls Mülleimer reicht aus.
- Unbeaufsichtigte Monitore ohne aktiviertem passwortgeschütztem Bildschirmschoner können auch im Vorbeigehen detektiert werden.
- Aufgekeilte Türen – speziell von Hinter- und Seiteneingängen, die von Rauchern genutzt werden, können ebenfalls im Vorbeigehen detektiert werden.
- Zentrale Vorgaben, beispielsweise einer Richtlinie zur Lenkung von Dokumenten und Aufzeichnungen, können bei jeder Kenntnisnahme eines Dokumentes latent kontrolliert werden.

Geplante Befragungen und Feedbacks

Ebenfalls durch Inhaber von ISMS-Rollen und durch Linienvorgesetze können regelmäßige geplante Befragungen der Mitarbeiter – formal und/oder informell in der Kaffeeküche – zu Sicherheitsvorgaben, Sicherheitsmaßnahmen und möglichen Verbesserungsvorschlägen erfolgen, um Mitarbeiter, die nicht von sich aus tätig werden, zum aktiven Einbringen zu motivieren. Oft haben gerade solche Mitarbeiter jede Menge gute Ideen, die sonst ungenutzt bleiben.

Hierbei sind die Grenzen zwischen geplanten formalen Befragungen und internen Audits jedoch bereits fließend.

Interne Audits

Die Durchführung regelmäßiger interner Audits ist eine der Anforderungen gemäß DIN EN ISO/IEC 27001, Abschnitt 9.2. Interne Audits sind dabei Bestandteil eines Auditprogramms und dienen der Prüfung des ISMS hinsichtlich dessen Konformität zu den organisationseigenen Anforderungen (beispielsweise Leitlinien, Richtlinien und Arbeitsanweisungen) und zu den Anforderungen der Norm DIN EN ISO/IEC 27001. Ein weiterer Prüfpunkt in internen Audits ist gemäß DIN EN ISO/IEC 27001 die Effektivität – Wirksamkeit – des ISMS, wobei auch die Konformität zu organisationseigenen Anforderungen oder Anforderungen einer Norm letztlich als Bestandteil der Effektivität angesehen werden kann. Sind organisationseigene Regelungen nicht konform zu einer relevanten Norm, wird diese Norm nicht wirksam – effektiv – umgesetzt. Werden organisationseigene Regelungen von Mitarbeitern nicht umgesetzt beziehungsweise von der Organisation durchgesetzt, so sind diese Regelungen nicht effektiv.

Zur Beurteilung der Wirksamkeit des ISMS muss geprüft werden, ob die definierten organisationsindividuellen Ziele des ISMS erreicht werden. Hierbei sind zwei Kernaspekte zu prüfen:

- Wirksamkeit des ISMS als systemisches Gebilde aus ISMS-Prozessen. Diese Prüfung erfordert eine vorherige Definition von messbaren Zielen auf Prozessebene.
- Wirksamkeit der mit dem ISMS initiierten und gesteuerten Sicherheitsmaßnahmen. Diese Prüfung ist notwendig, da ein ISMS nur dann wirksam sein kann, wenn es in der anwendenden Organisation ein angemessenes Sicherheitsniveau gewährleistet. Dies ist grundsätzliches Ziel eines jedes ISMS. Eine alleinige Prüfung des ISMS ist daher nicht ausreichend. Grundvoraussetzung für die Prüfung der Zielerreichung von Maßnahmen ist ebenfalls eine vorherige Definition von einem oder mehreren Zielen für jede Maßnahme. Nur wenn klar ist, was mit einer Maßnahme erreicht werden soll, kann geprüft werden, ob die Maßnahme wirksam ist.

Hinweis

Erfolgsfaktor für die Prüfung der Wirksamkeit eines ISMS, aber auch für das ISMS selbst, ist die Festlegung von Zielen im Rahmen einer Zielhierarchie. Aus den Zielen der Organisation werden strategische Ziele zur Informationssicherheit abgeleitet und in der Regel in der Leitlinie zur Informationssicherheit dokumentiert. Aus diesen strategischen Zielen zur Informationssicherheit, die mithilfe des ISMS erreicht werden sollen, werden sowohl für die Bestandteile des ISMS – die ISMS-Prozesse – als auch für die mit dem ISMS initiierten und gegebenenfalls gesteuerten Maßnahmen konkrete Ziele abgeleitet, die die Erreichung der ISMS-Ziele unterstützen.

Die Erreichung von Zielen wird in der Regel durch entsprechende Kennzahlen gemessen. Dabei wird grundsätzlich zwischen Leistungs- (Key Performance Indicator, kurz: KPI) und Zielindikatoren (Key Goal Indicator, kurz: KGI) unterschieden.

Merksatz

Leistungsindikatoren (KPI) – erlauben eine Prognose, ob ein Prozess oder eine Maßnahme in Zukunft ein definiertes Ziel erreichen wird.

Zielindikatoren (KGI) – erlauben eine Aussage, ob und zu welchem Grad ein Ziel eines Prozesses oder einer Maßnahme erreicht wurde.

Als Beispiel soll hier ein Prozess zur Steuerung von Informationssicherheitsvorfällen dienen, als dessen Ziel Folgendes festgelegt wurde: Der Prozess zur Steuerung von Informationssicherheitsvorfällen soll gewährleisten, dass Ereignisse, die eine mögliche Verletzung der Schutzziele zur Folge haben können, vollständig, nachvollziehbar dokumentiert und unverzüglich fachkundig behandelt werden.

Diese allgemeine Zielformulierung muss im nächsten Schritt in messbare Zielformulierungen heruntergebrochen werden. Eine solche Zielformulierung können sein: 95 % der Sicherheitsvorfälle müssen spätestens nach drei Arbeitstagen behandelt sein. Ein Beispiel für einen Zielindikator ist dann: prozentualer Anteil der Sicherheitsvorfälle, die nach drei Arbeitstagen noch nicht vollständig behandelt wurden. Ein Leistungsindikator für diesen Zielindikator könnte dann die Anzahl der pro Tag aufgenommenen Sicherheitsvorfälle geteilt durch die durchschnittlich pro Tag bearbeiteten Sicherheitsvorfälle sein. Diese Kennzahl erlaubt dann eine Prognose, ob das Ziel erreicht wird. Übersteigt die Anzahl der an einem Tag erfassten Sicherheitsvorfälle die Kapazität der bearbeitbaren Sicherheitsvorfälle pro Tag und kommt dies an mehreren aufeinanderfolgenden Tagen vor, so wird das Ziel vermutlich nicht erreicht werden können.

Zur Prüfung der Effektivität und der Konformität des Prozesses mit den Anforderungen (Normenkonformität, Konformität des realisierten und gelebten Prozesses mit den organisationseigenen Regelungen) könnten in einem internen Audit beispielsweise die folgenden Fragen geklärt werden:

- Kennen die Mitarbeiter an der Meldestelle für Informationssicherheitsvorfälle die für sie relevanten Vorgaben und Arbeitsanweisungen?
- Sind die Vorgaben durch die Mitarbeiter umsetzbar (stehen notwendige Ressourcen zur Verfügung)?

- Werden die Vorgaben und Anweisungen in der Realität befolgt und umgesetzt?
- Ist die Dokumentation der Sicherheitsvorfälle vollständig?
- Entspricht die berichtete Kennzahl zur Bearbeitungsdauer der Sicherheitsvorfälle der Realität?

Zur Beantwortung dieser Fragen kommen verschiedene Methoden, beispielsweise Begehungen, Interviews, Dokumentenprüfungen oder Inaugenscheinnahmen, infrage.

Interne Audits zur Informationssicherheit können dabei je nach Organisation durch verschiedene Rollen ausgeführt werden. Infrage kommen hierfür der Informationssicherheitsbeauftragte und Mitglieder des Sicherheitsteams, gegebenenfalls Mitarbeiter einer Abteilung für interne Audits, der Innenrevision oder einer Abteilung für interne Audits. Grundsätzlich sollten Audits zur Informationssicherheit vom Informationssicherheitsbeauftragten beauftragt werden. Gleichzeitig gibt es in der Regel Synergieeffekte zu weiteren internen Audits, die weitere Beauftragte wie der Datenschutzbeauftragte, die genannten Abteilungen oder die oberste Leitungsebene eigenständig initiieren. Diese Synergieeffekte können durch eine übergeordnete Steuerung aller internen Audits im Rahmen eines übergreifenden Auditprogramms identifiziert und genutzt werden.

Bei der Durchführung von internen Audits muss darauf geachtet werden, dass die Prüfer unabhängig von den geprüften Bereichen sind. Beispielsweise ist der Prüfer des Prozesses zur Steuerung von Informationssicherheitsvorfällen dann nicht mehr unabhängig, wenn er selbst Sicherheitsvorfälle bearbeitet, an der Bearbeitung beteiligt ist oder den Prozess dafür steuert. Aus dem gleichen Grund kann der Informationssicherheitsbeauftragte die Effektivität des ISMS nicht objektiv beurteilen, da er als Manager das ISMS steuert und dessen Effektivität gegenüber der Leitungsebene verantwortet. Hierfür sollte daher ein interner Auditor, der nicht an der Umsetzung der ISMS-Prozesse beteiligt ist, eingesetzt werden.

Für jedes interne Audit müssen Ziele und Kriterien (SOLL-Zustand des zu prüfenden Aspektes) sowie Auditor(en), Budget und die Vorgehensweise (Auditplan) vor der Durchführung des Audits festgelegt und dokumentiert werden. Die Ergebnisse der Auditdurchführung (primär Nachweise und der Auditbericht) jedes Audits müssen dokumentiert werden. Auditberichte sind den vorgesehenen Empfängern auf den definierten Berichtswegen zur Verfügung zu stellen.

Externe Audits

Es empfiehlt sich, regelmäßig externe Prüfungen zur Informationssicherheit durchführen zu lassen, um Verbesserungspotenziale des ISMS und der Sicherheitsmaßnahme zu identifizieren. Dies kann und sollte auch in Ergänzung zu internen Audits sowie gegebenenfalls stattfindenden Zertifizierungs-, Überwachungs- und Re-Zertifizierungsaudits stattfinden. Folgende Vorteile sind mit der Durchführung externer Audits verbunden:

- Durch externe Auditoren kann intern nicht oder nicht im notwendigen Umfang vorhandenes Know-how kompensiert werden.
- Externe Auditoren verringern beziehungsweise vermeiden den Einsatz gegebenenfalls nicht vorhandener interner Personalressourcen und kompensieren diese durch monetäre Ressourcen. Dies ist oft in der öffentlichen Verwaltung von Bedeutung, in der gegebenenfalls Budget für externe Unterstützung vorhanden ist, aber keine internen Planstellen für interne Auditoren existieren.
- Externe Auditoren verhindern das Risiko der Nicht-Erkennung von Verbesserungspotenzialen aus Betriebsblindheit, da externe Auditoren mit einem unvoreingenommenen Blick ohne tiefe Kenntnis der Vorgeschichte (haben wir schon immer so gemacht) an die Prüfung herangehen.
- Oft werden die Erkenntnisse externer Auditoren von Entscheidern der geprüften Organisation mit einer höheren Wertigkeit wahrgenommen als die Erkenntnisse interner Auditoren (Der-Prophet-im-eigenen-Land-gilt-nichts-Syndrom).

Hinweis

Externe Audits im Rahmen eines Zertifizierungszyklus (Erstzertifizierungsaudit, 1. Überwachungsaudit, 2. Überwachungsaudit, Re-Zertifizierungsaudit) ersetzen nicht geplante und regelmäßig durchgeführte interne Audits. Diese müssen zusätzlich durchgeführt werden, um die Anforderungen der DIN EN ISO/IEC 27001 zu erfüllen.

Bei der Durchführung von Audits darf die Prüfung von Dienstleistern, die für die eigene Organisation Dienstleistungen erbringen, nicht vergessen werden. Durch die Durchführung von Dienstleisteraudits wird festgestellt, ob die vertraglichen Vereinbarungen mit dem Dienstleister zur Sicherheit der durch ihn verarbeiteten Informationen effektiv sind (Werden die Vereinbarungen vom Dienstleister eingehalten?).

Analyse von Sicherheitsvorfällen

Eine weitere Quelle zur Identifikation von Verbesserungspotenzialen für das ISMS und für Sicherheitsmaßnahmen sind identifizierte Sicherheitsvorfälle.

Grundsätzliches Ziel eines ISMS ist es, Sicherheitsvorfälle (Ereignisse, die zu Beeinträchtigungen der Erreichung des geplanten Niveaus an Informationssicherheit führen) zu vermeiden.

Treten dennoch Sicherheitsvorfälle auf, sind diese in der Regel Ergebnis von nicht effektiven Maßnahmen oder nicht bestehenden Maßnahmen – beispielsweise, weil ein relevantes Risiko übersehen und daher auch keine risikobehandelnden Maßnahmen etabliert wurden. Dies ist grundsätzlich die Regel, da ein ISMS lediglich in einer perfekten theoretischen Welt alle relevanten Risiken identifizieren und ohne Unsicherheit angemessen und wirksam behandeln kann. Wäre dies auch in der Praxis der Fall, würde es keine Sicherheitsvorfälle geben, was auch die Anforderung zur Etablierung eines Prozesses zur Steuerung von Sicherheitsvorfällen (DIN EN ISO/IEC 27001, Anhang A, Tabelle A.1, Nr. 5.24 bis 5.27, in Verbindung mit DIN EN ISO/IEC 27002, Abschnitte 5.24 bis 5.27) obsolet machen würde.

Identifizierte Sicherheitsvorfälle sollten daher grundsätzlich zur Identifikation von Verbesserungspotenzialen genutzt werden. Gleiches gilt für bekannt gewordene Sicherheitsvorfälle in anderen Organisationen, sofern diese auch in der eigenen Organisation auftreten können. Auf diese Weise können Sicherheitsvorfälle proaktiv verhindert und damit das ISMS verbessert werden.

Analyse identifizierter Sicherheitslücken

Sicherheitslücken werden häufig im Rahmen von Sicherheitsvorfällen entdeckt und behandelt bzw. geschlossen. Es wird jedoch auch vorkommen, dass Sicherheitslücken durch weitere Tätigkeiten identifiziert werden, beispielsweise durch die proaktive Suche der Administratoren nach Sicherheitslücken in der von ihnen betreuten Hard- und Software (Recherche in Foren, Hersteller-Newsletter, Warnungen des Bundesamtes für Sicherheit in der Informationstechnik etc.). Diese identifizierten Sicherheitslücken sollten im Rahmen der initialen Durchführung oder Fortschreibung von Risikobeurteilungen bewertet und gegebenenfalls durch Maßnahmen behandelt werden. In der Regel wird die Sicherheitslücke geschlossen oder deren Ausnutzung wird mangels technischer Möglichkeit oder aus Kosten-/Nutzen-Erwägungen als Restrisiko akzeptiert.

Die methodische proaktive Identifikation, Bewertung und Behandlung von Sicherheitslücken stellt damit immer auch einen Teil der Verbesserung des ISMS und der Sicherheitsmaßnahmen dar.

Verbesserungspotenziale aus dem Änderungsmanagementprozess

Durch die methodische Integration von Wirksamkeitsprüfungen in die durch den Änderungsmanagementprozess gesteuerte Umsetzung von Sicherheitsmaßnahmen wird eine Verbesserung der Effektivität von Sicherheitsmaßnahmen erreicht. Dies geschieht durch Ausführung des sogenannten „post implementation review“, also einer Prüfung einer Änderung (Maßnahme) nach deren Umsetzung, um festzustellen, ob die Änderung zum gewünschten Erfolg geführt hat. Dies stellt damit schon zum Beginn der Umsetzung einer Maßnahme sicher, dass die Maßnahme effektiv ist. Ist die Maßnahme nach deren Umsetzung nicht effektiv, wird noch im Rahmen des Änderungsmanagementprozesses nachgebessert – also verbessert.

Verbesserungspotenziale aus dem Anforderungsmanagement- und Governance-Prozess

Geänderte Anforderungen von relevanten Stakeholdern des ISMS sind ebenfalls Ereignisse, die Verbesserungspotenziale mit sich bringen. Werden Anforderungen geändert, sind bestehende Maßnahmen gegebenenfalls nicht mehr effizient (insbesondere dann, wenn Anforderungen wegfallen oder reduziert werden) und/oder nicht mehr effektiv (dies ist insbesondere bei neuen oder gestiegenen Anforderungen der Fall). Geänderte und neue Anforderungen sind daher Ereignisse, die eine Neubewertung von Risiken und risikobehandelnden Maßnahmen – gegebenenfalls aber auch der ISMS-Prozesse, sofern die Anforderungen diese direkt betreffen – nach sich ziehen müssen. Auf diese Weise wird gewährleistet, dass das ISMS und die durch das ISMS initiierten bzw. gesteuerten Maßnahmen angemessen sind im Sinne von effektiv, effizient und den Anforderungen entsprechend.

Geänderte Anforderungen werden in der Praxis primär im Anforderungsmanagementprozess identifiziert. Eine zweite wesentliche Quelle für geänderte Anforderungen ist der Governance-Prozess, über den die Leitungsebene das ISMS steuert, indem sie Ziele vorgibt und das erreichte Sicherheitsniveau sowie das betriebene ISMS bewertet. Das Vorgeben von Zielen erfolgt dabei in der Regel durch die Informationssicherheitsleitlinie und gegebenenfalls im Rahmen von Richtlinien, beispielsweise zum Risikomanagement, in der die Leitungsebene Aussagen zum Risikoappetit in Form von Risikoakzeptanzkriterien vorgibt. Die Bewertung des ISMS erfolgt regelmäßig im Rahmen der Besprechung der Berichte über das ISMS zwischen Informationssicherheitsbeauftragten und der Leitungsebene.

Hinweis

Im Rahmen der regelmäßigen Bewertung des ISMS durch die Leitungsebene muss Folgendes besprochen und dokumentiert werden:

- Nachverfolgung besprochener Tätigkeiten aus vorherigen Bewertungen
- Änderungen der Rahmenbedingungen und Anforderungen
- Rückmeldung der Leitungsebene zur Leistung des ISMS
- Rückmeldungen von weiteren Stakeholdern
- Ergebnisse der Risikobewertungen und Status des Risikobehandlungsplanes
- Verbesserungsmöglichkeiten

Als Ergebnis der Bewertung des ISMS durch die Leitungsebene müssen relevante Entscheidungen zum Umgang mit Verbesserungspotenzialen sowie notwendige beschlossene Änderungen am ISMS dokumentiert werden.

Berücksichtigung der Weiterentwicklungen der ISO 27000er-Normenreihe

Als Spezialfall der Berücksichtigung von geänderten Anforderungen kann eine Änderung an Normen – wie der Normenreihe ISO 27000 – angesehen werden. Änderungen und Aktualisierungen an ISO-Normen werden in der Regel alle fünf bis sieben Jahre durchgeführt. Für geänderte ISO-Normen werden in der Regel innerhalb kurzer Zeit nach Erscheinen der aktualisierten Norm Transitionsanleitungen und detaillierte Vergleiche bereitgestellt, die es den Anwendern ermöglichen, die relevanten Änderungen schnell zu erkennen und umsetzen zu können. Als Beispiel sei hier die Aktualisierung der Norm ISO/IEC 27001: 2013 auf ISO/IEC 27001:2022 angeführt, zu der es neben mehreren Vergleichsstudien auch konkrete Transitionsanleitungen gibt. In der Regel bieten etablierte Schulungsanbieter zusätzlich Aktualisierungskurse an.

11.3 Ableiten und Initiieren von Korrekturmaßnahmen

Jede geplante Korrektur- oder Verbesserungsmaßnahme stellt grundsätzlich eine Änderung dar. Daher sollten alle Korrektur- und Verbesserungsmaßnahmen durch den Änderungsmanagementprozess gesteuert und umgesetzt werden. Hierbei kann, je nach Änderung, unterschieden werden zwischen:

- Standardänderungen – Änderungen, die den Änderungsmanagementprozess vollständig durchlaufen,

- Vorautorisierten-Änderungen – Änderungen, die einen um die Prüfung und Freigabe verkürzten Änderungsmanagementprozess durchlaufen. Beispiele hierfür sind Änderungen, die zur täglichen Routine von Administratoren gehören wie die x-te Installation eines bereits freigegebenen Systems oder einer Software, das Zurücksetzen eines Passwortes für einen Benutzer.
- Notfalländerungen – Änderungen, die aufgrund einer Notfallsituation besonders schnell realisiert werden müssen (in der Regel Änderungen durch Ausführung der Notfallpläne), durchlaufen erst nach deren Umsetzung den Änderungsmanagementprozess (Nachdokumentation). Notfalländerungen bedürfen vorher des formalen Ausrufes eines Notfalls durch den Notfallbeauftragten.

Merksatz

Der Prozess zur fortlaufenden Verbesserung initiiert (beantragt) Änderungen, die durch den Änderungsmanagementprozess gesteuert und umgesetzt werden.

11.4 Der Verbesserungsprozess im Überblick

Bild 40 verdeutlicht den Ablauf eines Verbesserungsprozesses in Anlehnung an den in ISO/IEC TS 27022:2021 Kapitel 7.13 vorgeschlagenen Prozesses zur kontinuierlichen Verbesserung.

Nach der Identifikation beziehungsweise dem Aufspüren von Nicht-Konformitäten, ineffektiven Maßnahmen und Ineffizienzen müssen deren Auswirkungen auf das ISMS und das erreichte Sicherheitsniveau bewertet werden. Ziel dieser Bewertung ist die Ableitung einer Priorisierung der Bearbeitung der Nicht-Konformitäten, ineffektiven Maßnahmen und Ineffizienzen.

Nach Ableitung der Priorisierung müssen die Ursachen der Nicht-Konformitäten, ineffektiven Maßnahmen und Ineffizienzen identifiziert und mögliche konkrete Verbesserungsmöglichkeiten identifiziert werden. Die Verbesserungsmöglichkeiten werden im nächsten Schritt bewertet hinsichtlich

- Machbarkeit (technisch, organisatorisch, Budget, personell),
- Erfolgsaussichten und Wirkungsstärke sowie
- Konformität mit den Vorgaben (Informationssicherheitsleitlinie, Strategien, Zielen).

Auf Basis dieser Bewertung erfolgt die Auswahl konkreter Verbesserungsmaßnahmen, welche dann durch Änderungsanträge über den Änderungsmanagementprozess initiiert werden.

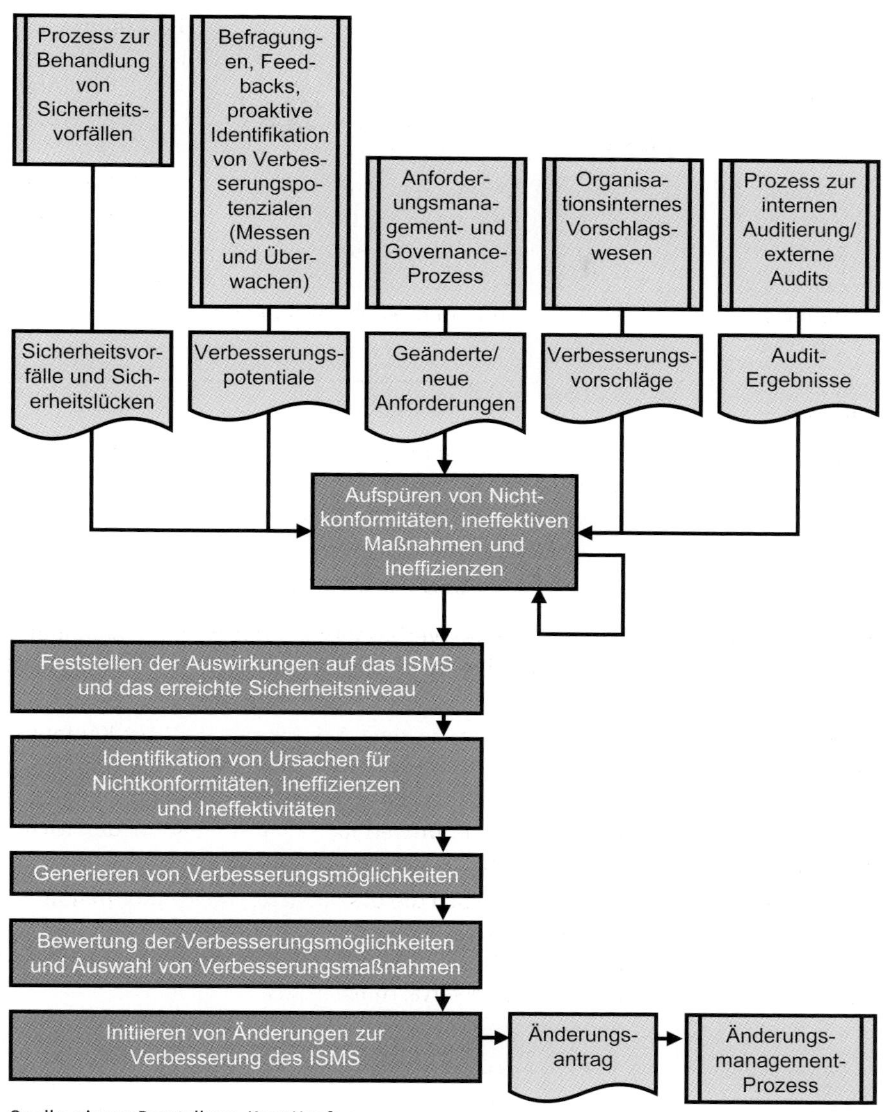

Quelle: eigene Darstellung, Knut Haufe

Bild 40: Der Verbesserungsprozess im Überblick